工业和信息产业科技与教育专著出版资金项目

计算机与计算思维导论

郭艳华　马海燕　主编

铁治欣　庄　红　韩建平　副主编

电子工业出版社

Publishing House of Electronics Industry

北京·BEIJING

内 容 简 介

基于"普及计算机文化,培养专业应用能力,训练计算思维能力"的教学目标,本书以讲座的形式展开对计算机基础理论知识的讲解和介绍,通过轻松的笔调,广泛而深入地讲授计算、计算机和计算思维之间相互支撑又相互制约的关系,着力将计算机科学与技术发展的最新成果融入到课程内容之中,将"计算思维"的新理念贯穿其中。全书共六讲,包括:认识计算机与计算,0 与 1 的信息世界,宏观与微观的计算机系统,信息存储面面观,网络世界之信息共享和计算,计算思维之问题求解思想。

本书可作为高等学校"大学计算机基础"课程的配套教材,也可供计算机入门人员参考。

图书在版编目(CIP)数据

计算机与计算思维导论 / 郭艳华,马海燕主编. —北京:电子工业出版社,2014.8
ISBN 978-7-121-22740-0

Ⅰ. ① 计… Ⅱ. ① 郭… ② 马… Ⅲ. ① 电子计算机-高等学校-教材 Ⅳ. ① TP3

中国版本图书馆 CIP 数据核字(2014)第 058302 号

策划编辑:章海涛

责任编辑:章海涛   特约编辑:曹剑锋

印   刷:北京虎彩文化传播有限公司

装   订:北京虎彩文化传播有限公司

出版发行:电子工业出版社

         北京市海淀区万寿路 173 信箱   邮编   100036

开   本:787×1092 1/16   印张:18.5   字数:380 千字

版   次:2014 年 8 月第 1 版

印   次:2024 年 7 月第 20 次印刷

定   价:39.00 元

凡所购买电子工业出版社图书有缺损问题,请向购买书店调换。若书店售缺,请与本社发行部联系,联系及邮购电话:(010) 88254888。

质量投诉请发邮件至 zlts@phei.com.cn,盗版侵权举报请发邮件至 dbqq@phei.com.cn。

服务热线:(010) 88258888。

前　言

计算思维（Computational Thinking）是人类求解问题的一条有效途径，是一种分析求解问题的过程和思想。人类需要利用计算机强大的计算能力去解决各种需要大量计算的问题，这需要数学和工程思维的互补与融合。计算机在本质上源自数学思维和工程思维，它的形式化解析基础是数学，但是又受到计算设备的限制。所以计算思维是一种三元思维，即人、机、物的综合考量，彼此互补而又相互制约。

2007 年，美国国家科学基金会（NSF）启动了基础科学研究计划"大学计算教育重生（振兴）的途径"，明确将"计算思维能力"的培养列为"大学计算教育重生的途径计划"的核心，确立了以"计算思维能力"培养为核心的美国大学教育。2008 年，美国计算机科学技术教师协会（CSTA）在网上发布了报告《计算思维：一个所有课堂问题解决的工具》。报告认为，计算思维应当是所有学校所有课堂教学都应当采用的一种工具。

2009 年，教育部高校计算机基础课程教学指导委员会在一个发展战略研究报告中提出了能力培养的目标，并列出计算机基础教育 4 方面的能力要求：对计算机的认知能力，应用计算机解决问题的能力，基于网络的学习能力，依托信息技术的共处能力。其中，前两个能力正是计算思维的两个核心要素：计算环境和问题求解，其实质引发了计算思维能力是计算机基础教育能力培养核心内容的讨论、研究与实践。

2012 年，教育部组织申报大学计算机课程改革项目，要求大学计算机教学的总体建设目标应该定位在"普及计算机文化，培养专业应用能力，训练计算思维能力"上。

教育部明确定位了大学计算机课程是与数学、物理等同地位的基础课程。计算机不仅为不同专业提供了解决专业问题的有效方法和手段，还提供了一种独特的处理问题的思维方式。

如何将计算思维融入大学计算机教育，已经得到计算机教育工作者的普遍关注。本书编写团队成员都是多年站在教学第一线的计算机基础教学工作者，对此更是体会颇深。多年专注于计算机基础教学改革和探索的研究中，所以希望能摸索出适合当下大学计算机基础教学的新模式和精准定位。

我们的教学模式改革所探讨和思考的问题是：希望学生上完这门课之后有什么收获？课程应该覆盖什么？不该覆盖什么？如何讲授这门课？……

目前的基本目标和尝试定位是：能够让学生在掌握了计算机基础知识的前提下，发现计算是神奇的，计算无处不在，能够领会计算机科学的具体和特色的思维方式，即计算思维的内涵以及计算思维的局限性；同时确定本课程不牵扯具体的程序编写过程。因为计算思维是算法思维、协议思维、计算逻辑思维、计算系统思维、三元计算思维（人、机、物）。我们的教学不求全，只求学生掌握主要的基础知识和特色原理以及实例的思想方法。其次，课堂教学摒弃以往的以章节顺序讲解的刻板授课方式，尝试配合 MOOC 元素的知识点视频课前线上自主学习（在线学习网站 **http://www.wanke001.com**），有效延伸有限学时的课堂时间，线下课堂中更多的时间采用互动式主题讲座形式，力求生动有趣，激发学生的学习兴趣和探知精神。操作技能实践部分采用如下形式进行：课前 MOOC 基础操作视频线上自主学习，线下课堂教师演示案例解析过程，制订任务驱动模式，学生以分组形式协作互助，按教师要求的目标完成指定任务。

基于上述探索性思考和尝试性定位，我们决定编写一套教材，能够适合学生的需求，同时能够贴合我们的教学目标。教材分为基础理论讲座和案例操作解析两本，讲座的教材主要用于课堂（教师为主导），操作的教材主要用于上机（教师为辅导），这样的安排就比较好地兼顾了理论教学与实践操作的平衡。在课时安排上伸缩性空间较大，配合 MOOC 元素的知识点视频和测试，可以根据具体专业侧重做相应的调整。

本书为理论讲座教材，主要特色如下：

① 全书以讲座的形式展开对计算机基础理论知识的讲解和介绍。

② 全书力求通过轻松的笔调，广泛而深入地讲授计算、计算机和计算思维之间相互支撑又相互制约的关系。

③ 全书着力将计算机科学与技术发展的最新成果融入课程内容之中。

④ 将"计算思维"的新理念贯穿其中，并借此提升计算机普识教育新观念。

⑤ 注重基本概念与理论知识的架构与铺垫，让学生清楚地了解什么是计算、什么是可计算的、计算机能做什么以及如何利用计算机来解决实际问题。

全书共分为六讲：第一讲为认识计算机与计算，第二讲为 0 与 1 的信息世界，第三讲为宏观与微观的计算机系统，第四讲为信息存储面面观，第五讲为网络世界之信息共享和计算，第六讲为计算思维之问题求解思想。

本书由郭艳华和马海燕担任主编，由铁治欣、庄红和韩建平担任副主编。第一讲和第六讲由郭艳华编写，第二讲由马海燕编写，第三讲由庄红、铁治欣和马海燕共同编写，第四讲由铁治欣和庄红共同编写，第五讲由韩建平编写。全书由郭艳华统稿。同时，参与本书编写工作的还有林浩、周文汉、李丽霞、吴磊、陆函、张春硕、陈晓潇、周茹、徐志新、边境和张春硕等。在此要对整个编写团队的齐心协力、鼎力配合和辛苦付出表示衷心的感谢。另外，特别感谢杭州电子科技大学胡维华教授对本书编写过程的指导和关注。

由于时间仓促，加之计算机技术的发展日新月异，书中的疏漏与不妥之处在所难免，恳请读者批评指正，不胜感激。

本书为教学老师提供相关教学资源，有需要者，请登录到 http://www.hxedu.com.cn，注册之后进行下载。

作　者

目　录

第一讲

认识计算机与计算

　　在社会、经济和科技日新月异发展的今天，新技术、新知识和新科学的普及和传播已超越了以往任何时候，计算机作为这个时代的科技产物，已被广泛应用到国防、军事、科研、经济、文化等领域，已融入人们的日常生活中。

　　与此同时，无处不在的计算也已经悄无声息地渗透到我们的工作和生活中，计算与计算机科学及相关基础知识已经成为当代人通识教育与技能储备的必需要素，运用现代计算机技术、现代化计算工具和计算思维方式去解决现实中的实际问题，已经成为当今计算机文化所倡导的新的风向标和必然趋势。

那么，你对计算机与计算以及计算思维又认识和了解多少？

- ✠ 什么是计算机？
- ✠ 什么是计算？
- ✠ 什么是可计算的？
- ✠ 什么是计算思维？
- ✠ 计算机能做什么？
- ✠ 计算机不能做什么？
- ✠ 计算机系统的组成是怎样的？
- ✠ 计算机如何存储和表示信息？
- ✠ 计算机的智慧是否会取代和超越人类？
- ✠ 如何培养和训练计算思维能力？
- ✠ 怎样利用计算机解决实际应用问题？
- ✠ 如何面对和解决伴随计算机而衍生出的新问题？

如果你可以轻松地解答诸如此类的问题并能娴熟地运用计算机，那说明你对计算机有了一个比较全面的了解。作为具备一定文化层次的当代人，如果想在各自的专业领域中能够有意识地借鉴、引入计算机科学中的一些理念、技术和方法，能在一个较高的层次上利用计算机、认识并处理计算机应用中可能出现的问题，那么系统、全面的计算机相关基础知识与理论以及全新的计算思维能力是必须具备的。本书的定位和宗旨亦在于此。

本讲作为引论，对计算机和计算以及计算思维相关知识先进行简单概述，旨在让读者从多方位、多层面的视野来初步了解和认识计算机。

本讲部分内容的 MOOC 视频可以免登录观看，更多 MOOC 视频信息可以登录到玩课网 http://www.wanke001.com，注册后进行观看和学习。

主题一　计算机知多少

从人类科技发展的历史来看，当理论成熟或即将成熟之日，也就是人们开始着手实现之时，理论指导实践就是这个道理。半个多世纪以来，计算机已经发展成为一个庞大的家族，尽管各种类型的计算机在性能、规模和应用等方面都存在着较大的差异，但是它们的基本组成结构和工作原理却是相同的。

要认识计算机，追根溯源，就不得不提及两位被誉为计算机之父的计算机雏形理论奠基人：图灵和冯·诺依曼。

一、图灵机——计算机的理想模型

物理学家阿基米德曾宣称："如果给我足够长的杠杆和一个支点，我就能撬动地球。"类似的问题是，数学上的某些计算问题是不是只要给数学家足够长的计算时间，就能够通过"有限次"的简单而机械的演算步骤，都可以得到最终的答案呢？

这就是所谓的"可计算性"问题，一个必须在理论上做出解释的数学难题。

1. 图灵机

阿兰·麦席森·图灵（Alan Mathison Turing，1912—1954），英国数学家，被誉为计算机科学之父和人工智能之父（见图 1.1）。在电子计算机远未问世之前，他就先知先觉，已经想到所谓"可计算性"的问题。经过智慧与深邃的思索，图灵以人们想不到的方式回答了这个既是数学又是哲学的艰深问题。

图 1.1　阿兰·麦席森·图灵

1936 年，图灵在伦敦权威的数学杂志上发表了一篇划时代的重要论文《可计算数字及其在判断性问题中的应用》。文章里，图灵超出了一般数学家的思维范畴，完全抛开数学上定义新概念的传统方式，独辟蹊径，构造出一台完全属于想象中的"计算机"，数学家们把它称为"图灵机"。

图灵机（Turing Machine）是一种抽象的计算思想模型，不是一种具体的机器，但是这种思想模型可制造一种十分简单但运算能力极强的计算装置，用来计算所有能想象得到的可计算函数。同时，图灵机更为抽象的意义为一种数学逻辑机，可以看作等价于任何有限逻辑数学过程的终极强大逻辑机器。

图灵的基本思想是用机器来模拟人们用纸笔进行数学运算的过程，他把这样的过程看作下列两种简单的动作：一是在纸上写上或擦除某个符号；二是把注意力从纸的一个位置移动到另一个位置。在每个阶段，人要决定下一步的动作，依赖于此人当前所关注的纸上某个位置的符号和此人当前思维的状态。

为了模拟人的这种运算过程，图灵构造出一台假想的机器，如图 1.2 所示，它由以下几个部分组成。

① 一条无限长的纸带 TAPE。纸带被划分为一个接一个的小格子，每个格子上包含一个来自有限字母表的符号，字母表中有一个特殊的符号□表示空白。纸带上的格子从左到右依次被编号为 0、1、2、…，纸带的右端可以无限伸展。

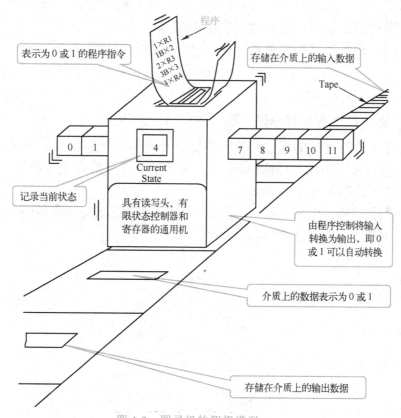

图 1.2　图灵机的假想模型

② 一个读写头 HEAD。读写头可以在纸带上左右移动，能读出当前所指的格子上的符号，并能改变当前格子上的符号。

③ 一套控制规则 TABLE。根据当前机器所处的状态以及当前读写头所指的格子上的符号，控制规则确定读写头下一步的动作，并改变状态寄存器的值，令机器进入一个新的状态。

④ 一个状态寄存器。状态寄存器用来保存图灵机当前所处的状态。图灵机的所有可能状态的数目是有限的，并且有一个特殊的状态，称为停机状态。

> 这个机器的每一部分都是有限的，但它有一个潜在的无限长的纸带，因此这种机器只是一个理想的设备。

图灵认为，这样的一台机器就能模拟人类所能进行的任何计算过程。

2．可计算性

不过，图灵在提出图灵机构想之后，又发现了新问题，就是有些问题图灵机是无法计算的。比如定义模糊的问题，如"生命短暂，人生意义几何？"，或者缺乏确定数据的问题，"刚才雨下的好大，地上会不会积水？"，其答案当然是无法计算出来的，这类问题称为不可计算问题。

图灵机解决的是一个可计算的问题，即对于有限的输入数据，在有限步骤的算法指令的控制下，可以输出有限的结果。

所以，图灵给"可计算性"下了一个严格的数学定义，即：

凡是能用计算算法解决的问题，也一定能用图灵机解决；凡是图灵机解决不了的问题，任何算法也解决不了。

3．图灵机的意义与思想内涵

图灵提出图灵机的模型并不仅仅给出计算机的设计灵感，其意义还在于：

① 图灵机证明了通用计算理论，肯定了计算机实现的可能性，同时它给出了计算机应有的主要架构。

② 图灵机模型引入了读写、存储、算法及其程序设计语言的概念（如图 1.3 所示），突破了过去的计算机器的设计理念。

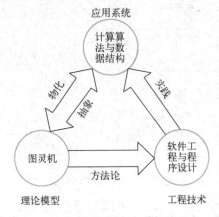

图 1.3　图灵的可计算性理论的扩展与延伸

③ 图灵机模型理论是计算学科最核心的理论，因为计算机的极限计算能力就是通用图灵机的计算能力，很多是否可计算性问题可以转化到图灵机这个简单的模型来考虑。

通用图灵机其中蕴涵的深邃思想，等于向我们展示这样一个过程：程序和数据的输入可以先保存到存储带上，图灵机按程序一步一步运行直到给出结果，结果也保存在存储带上。同时，我们可以隐约地看到现代计算机的主要构成：存储器（相当于存储带）、中央处理器（控制器及其状态，并且其字母表可以仅有 0 和 1 两个符号）、输入/输出系统（相当于存储带的预先输入和输出写入）。

图灵机被公认为是现代计算机的理论原型，所以可以说，图灵启发与影响了他之后的整个计算机发展史。

二、冯·诺依曼机——现代计算机的结构框架

正是在图灵搭建的计算理论基础之上，计算机才有了后来的蓬勃发展。冯·诺依曼则是使世界认识了由图灵引入的计算机的基本概念。所以冯·诺依曼对于"计算机之父"的桂冠坚辞不受，而是应该授给图灵。当然，这已经是在十几年以后的事了，图灵当年并没有像后来那样受人敬仰。图灵的理论曲高和寡，当年就能看明白他那篇文章划时代意义的仅仅是少数杰出的科学家，如冯·诺依曼。

1. 冯·诺依曼机的特点

约翰·冯·诺依曼 (John Von Neumann，1903—1957)，美籍匈牙利科学家被誉为"计算机之父"和"博弈论之父"（见图 1.4）。1945 年，他提出了"存储程序"的概念和"二进制"的原理。后来，人们把利用这种概念和原理设计的电子计算机系统都统称为"冯·诺依曼体系结构"计算机。

图 1.4 约翰·冯·诺依曼

冯·诺依曼不仅在 20 世纪 40 年代研制成功了功能更好、用途更广泛的

电子计算机，并且为计算机设计了编码程序，还实现了运用纸带存储与输入。至此，天才图灵在 1936 年发表的科学预见和构思得以完全实现。

冯·诺依曼体系结构的计算机具有以下特点：

❖ 必须有一个存储器，用于存储数据和程序；数据与程序以二进制形式存储。

❖ 必须有一个控制器，用于实现程序的控制。

❖ 必须有一个运算器，用于完成算术和逻辑运算。

❖ 必须有输入和输出设备，用于进行人机通信。

所以，冯·诺依曼体系结构的计算机必须具备五大基本组成部件，包括：输入数据和程序的输入设备，记忆程序和数据的存储器，完成数据加工处理的运算器，控制程序执行的控制器，输出处理结果的输出设备，如图 1.5 所示。

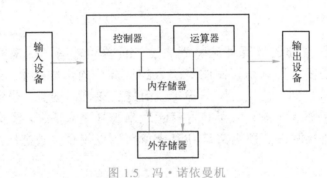

图 1.5　冯·诺依曼机

2．冯·诺依曼机的工作原理和系统构架

（1）工作原理

计算机能够自动完成运算或处理信息的基础，是先将解决问题的具体处理步骤（算法）以程序代码的方式存储到计算机的存储器中，然后计算机自动读取程序代码，并严格依照程序指令的控制逐步进行整个工作过程。可以简单用 8 个字归纳计算机的工作原理（冯·诺依曼原理）：存储程序、程序控制。

（2）系统构架

计算机是依靠硬件和软件的协同工作来执行给定的任务，如图 1.6 所示，一个完整的计算机系统是由计算机的硬件系统和计算机的软件系统组成的。

计算机硬件系统是指计算机系统中由各种电子线路、机械装置等器件或部件组成的物理实体部分，构成计算机的"躯体"。

计算机软件系统是指控制、管理和指挥计算机工作和解决各类应用问题的所有程序和数据的总和，被称为计算机的"灵魂"。

现在我们所使用的计算机硬件系统的结构一直遵循着冯·诺依曼体系结构，由运算器、控制器、存储器、输入设备和输出设备五大功能部件组成。图 1.7 是现代计算机硬件系统的常规构架。

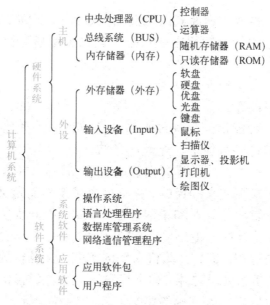

图 1.6　计算机系统组成

　　随着信息技术的发展，各种各样的信息，如文字、图片、影像、声音等，经过编码处理都可以变成二进制数据。通过输入设备，各种信息（程序和数据）进入计算机的存储器，然后被送到运算器，运算完毕，结果被送到存储器存储，最后通过输出设备呈现出来。整个过程由控制器进行控制。

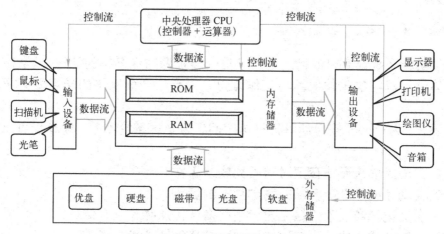

图 1.7　现代计算机硬件系统构架

3. 计算机定义

　　现在就想给计算机做一个完整、准确、系统的定义似乎早了点，也困难了点，因为全面系统地学习还没有开始。但凭借日常的使用和认知，粗略地做出一个描述性的选择应该不是什么难事，下面罗列了几种人们对计算机的"定义"：

　　❖ 计算机是一种可以自动进行信息处理的工具。

❖ 计算机是一种能快速而高效地自动完成信息处理的电子设备。
❖ 计算机是一种能够按照指令对各种数据和信息进行自动加工和处理的电子设备。
❖ 计算机是一种能够高速运算、具有内部存储能力、由程序控制其操作过程的电子装置。
❖ 计算机是一种能迅速而高效地自动完成信息处理的电子设备，它能按照程序对信息进行加工、处理、存储。

你觉得哪个更准确？或者你有自己的见解和补充，或者是感觉模棱两可？

在这里对计算机下定义的目的，并不是为了定义而定义，而是通过定义的过程来检验你对计算机的理解和掌握程度。事实上，上面的定义不能用对或错来评定，只能说有的描述得粗略些，有的详尽些。但不难发现，其中都直接或间接地提及几个关键点，即：计算机系统的构架，计算机的工作原理，计算机的特点，计算机的信息处理功能。如果你对这几个关键点的概念含糊不清，那自然无法给计算机做出完整准确的定义。

依照上面几个关键点我们给出一个相对完整的计算机定义：

> 计算机是由高科技电子元器件、线路和机械装置等部件或设备构成的，在计算机软件（程序）的控制下，依照存储程序和程序控制的工作原理，能够高速、有效地完成人们指定的对信息进行各种操作的自动化综合系统。

三、盘点计算机的功能特点

了解什么是计算机的目的是为了进一步加深对计算机的认识，从实际的应用中体会计算机的工作原理与工作能力，为后续全面系统的学习做必要的铺垫。

那么，为什么要使用计算机？这个问题应该很容易回答，计算机可以帮助我们：

❖ 自动完成人无法在短时间内完成的工作。
❖ 自动完成可靠、精准的科学数据的运算。
❖ 自动记忆和检索人脑无法承载的海量信息并长久存储。
❖ 自动完成全球（太空）范围内的信息快速传递与通信。
❖ 自动完成重复、烦琐的机械化流水性工作。
❖ 自动完成人们无法亲临其境的工作。
❖ ……

最关键的是，计算机改变了我们的工作方式、生活方式、学习方式和组织机构的运作方式。而这种改变是我们喜闻乐见并欣然接受的。

计算机之所以如此"强大"和"全能"，简单地归纳，就是因为计算机具有：快、准、海量存储、逻辑判断能力、自动信息处理能力、网络通信能力、稳定、可靠和通用等功能特点，如图 1.8 所示。

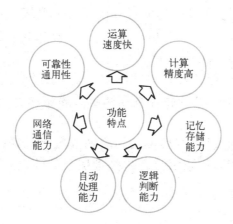

图 1.8　盘点计算机的功能特点

1. 运算速度快

通常度量计算机运算速度的单位是 MIPS（Million Instructions Per Second，每秒百万条指令），但是现在的超级计算机的运算速度是使用太浮（TeraFLOPS, Tera FLoating-point Operations Per Second，每秒万亿浮点运算）和帕浮级别（PetaFLOPS, Peta FLoating-point Operations Per Second，每秒千万亿次浮点计算）为单位来衡量其快慢。

那么，目前世界上运算速度最快的计算机到底有多快？

2013 年 11 月 18 日，国际 TOP500 组织公布的全球超级计算机 500 强排行榜榜单，中国研发的"天河二号"以每秒 33.86 千万亿次的浮点运算速度蝉联全球最快超级计算机。美国的"泰坦"位居第二。2013 年 6 月发布的 500 强排行榜中，"天河二号"首次

> 国际 **TOP500** 组织是发布全球已安装的超级计算机系统排名的权威机构，以超级计算机基准程序 **Linpack** 测试值为序进行排名，每年发布两次，其目的是促进国际超级计算机领域的交流和合作，促进超级计算机的推广应用。

超过美国的"泰坦"问鼎冠军宝座。"天河二号"的速度比"泰坦"快了近 1 倍。排名第三的是安装在美国能源部劳伦斯-利弗莫尔国家实验室的"红杉"。2014 年 6 月 23 日，"天河二号"获得 TOP500 三连冠。

"天河二号"由中国国防科技大学开发，于 2013 年底在广州国家超级计算机中心投入使用。"天河二号"拥有 312 万颗计算核心、102.4 万 GB 内存，每秒 33.86 千万亿次浮点运算，理论峰值达 54.90 千万亿次，操作系统为中国自主研发的麒麟 Linux。

美国"泰坦"克雷 XK7 由超级计算机之父西摩·克雷制造，目前被部署在美国能源部橡树岭国家实验室。"泰坦"拥有 56 万颗计算核心、71 万 GB 内存，每秒 17.59 千万亿次浮点运算速度，理论峰值达 27.11 千万亿次，操

作系统为 Cray Linux Environment 系统。

美国"红杉"由 IBM 公司制造，位于美国加利福尼亚州劳伦斯利物浦国家实验室。"红杉"配备 IBM Blue Gene/Linux 系统，拥有 157 万颗计算核心、157 万 GB 内存，每秒 17.17 千万亿次浮点运算，理论峰值 20.13 千万亿次。

这些速度是个什么概念呢？这意味着，"天河二号"运算 1 小时相当于 13 亿人同时用计算器计算 1000 年，其存储总容量相当于存储每册 10 万字的图书 600 亿册。

现在最快的个人计算机每秒钟大约能处理数十亿条指令，而超级计算机的浮点运算要比这复杂得多。超级计算机处理信息的速度至少相当于普通家用微型计算机的数千万倍。

2．计算精度高

计算机的计算精度是指进行数值运算时所能处理和表示的有效数值的位数，位数越多，精度就越高。计算机的计算精度与计算机的字长有关，目前的计算机的字长最长为 128 位。

计算机不但具有超乎想象的运算速度，同时能保证惊人的运算精度。目前的个人计算机字长最长 64 位，表示的精度是有限的，虽然可以通过算法来分段处理数据，进而达到高精度，但毕竟有限。但是超级计算机一般是多个 CPU 或者多机系统，按照并行处理方式工作，其主存储器容量可达到 TB 字节数量级，虽然单个 CPU 的运算器计算的字长为 64 位或 128 位，但是多个 CPU 并行处理可以表示更高的精度。

3．具有逻辑判断功能

计算机不但具备算术运算能力，还兼具逻辑运算能力。正是这种逻辑运算能力决定了计算机的"判断"、"推理"和"自动控制"的能力。

通过与（AND）、或（OR）、非（NOT）运算方式，基于二值逻辑的任何复杂的逻辑运算都可以由这三种基本逻辑运算来实现。程序可以让计算机进行判断、推理和自动控制，从而代替人的部分脑力劳动，也许这就是为什么计算机也被称为"电脑"的缘故吧。

4．具有记忆存储功能

计算机具有记忆存储大量信息的存储部件，可以将原始数据、程序和中间结果等信息存储起来，以备调用。例如，使用数据库技术的计算机系统可以将一个大型图书馆所藏的几百万册图书的编目索引和书籍内容摘要等大量信息存入存储器，并建立一个自动检索系统，让读者迅速查到所需书目，并输出内容摘要。

度量计算机存储容量的基本单位为字节，但随着存储容量的激增，出现了一些新的度量单位，如图 1.9 所示。目前超级计算机的内存可达到 TB 量级，外存已经是海量的 PB 量级。

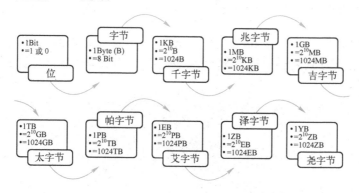

图 1.9　计算机存储容量的度量单位

5．自动处理能力

由于计算机使用由程序控制机器运行的工作方式，因此，只要按照算法编好程序，将程序输入计算机系统并运行程序，计算机就能实现自动化操作。

随着装入程序的不同，计算机完成的工作也随之改变。如果配上必要的外部设备和附属装置，就可以在各种不同的应用领域中工作，完成各种任务。

6．网络与通信功能

现代的计算机系统都配备有实现网络连接和信息通信功能的支持软件和硬件设备。

将地理位置不同的具有独立功能的多台计算机及其外部设备，通过通信线路连接起来，在网络操作系统、网络管理软件及网络通信协议的管理和协调下，实现资源共享和信息传递的计算机系统就是计算机网络。计算机网络是计算机技术和通信技术相结合的产物，它综合了计算机系统资源丰富和通信系统迅速及时的优势，具有很强的生命力。如今的云存储、云计算、大数据、物联网等都是计算机网络与通信功能支持的技术产物。

7．可靠性高、通用性强

计算机系统由硬件和软件组成，整个系统的可靠性和通用性由计算机的硬件和软件共同支撑。现在的计算机硬件是由高科技的电子元器件（超大规模集成电路）构成的，受外界环境影响而磨损、氧化和松动的机会小，稳定性高，故障率低，保证了计算机硬件的可靠性。现在的计算机软件开发与维护都是有严格的软件工程标准和规范，在使用中出现的问题可以及时地通过补丁程序或软件升级来弥补。

计算机的通用性取决于计算机硬件可以支持多少种软件平台，软件可以通过编程实现不同应用问题的解决。现代计算机都具有较强的通用性。

四、归类计算机的家族组员

现代的计算机有着庞大的计算机家族，而分类方法大致有如下几种：按信息的表示和处理方式划分、按计算机用途划分和按计算机规模与性能划分，如图 1.10 所示。

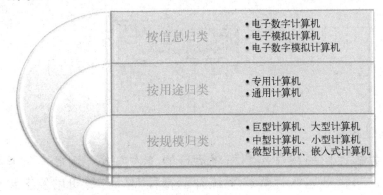

图 1.10　计算机家族的成员归类

（1）按信息的表示和处理方式划分

按信息的表示和处理方式划分，现代计算机可分为电子数字计算机、电子模拟计算机、电子数字模拟混合电子计算机。

在数字计算机中，信息用离散的二进制形式 0 和 1 组成的代码串表示。其特点是计算精度高，便于信息存储，通用性强。通常所说的电子计算机就是指数字电子计算机。

在模拟计算机中，信息用连续变化的模拟量表示，其运算部件主要由运算放大器及一些有源或无源的网络组成。模拟计算机运算速度很快，但精度不高，通用性不强。

另外，量子计算机、光子计算机、分子计算机、纳米计算机和生物计算机等新型高性能计算机也在孕育和研发之中。

（2）按计算机用途划分

按计算机用途划分，现代计算机可分为专用计算机与通用计算机。

专用计算机是针对某一特定应用领域，为解决某些特定问题而设计的，如 IBM 公司的"深蓝"（Deep Blue）计算机只用于国际象棋的博弈。

通用计算机是针对多种应用领域或者面向多种算法而研制的，其通用性强、功能全，能适应多种用户的需求。目前，大多数计算机属于通用计算机，包括个人计算机。

（3）按计算机规模与性能用途划分

通用计算机按其规模、速度和功能等又可分为巨型机、大型机、中型机、小型机、微型机及嵌入式机（单片机）。它们的基本区别通常在于其体积大小、结构复杂程度、功率消耗、性能指标、数据存储容量、指令系统和设备、软件配置等的不同。

巨型机又称为超级计算机，是计算机中性能最高、功能最强的。其运算速度超过每秒千万亿次，字长 64 位甚至更长，主存储器容量达到 TB 量级，外存储器容量达到 PB 量级，一般是多 CPU 或者多机系统，按照并行处理方式工作。

微型机以使用微处理器、结构紧凑为特征，是计算机中价格最低、应用最广、发展最快、装机量最多的一种。当今微型机字长可达 64 位，主存储器容量可达 GB 甚至 TB 量级，时钟频率数 GHz 以上，已经达到或超过 20 世纪 70 年代的大中型机的水平。

工作站是具备强大数据运算与图形、图像处理能力的高性能计算机。与大中型机相比，工作站的体积较小，价格比较便宜，规模属于微型机范畴，适用于工程设计、图形处理、科学研究、模拟仿真等专业领域。

嵌入式计算机则只由一片或多片集成电路芯片制成，其体积小，重量轻，结构相对简单，完成的功能相对专一。

性能介于巨型机和微型机之间的就是大型机、中型机和小型机，它们的性能指标和结构规模则相应递减。

主题二　计算机能做什么

计算机能做什么？这个问题比什么是计算机似乎要容易得多，一般人都能罗列出几种，诸如玩游戏、上网、聊天、听音乐、看电影、打字等，如果仅仅是局限在个人计算机的应用范畴，罗列得再多也很难全面，因为不同分类的计算机无论在功能上还是应用方面都是有差异的，如图 1.11 所示。那么，计算机到底还能做些什么？

一、计算机在现代社会中的应用

1．科学与工程计算

科学计算是计算机最原始也是最基础的功能应用。

在科研领域，人们使用计算机进行各种复杂的运算及大量数据的处理，如卫星飞行的轨迹、天气预报、太空探索、科学研究中的数学计算和处理等。由于计算机能高速、准确地进行运算，并具备海量的信息存储能力，因此人们往往需要花费数天、数年时间甚至一辈子才能完成的计算任务，计算机只需很短时间就能完成。

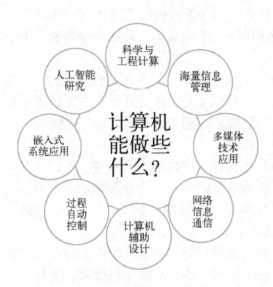

图 1.11　计算机能做什么

　　进行这种科学与工程计算，一般会根据问题的复杂程度、数据量大小、计算精度和时效要求情况，选择不同类型的计算机来完成，通常能胜任这种既快又准处理工作的非超级或大型计算机莫属。

　　科学与工程计算基本处理过程都是依照下面的步骤：建立数学模型→探索并发现有效的计算方法（算法）→算法的理论分析→选择适合实现算法的计算机软件平台和软件工具→编写程序描述计算机解题算法→提交计算机运行程序→计算机依照程序指定的算法自动完成所需的计算。

　　（1）圆周率 π 的计算

　　圆周率 π 是指平面上圆的周长与直径之比（是常数）。古今中外的数学家几乎投入毕生精力，运用几何方法、无穷乘积式、无穷连分数、无穷级数等各种计算方法求 π 的值。

　　公元 5 世纪，我国古代数学家祖冲之求出的结果为：3.1415926<圆周率<3.1415927，这个精确到小数点后 7 位的圆周率，由他保持了 1000 年。

　　1706 年，英国数学家梅钦计算 π 值突破 100 位小数大关。1873 年，另一位英国数学家尚可斯将 π 值计算到小数点后 707 位，可惜他的结果从 528 位起是错的。1948 年，英国的弗格森和美国的伦奇共同发表了 π 的 808 位小数值，成为人工计算圆周率值的最高纪录。

　　电子计算机的出现使 π 值计算有了突飞猛进的发展。1949 年，美国马里兰州阿伯丁的军队弹道研究实验室首次用计算机（ENIAC）计算 π 值（见图 1.12），一下就计算到了 2037 位小数，突破了千位数。

图 1.12　计算机对圆周率的计算

1989 年，美国哥伦比亚大学研究人员用克雷-2 型和 IBM-VF 型巨型电子计算机计算出 π 值小数点后 4.8 亿位数，后又继续算到小数点后 10.1 亿位数，创下新的纪录。

2002 年，日本人金田康正利用当时计算能力居世界第 26 位的超级计算机，使用新的计算方法，耗时 400 多个小时（16 天），计算出小数点后 1241 亿位。

2010 年 1 月 7 日，法国工程师法布里斯·贝拉将圆周率算到小数点后 27000 亿位。

2011 年 10 月 16 日，日本长野县饭田市计算机奇才近藤茂利用家中计算机将圆周率计算到小数点后 10 万亿位，刷新了 2010 年 8 月由他自己创下的 5 万亿位吉尼斯世界纪录。56 岁的近藤茂使用的是自己组装的计算机，从 10 月起开始计算，花费约 1 年时间刷新了纪录。

（2）汉诺塔问题

汉诺塔问题（见图 1.13）是印度的一个古老传说。

图 1.13　汉诺塔

开天辟地的神勃拉玛在一个庙里留下了三根金刚石的棒，第一根上面套着 64 个圆的金片，最大的一个在底下，其余一个比一个小，依次叠上去。神勃拉玛说，将盘子依照规则都移动到第三根棒上之时，就是世界末日到来的那一天。庙里的众僧不倦地把它们一个个地从这根棒搬到另一根棒上，规定可利用中间的一根棒作为帮助，但每次只能搬一个，而且大的不能放在小的上面。移动圆片的次数为 18446744073709551616（$2^{64}-1$），按照 1 秒搬动一个盘子计算，大约需要 584 942 417 355 年。看来，众僧们耗尽毕生精力也不可能完成金片的移动。

但有了计算机，模拟整个移动过程的每个步骤怎么走，可以运用递归算法在短时间内完成计算。

2. 信息管理

信息管理是随着计算机技术的发展和信息时代的到来，而逐渐分化和衍生的应用，也是目前最广泛、最重要的功能应用。

现代信息管理充分利用了计算机信息技术的优势，突破了传统信息管理技术范围，大量采用网络传输、云存储、大数据、数据库、数据仓库、联机分析技术等先进技术手段与方法。

事实上，大到世界、国家，中到省市地域，小到单位个人，计算机信息管理与我们的工作和生活早已经水乳交融密不可分了。如企事业部门的人事管理、图书馆信息检索、办公自动化（OA）、银行账户管理、网络信息浏览与查询、各种专用的管理信息系统（MIS）等等，举不胜举。计算机信息管理带给人们的便利和改变令我们目不暇接。

在银行，计算机用通信线路联成网络，这样银行就有了通存通兑的服务。人们可以不用现金而使用信用卡消费，计算机将人们带到了一个"无现金"的时代。由于有了计算机网络，一个称为"无纸贸易"的时代已经到来，被称为电子数据交换（EDI）的技术正风靡全球。

在企事业，计算机为管理人员提供了办公自动化系统，通过它，企事业人员能及时了解每一天的运作情况，并由此调整及制订工作计划。有人形象地将办公自动化（OA）解释为：OA=微电子信息处理机+计算机通信系统+其他电子办公设备。所谓办公自动化，就是包括以个人计算机为核心的办公事务处理机、传真机、复印机、智能电话、图像文字处理机等，能使办公处理实现自动化作业。

在今天的报社和出版社，已经采用以计算机为主要工具的电子排版系统，取代了有近千年历史的活字印刷技术。

在大商店与超级市场，人们用计算机（见图 1.14）收款与结账，迅速又准确。商品的条形码是商品的 ID 识别码，与此相关的商品信息由后台的计算机数据库系统进行存储和管理。

随着全球以信息技术为主导的科技革命进程的加快，人类社会逐步由工业社会进入信息社会。信息技术是当代最具潜力的新的生产力，信息资源是经济和社会发展的重要战略资源。信息化成为各国经济和科技竞争的制高点，信息化程度已成为衡量一个国家和地区现代化水平和综合实力的重要标志。

图 1.14　超市计算机收银机

3．多媒体技术应用

多媒体技术是当今信息技术领域发展最快、最活跃的技术，是新一代电子技术发展和竞争的焦点。多媒体技术依托计算机作为基本技术平台，融声音、文本、图像、动画、视频和通信等功能于一体，借助日益普及的高速信息网，可实现计算机的全球联网和信息资源共享，因此被广泛应用在咨询服务、图书、教育、通信、军事、金融、医疗和娱乐等诸多行业，并正潜移默化地改变着我们的生活。

运用计算机和网络可以在线召开异地网络视频会议，可以在线听音乐、看电影、玩游戏。计算机还能把家里的视听设备连接起来，形成多媒体计算机或数字电视，人们不仅可以在电视上接收播放网络中的音乐和电影，还能够把其中的声音和画面剪辑下来，然后按照自己的意愿加工与处理，形成自己的音像"产品"供自己或家人欣赏。

随着计算机信息技术的发展及三维动画技术的完善，电脑特技已经成为现在电影制作不可缺少的一种手段。电脑特技，顾名思义，就是借用计算机这一工具实现特殊效果，这种特殊效果是现实不能实现或者不存在的事物，经过人脑的想象，构架它存在的状态并赋予它的视觉符号。诸多电影大片中频繁使用电脑特技实现虚拟和震撼的视觉效果，如《星球大战》、《侏罗纪公园》、《2012》、《少年派的奇幻漂流》、《泰坦尼克号》、《后天》、《阿凡达》、《木乃伊》、《蜘蛛侠》、《骇客帝国》、《终结者》和《哈利波特》等。

4．计算机通信和网络应用

信息社会的今天，人们的信息交流越来越频繁，要求信息的传送速度更快、传送的范围更广，"信息高速公路"Internet 应运而生。

计算机通信和网络应用大到国防、军事和太空探索的卫星无线通信，小到个人计算机的日常信息的传递与获取。用户只要把自己的计算机或者手机接到网络中，就可以与全世界联络，坐在家中就能获取该系统上的各种信息，如电子新闻、电子图书资料和电子邮件（E-mail），甚至直接可以在网络上通过语音、视频交流并洽谈业务等，微信、微博、Facebook、QQ 和博客等网络社交软件应运而生。派生出的各种网络交流平台术语也层出不穷，如 GtoB（Government-to-Business，政府对商业）、BtoC（Business to Customer，商业对客户）、GtoC、BtoB、GtoG、CtoC 等。

一个传奇人物杰夫·贝索斯创造了 Amazon 奇迹——全球最大的互联网书店（1995 年在车库中诞生，提供了 310 万个可方便查找的书目，网上书店每平方米的销售量是传统书店的 800%）。"由于革命性地改变了全球消费者传统购物"，杰夫·贝索斯被评为《时代》周刊 1999 年风云人物。美国 2000 年《财富》杂志评选出的全美 40 岁以下巨富排行榜中，位居第二；美国《商业周刊》评选的"互联网时代最具影响力的 25"其中之一，是第一位成功的网上零售业者，是最能代表消费者电子商务（BtoC 模式）的象征，最高市值曾达 300 亿美元。

国内著名的电子商务网站阿里巴巴是典型的 BtoB（Business-to-Business 或 B2B）模式的电子商务平台，各类企业可以通过阿里巴巴进行企业间的电子商务，如发布和查询供求信息，与潜在客户/供应商进行在线交流和商务洽谈等。

还有大家熟知的 BtoC 电子商务平台有 eBAY、天猫、淘宝、京东和苏宁易购等。

5. 计算机辅助系统

计算机辅助系统统称为 CAX，包括 CAD（Computer Aided Design，计算机辅助设计）、CAT（Computer Aided Test，计算机辅助测试）、CAE（Computer Aided Engineering，计算机辅助工程）、CAM（computer Aided Manufacturing，计算机辅助制造）、CAI（Computer Aided Instruction，计算机辅助教学）等。

在工厂，计算机为工程师们在设计产品时提供了有效的辅助手段和工具。现在，人们在进行建筑设计时，只要输入有关的原始数据，计算机就能自动处理并绘出各种设计图纸。

计算机广泛应用于工业生产中，加速了工厂生产的自动化。有人形象地将工厂自动化（Factory Automation，FA）解释为：FA=数控自动机床+自动装置+计算机辅助设计（CAD）+计算机辅助制造（CAM）+计算机辅助测试（CAT）。

计算机正广泛应用于教学领域，计算机辅助教学（CAI）正将计算机技术与各学科教学结合起来，内容丰富、形象生动有趣的教学软件提高了学生们的学习兴趣，增强了教学效果。此外，将课程内容及练习编成软件，计算机还可以成为学生的一位百问不厌的家庭老师，如在线课堂、慕课（MOOC）和网上考试系统等。

6. 过程自动控制

在许多行业，如一些环境危险恶劣或批量化程度高的生产线，用由计算机控制的机器人来代替人类进行劳动，大大减轻了人类的劳动强度，提高了生产效率。在生产中，用计算机控制生产过程的自动化操作，如温度控制、电压电流控制等，从而实现自动进料、自动加工产品以及自动包装产品等。太空探索大量采用了自动化机器人操控等。

7. 嵌入式系统应用

嵌入式系统（Embedded Systems）是一种以应用为中心、以微处理器为基础，软件、硬件可裁剪的，适应应用系统对功能、可靠性、成本、体积、功耗等综合性严格要求的专用计算机系统。嵌入式系统一般由嵌入式微处理器、外围硬件设备、嵌入式操作系统以及用户的应用程序四部分组成，是计算机市场中增长最快的领域，也是种类繁多、形态多种多样的计算机系统。

嵌入式系统几乎包括了生活中的所有电器设备，如掌上 PDA、计算器、电视机顶盒、手机、数字电视、多媒体播放器、汽车、微波炉、数字相机、家庭自动化系统、电梯、空调、安全系统、自动售货机、蜂窝式电话、消费电子设备、工业自动化仪表与医疗仪器等。

当代的汽车是数字化的汽车，内置了几十甚至上百个嵌入式处理器，它们通过数字网路相互连接，以控制和优化汽车内几乎每一个系统的运转。

以汽车电子为例，智能化的侧视镜、后视雷达，与光学传输系统相连接，可以指向车的后面。驾车人在倒车时，可以从车内看清车下的情况。车内的音响与传感器和控制器相连，可以根据具体情况自动调节音响的音量，使得输出电平适量地超出车内环境噪声的电平。汽车的巡航系统、导航系统等都是采用嵌入式系统的标准控制局域网（CAN 总线）对各局部的嵌入式模块进行统一管理。

嵌入式系统的核心部件是嵌入式处理器，嵌入式微处理器一般具备 4 个特点：

❖ 对实时和多任务有很强的支持能力，能完成多任务并且有较短的中断响应时间，从而使内部的代码和实时操作系统的执行时间减少到最低限度。

❖ 具有功能很强的存储区保护功能，这是由于嵌入式系统的软件结构已模块化，而为了避免在软件模块之间出现错误的交叉作用，需要设计强大的存储区保护功能，也有利于软件诊断。

❖ 可扩展的处理器结构，能迅速地扩展出满足应用的高性能的嵌入式微处理器。

❖ 嵌入式微处理器的功耗必须很低，尤其是用于便携式的无线及移动的计算和通信设备中靠电池供电的嵌入式系统更是如此，功耗只能为 mW 甚至 μW 级。

据估计，每年全球嵌入式系统带来的相关工业产值已超过 10000 亿美元。"行业舞台，嵌入有术"，作为撬动整个信息时代的支点，谁又能小看嵌入式应用的光明未来呢？

8．人工智能研究

人工智能（Artificial Intelligence，AI）是研究、开发用于模拟、延伸和扩展人的智能的理论、方法、技术及应用系统的一门新的技术科学。人工智能是计算机科学的一个分支，企图了解智能的实质，并生产出一种新的能以人类智能相似的方式做出反应的智能机器。

人工智能领域的研究包括机器人、语言识别、图像识别、自然语言处理和专家系统等，具体应用有：智能家用电器，计算机智能医生，计算机自动识别系统（指纹识别、人脸识别、视网膜识别、虹膜识别和掌纹识别等），智能搜索，定理证明，博弈，自动程序设计等。

由于受到当代计算机工作原理和功能极限的制约，目前的人工智能的研究与应用也仅仅停留在对已有信息的处理和依照程序完成指定的操作，并不具备超人能力和智慧。

二、信息处理与信息技术

前面多次提及信息处理与信息技术。的确，计算机无论做什么，其基础都是建立在运用信息技术进行信息处理的过程，计算机则可以简单地被理解为用于信息处理的现代化工具。

现代的信息处理已经大大超越了古代和近代时期对信息处理的理解框架，发生了质的变化；信息处理的内涵与外延都得到了扩大，所面对的信息资源已经远远超出了传统信息资源的范畴，扩大到了多种新型的信息类型，整个社会的信息资源呈几何级数增长，不同的部门和领域均不得不面对信息处理的挑战；现代信息处理充分利用了计算机信息技术的优势，突破了传统信息处理技术范围，大量采用了网络、数据库、数据仓库、联机分析技术、云计算和大数据等先进技术手段与方法。

1．信息、数据和信息处理

信息和数据是有着密切的关系，信息来源于数据。

任何事物的属性都是通过数据来表示的。数据是信息的物理表示和载体，数据经过处理，组织并赋予一定关联和意义后即可成为信息。

信息处理是指将数据转换成信息的过程。广义地讲，处理包括对数据的收集、存储、加工、分类、检索、传播等一系列活动。信息、数据和信息处理的关系可用下式简单表示：

　　　　信息=数据+处理

人类处理信息的历史大致分为 4 个阶段。

- ❖ 原始阶段：语言、绳结语、画图或刻画标记、算筹等。
- ❖ 手工阶段：文字、造纸术和印刷术等。
- ❖ 机电阶段：蒸汽机、机械式计算机、无线电报的传送、有线电话、雷达等。
- ❖ 现代阶段：计算机技术、现代通信技术和控制技术。

人类社会中，语言、文字、书刊、报纸、文章、信件、广告、图片、影像、广播声音等都是信息的表达形式。

随着社会科技的发展，也许还会出现各种各样新的信息形式，但各种信息只要通过一定的编码技术可以转化为二进制码，就可以进入计算机系统进行存储、加工和传播等一系列信息处理过程。

2．信息技术

信息技术（Information Technology，IT）可以理解为与信息处理有关的一切技术，或者说是依据信息科学的原理和方法来实现信息处理的技术。

这里的信息处理指对信息的收集、识别、提取、变换、存储、传递、整理、检索、检测、分析、利用等。

就信息技术的主体而言，最重要的部分是以微电子技术为基础的"计算机"、"通信"和"控制"技术，有人认为信息技术（IT）简单地说就是 3C：

IT=Computer + Communication + Control

现代信息技术的关键是计算机技术、现代通信技术和控制技术。计算机在信息社会中有着重要的地位，计算机改变了人们的工作方式、生活方式、学习方式和组织机构的运作方式。

三、人与计算机的智能较量

美国电影《骇客帝国》的构思很超前，情节很精彩，场面很震撼。也许影片中的一些对白过于专业，有些人未必完全看得明白，其中的真实与虚幻，思维与程序的交替交织令人目不暇接。但影片的主题每个人都很清楚，就是讲述人与计算机的智能较量……虽然影片是科幻的，但人们还是不由得会联想或是疑惑，到底计算机是否会取代人甚至超越人呢？

　　这个问题要分时段来回答，未来的计算机是否会取代人甚至超越人，估计没有谁可以确切地回答。但如果是现代计算机，我们可以肯定地回答：不会！

　　但是，为什么人机博弈，人却输给了计算机呢？

　　IBM 公司研制的超级并行计算机"深蓝"（Deep Blue），重 1270 kg，有 32 个大脑（中央处理器 CPU），每秒钟可以计算 2 亿步。1996 年 2 月 10 日，国际象棋大师加里·卡斯帕罗夫以三胜两和一负的成绩战胜了"深蓝"。但在 1997 年，从 5 月 3 日到 5 月 11 日，历经 6 局紧张激战，"深蓝"终以 3.5 比 2.5 的总比分将这位历史上最伟大的人类棋手加里·卡斯帕罗夫逼下了世界冠军的王座。

　　"深蓝"计算机总设计师许峰雄博士（图 1.15 右）通过另一台带有液晶显示屏的黑色计算机，负责操纵"深蓝"迎战人类国际象棋世界冠军卡斯帕罗夫（图 1.15 左）。

图 1.15　国际象棋大师卡斯帕罗夫与"深蓝"计算机进行人机博弈

　　"在某些局面里，计算机看得如此之深，以致它像上帝。""我认为，需要教会计算机一点东西——教它如何认输！""我要考虑公众因素、科学因素和心理因素，而计算机只需考虑棋的因素。"这是超一流国际象棋大师加里·卡斯帕罗夫输棋后的感慨。

　　"深蓝"战胜了卡斯帕罗夫以后，一时间，人与计算机的智能较量的话题备受关注，很多人忧心忡忡，认为如果让机器具备了人类最引以为自豪的"智慧和思想"，有了"智慧和思想"的机器会不会给人类带来危机，就如同很多表现未来机器人战胜人类的电影里所描写的那样。IBM 公司负责"深蓝"研制开发项目的华裔科学家许峰雄博士表示，"深蓝"并没有人工智能，不具备"智慧和思想"。他给"深蓝"下的结论当属权威。

他解释说，与今天所有计算机一样，"深蓝"不会学习，只会推理。会学习的所谓"第五代"计算机至今还没有被研究出来。

如果说"深蓝"有什么过人之处的话，那么就是它的不知疲倦的"蛮力"。研究人员把可以收集到的将近 100 年来的 200 万局高手的棋谱都存储在"深蓝"的"外脑"——大型快速阵列硬盘系统中。"深蓝"集中了 IBM 尖端科技的 32 个国际象棋专用处理器协同工作，能在规定的每 3 分钟内从储存的棋谱中寻找出自己应该走的妙招来。

所以"深蓝"的胜因不属于智慧范畴，而是来自于它强大的计算能力。即使这种能力算是一种"智慧"的话，也是人赋予的。计算机的优势在于海量存储能力、快速信息处理能力和稳定的性能，而所有的这一切都是在人编制的程序的控制下进行的。相比之下，人的缺陷就突显出来：情绪、疲惫、记忆力、计算棋招的速度、出错等，但人的潜在创造性和自学习的智慧以及模糊的非公式化经验积累，是当代计算机所无法比拟的。

四、计算机的局限性

前面谈了很多关于计算机能做些什么？的确，我们不得不承认，计算机技术发展到今天，对人类世界的影响和改变是颠覆性的，但是，我们不能就盲目地做出判断和结论，认为计算机是无所不能的……

《计算机不能做什么》又名《人工智能极限》，是法国哲学家休伯特·德雷福斯在 20 世纪 70 年代末所写的一本书。作为一位哲学家，作者以反人工智能者的身份，站在哲学、认知科学的高度，剖析了人工智能（以后简称 AI）。作者在书中多次使用一个比喻：如果我们的目标是要到月亮上去，AI 现有的做法无非是爬上一棵高树，虽然离月亮近了一些，但永远无法抵达月球。

虽然时间已经过去了 40 多年，在这几十年间的过程中，AI 技术的确取得了突飞猛进的进步（爬上了更高的树），在一些领域也的确解决了不少的问题，但是休伯特·德雷福斯当时提出的问题似乎并没有过时。

我们暂且撇开计算机硬件构架上的性能缺陷，仅仅从计算机所具备的能力方面考量，我们不禁会问：

- ❖ 计算机能处理"语义"吗？
- ❖ 计算机能形成"概念"吗？
- ❖ 计算机具有"学习"的能力吗？
- ❖ 计算机有直觉和思想吗？
- ❖ 计算机有边缘意识吗？
- ❖ 计算机能处理模糊的问题吗？
- ❖ 计算机能表示嗅觉和触觉吗？
- ❖ 计算机能表示人的七情六欲吗？

❖ ⋯⋯

当然，这里所说的计算机是指当前普遍使用的，以图灵机为理论模型的冯·诺依曼体系结构的计算机。

也许，对于那些对计算机体系结构和工作原理并不清楚的普通公众而言，对计算机具有某种莫名的崇拜，他们可能会觉得计算机比他们聪明，甚至比他们强大。甚至有人似乎过高估计了 AI 的发展，认为 AI 的发展甚至使人的智能感受到威胁，已经到了需要考虑如何使其造福人类的同时又避免产生科技灾难的时候。

其实，从计算机的理论模型图灵机和系统构架冯·诺依曼机的起点出发审视计算机的能力，计算机所做的一切（死机、故障不算）实际上都是按照人的指令来进行的；计算机只不过是一个符号处理的机器，即使有时似乎感觉到了计算机似乎有什么"智能"的话，那也是人放进去的。那么，到底计算机不能做什么？或者说，计算机的极限是什么？

一句话总结，计算机不能做那些不可计算性问题。不可计算性问题主要包括：被处理的信息无法表示为 0 或 1 的二进制状态；需要计算的数据无法表示为有限的和确定的；数据的大小和精度无法表示在固定的范围；问题的处理方法无法表示为无二义性的形式化算法，并无法在有限步骤内完成。如图 1.16 所示。依此一一对照前面我们提出的问题，不难得到解答。

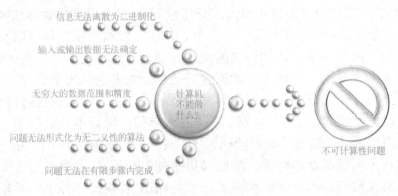

信息无法离散为二进制化
输入或输出数据无法确定
无穷大的数据范围和精度
问题无法形式化为无二义性的算法
问题无法在有限步骤内完成

计算机不能做什么？

不可计算性问题

图 1.16　计算机不能做什么

我们所说的"智能"是指高级生物（主要是人类）认知过程（包括感觉、表征、记忆、概念形成、意识、辨识、判断、推理、决策、知识形成、问题解决）的能力。"智能"是人类理解和学习事物的能力，或者说，智能是思考和理解的能力而不是本能做事的能力。

那么，一个有"智能"的人（或者机器）不仅是简单地接收外部的信号（或者说"符号"）然后单纯地条件反射，他/它在接收信号的同时还获得了（或者说"理解了"）包含在其中的"语义"，即他/它的"大脑"中是有"概念"的；他/它具有学习的能力（不断地获取知识）；他/它具有一定的解决问题的能力；

他/它对环境的变化具有一定的适应性；如果还有可能，他/它具有一定的创造能力（产生新的知识）。

显然，现代计算机并不具备我们上述所描述的"智能"。因此，在当下计算机时代，完全不必担忧计算机的"智能"会超过人的智能。例如，美国有个9岁的小姑娘学会使用计算机后说道："计算机真笨，什么都要我告诉它！"

主题三　回眸计算机的发展历程

计算机是人类对计算工具的不断开拓创新和不懈努力追求的最好回报。计算机最早是为了解决复杂烦琐的数学计算问题而设计制造的计算工具。

我们有必要翻开历史，回眸一下计算工具和计算机真实的发展历程，从中体味和思考从计算工具到计算机的漫长演变革新过程，虽然以现代人的视角，回头看那些计算机历经的发展阶段，会感觉有些笨拙和可笑，但应当说它们都是自身所处时代的最优解和翘楚，现在的计算机绝不是一蹴而就的，况且，我们现在的计算机也许就是未来人眼中的 ENIAC。

一、计算工具的发展

1. 手工到机械自动

史前时期，采用石块和贝壳记数；唐代时期，开始使用算盘；17 世纪出现了计算尺。

1642 年，法国数学家帕斯卡（B·Pascal）创造了第一台能完成加、减运算的机械计算器，计算税收。

1822 年，英国数学家巴贝奇（C·Babbage）提出了自动计算机的基本概念，并设计出差分机和分析机。

2. 机械计算到电动计算

1884 年，美国工程师霍列瑞斯（H·Hollerith）创造了第一台电动计算机用于人口普查。

1913 年，美国麻省理工学院教授万·布什（V·Bush）领导制造了模拟计算机"微分分析"。机器采用一系列电机驱动，利用齿轮转动的角度来模拟计算结果。

3. 机电全自动到电子数字

1942 年，时任美国依阿华州立大学数学物理教授的阿塔纳索夫（John V·Atanasoff）与研究生贝瑞（Clifford Berry）组装了著名的 ABC（Atanasoff Berry Computer）计算机，共使用了 300 多个电子管，这也是世界上第一台具有现代计算机雏形的计算机。但是由于美国政府正式参加第二次世界大战，致使该计算机并没有真正投入运行。

1944 年，美国哈佛大学数学教授霍德华·艾肯（H·Aiken）提出设计思想，由 IBM 投资承建，设计出"马克 1 号"计算机。

1946 年，美国宾夕法尼亚大学摩尔学院教授莫契利（John Mauchly）和埃克特（J·P·Eckert）共同研制成功了 ENIAC（Electronic Numerical Integrator and Calculator，电子数字积分器和计算器）——第一台电子数字计算机，从此人类社会进入以数字计算机为主导的信息时代。ENIAC 采用了电子管技术。

二、计算机的发展

ENIAC 是第一台真正能够工作的电子计算机，但它还不是现代意义的计算机。ENIAC 能完成许多基本计算，如四则运算、平方立方、sin 和 cos 等。但是，它的计算需要人的大量参与，做每项计算之前技术人员都需要插拔许多导线，非常麻烦。

美国数学家冯·诺依曼看到计算机研究的重要性，立即投入到这方面的工作中，他提出了现代计算机的基本原理：存储程序控制原理。

根据存储程序控制原理造出的新计算机 EDSAC（Electronic Delay Storage Automatic Calculator）和 EDVAC（Electronic Discrete Variable Automatic Computer）分别于 1949 和 1952 年在英国剑桥大学和美国宾夕法尼亚大学投入运行。

EDSAC 是世界上第一台存储程序计算机，也是所有现代计算机的原型和范本。

EDVAC 是最先开始研究的存储程序计算机，还使用了 10000 只晶体管。

电子计算机硬件是计算机的物质体现，它的发展对电子计算机的更新换代产生了巨大的影响，因此在过去半个多世纪中，计算机时代划分均以计算机硬件变革为依据。计算机硬件的发展受到电子开关器件的极大约束，因此，习惯上是以电子开关器件更新作为计算机技术进步划时代的一种标志。

从第一台电子数字计算机 ENIAC 的诞生到现在，计算机大致走过了电子管、晶体管、集成电路和超大规模集成电路四个时代。

1. 电子管时代

1946 到 20 世纪 50 年代中末期属于第一代计算机。

① 硬件：这个时代的计算机主要以电子管为逻辑元件，迟延线或磁鼓做存储器；结构上以 CPU 为中心进行组织；没有专门的输入输出设备，数据输入使用穿孔纸带，输出采用电传打字机。

② 软件：一般只能使用机器语言编写程序，50 年代中期才出现汇编语言。

③ 性能：运算速度只有 5 千次/秒到 1 万次/秒。

④ 代表：ENIAC（如图 1.17 所示）。

图 1.17　ENIAC

ENIAC 总共安装了 17468 只电子管、7200 个二极管、70000 多电阻器、10000 多只电容器和 6000 只继电器，电路的焊接点多达 50 万个，机器被安装在一排 2.75 米高的金属柜里，占地面积为 170 m^2，达 30 吨，其运算速度达到每秒钟 5000 次加法，可以在 3/1000 秒时间内做完两个 10 位数乘法。

⑤ 特点：由于电子管元件有许多明显的缺点，如运行时产生的热量太多、元器件磨损率高、可靠性较差、运算速度不快、价格昂贵、体积庞大，这些都使计算机发展受到限制。

⑥ 应用领域：科学计算和军事方面。

2. 晶体管时代

20 世纪 50 年代中末期到 20 世纪 60 年代中期属于第二代计算机。

① 硬件：这个时代的计算机主要以晶体管为逻辑元件，用磁芯为主存储器，并开始使用磁盘机及磁带机等外存储设备。

② 软件：汇编语言得到实际应用，高级语言如 FORTRAN、BASIC、COBOL 相继问世。

③ 性能：运算速度达到十万次/秒到百万次/秒，计算机增加了浮点运算，使数据的绝对值可达 2 的几十次方或几百次方。

④ 代表：TRADIC（如图 1.18 所示）。

1954 年，美国贝尔实验室研制成功第一台使用晶体管线路的计算机，取名 TRADIC，装有 800 个晶体管，功率仅 100 W。这台计算机的出现也标志着第二代计算机的开始。

图 1.18　TRADIC

⑤ 特点：晶体管不仅能实现电子管的功能，也具有尺寸小，重量轻，寿命长，效率高，发热少，功耗低等优点。使用了晶体管以后，电子线路的结构大大改观，制造高速电子计算机的设想也就更容易实现了。

⑥ 应用领域：计算机性能大为提高，使用更方便，应用领域也扩大到数据处理和事务管理等方面。

3．集成电路时代

20 世纪 60 年代中期到 20 世纪 70 年代初期属于第三代计算机。

① 硬件：这个时代的计算机以集成电路为主要功能器件，主存储器采用半导体存储器。

1965 年，戈登·摩尔（Gordon Moore）在 Electronics Magazine 中发表了一篇文章，该文章中提到：当价格不变时，集成电路上可容纳的晶体管数目，约每隔 18 个月便会增加 1 倍，性能也将提升 1 倍。这一定律揭示了信息技术进步的速度。这就是对今后半导体发展有着深远意义的"摩尔定律"。

② 软件：软件功能大大增强，出现了批处理、分时及实时操作系统；程序设计语言方面开展了标准化及结构化工作，编译系统、各类高级语言得到全面发展。

③ 性能：运算速度已经达到百万次/秒到千万次/秒。

④ 代表：IBM360（如图 1.19 所示）。

1964 年 4 月 7 日，IBM 公司吉恩·阿姆达尔（G·Amdahl）担任主设计师，历时 4 年研发的 IBM360 计算机问世，以集成电路为主要功能器件的 IBM360 标志着第三代计算机的全面登场，这也是 IBM 历史上最成功的机型。

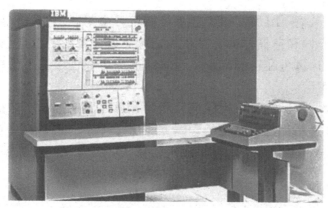

图 1.19 IBM360

⑤ 特点：由于改用集成电路元件，重量只有原来的 1/100，体积与功耗减少到原来的 1/300；计算机体积、重量、功耗大大减少，运算精度和可靠性等指标大为改善。

⑥ 应用领域：计算机应用已遍及科学计算、工业控制、数据处理等方面。

4. 大规模和超大规模集成电路时代

20 世纪 70 年代初期到 21 世纪的现在属于第四代计算机。

① 硬件：计算机将中央处理器 CPU、存储器及各输入输出 I/O 接口集成在大规模集成电路和超大规模集成电路芯片上，1 平方厘米的芯片上就可以集成上亿个电子元件。

② 软件：在软件方面发展出了分布式操作系统、数据库和知识库系统、高效可靠的高级语言以及软件工程标准化等，并形成软件产业；同时力图朝着智能化、模拟人的思维方式方面探索和发展。

③ 性能：运算速度超过千亿浮点运算次/秒。

④ 代表：ILLIAC-IV（如图 1.20 所示）。

图 1.20 ILLIAC-IV 巨型计算机

1972 年，美国 ILLIAC-IV 巨型计算机，是第一台全面使用大规模集成电路作为逻辑元件和存储器的计算机，它标志着计算机的发展已到了第四代。

⑤ 特点：计算机在存储容量、运算速度、可靠性及性能价格比方面均比上一代有较大突破。

⑥ 应用领域：计算机应用除遍及科学计算、工业控制、数据处理等领域外，由一片或几片芯片组成的微处理器派生出一种新的微型计算机进入了人类的社会生活，进一步开拓了计算机应用的新领域并普及到个人和家庭。

三、微型计算机的发展

自 1981 年美国 IBM 公司推出了第一代微型计算机 IBM-PC/XT 以来，以微处理器为核心的微型计算机便以其执行结果精确、处理速度快捷、小型、廉价、可靠性高、灵活性大等特点迅速进入社会各个领域，且技术不断更新、产品不断换代，先后经历了 80286、80386、80486 乃至当前的 80586 (Pentium) 微处理器芯片阶段，并从单纯的计算工具发展成为能够处理数字、符号、文字、语言、图形、图像、音频和视频等多种信息的强大多媒体工具。

如今的微型计算机（如图 1.21 所示）在运算速度、多媒体功能、软/硬件支持性以及易用性方面都比早期产品有了很大的飞跃，便携式计算机更是以小巧、轻便、无线联网等优势受到了越来越多的移动办公人士的喜爱，一直保持着高速发展的态势。

图 1.21　微型（个人）计算机

微型计算机属于第四代计算机，主要以其主要核心元件微处理器 CPU 的字长和芯片上的晶体管电路集成度来划分发展阶段。

字（WORD）是指由一个或多个字节组成的，作为整体进行存取的一个数据。字是计算机的重要性能指标，决定了指令系统的规模，也是运算速度的决定因素，字长越长计算机运行速度越快。另外，字长也决定了计算机的数据表示大小范围和精度高低。

1. 字长 4 位阶段

1971 年到 1973 年，微处理器字长 4 位，指令 45 条。

1971 年 1 月，英特尔（Intel）公司研制成功了第一枚能够实际工作的微处理器 4004，该处理器在面积约 $12\,mm^2$ 的芯片上集成了 2300 多个晶体管，运算能力足以超过 ENICA。Intel 于同年 11 月 15 日正式对外公布了这款处理器。

2. 字长 8 位阶段

1973 年到 1979 年，微处理器字长 8 位，指令 72~158 条。

1974 年 4 月 1 日，Intel 推出了自己的第一款 8 位微处理芯片 8080。

1974 年 12 月，计算机爱好者爱德华·罗伯茨（E·Roberts）发布了自己制作的装配 8080 处理器的计算机"牛郎星"，也是世界上第一台装配有微处理器的计算机，从此掀开了个人计算机（Personal Computer，PC）的序幕。

1975 年 7 月，比尔·盖茨（Bill Gates）在成功为牛郎星配上了 BASIC 语言后，从哈佛大学退学，与好友保罗·艾伦（Paul Allen）一同创办了微软（Microsoft）公司，并为公司制定了奋斗目标："每个家庭的每一张桌上都有一部运行着微软的程序的微型计算机！"。

3. 字长 16 位阶段

1979 年到 1985 年，微处理器字长 16 位，与 20 世纪 70 年代的小型机功能相当。

1981 年 8 月 12 日，微软推出 MS-DOS 1.0 版。

1982 年 2 月，Intel 公司发布 80286 处理器，时钟频率提高到 20 MHz，并增加了保护模式，可访问 16 MB 内存，支持 1 GB 以上的虚拟内存，每秒执行 270 万条指令，集成了 134000 个晶体管。

4. 字长 32 位阶段

1985 年到 1993 年，微处理器字长 32 位，与 20 世纪 70 年代的中型机功能相当。

1985 年 7 月，Intel 公司推出了第一枚 32 位处理器 80386。

1985 年 11 月，微软公司正式推出了 Windows 操作系统。

1989 年 4 月 10 日，Intel 公司推出了集成有 120 万晶体管的 80486 处理器。

1990 年 5 月 22 日，微软推出 Windows 3.0 操作系统。当时的 Windows 3.0 操作系统提供了对多媒体、网络等众多最先进技术的支持，从而被称为软件技术的一场革命。

1993 年 3 月 22 日，Intel 公司发布奔腾（Pentium）处理器。初期发布的奔腾集成了 300 多万个晶体管，工作频率为 60~66 MHz，每秒钟可执行

1 亿条指令。

1993 年，微软发布 Windows NT 操作系统，这是第一个不依赖于 DOS 的视窗操作系统。

5. 字长 64 位阶段

1993 年至今，微处理器字长 64 位，与 20 世纪 70 年代的大中型机功能相当。

1995 年 8 月 24 日，微软公司正式推出 Windows 95 操作系统。

1995 年 11 月 1 日，Intel 公司推出 Pentium Pro 处理器，其最高频率达到了 200 MHz，内部集成 550 万晶体管，每秒可执行 4.4 亿次指令。

1997 年 5 月 7 日，Intel 公司发布了 Pentium II 处理器，成功地实现了 0.25 μm 新工艺，内置多媒体（MMX）功能，并采用了双重独立总线结构。

1999 年 10 月 25 日，Intel 公司推出代号为 Coppermine（铜矿）的 Pentium III 处理器，采用 0.18 μm 工艺，内部集成了 256 KB 全速 L2 Cache（缓存），内建 2800 万个晶体管。

2000 年 2 月 17 日，微软公司正式发布 Windows 2000 操作系统。

2000 年 11 月 20 日，Intel 公司推出 Pentium IV 处理器，采用全新 Netburst 架构，时钟频率为 1.5 GHz，总线频率达到了 400 MHz，并且增加了 144 条全新指令，用于提高视频、音频等多媒体及三维图形处理能力。

2001 年 10 月 25 日，微软推出 Windows XP 操作系统，比尔·盖茨宣布："DOS 时代到此结束"。

2003 年 1 月 7 日，Intel 公司发布全新移动处理规范"迅驰"。同年 3 月，英特尔推出最新的移动处理器 Pentium M，采用 0.13 μm 制程，包含 7700 万个晶体管。

2003 年 9 月 23 日，AMD 公司第一次脱离 Intel 制定的指令集架构，正式发布了面向个人计算机的 64 位处理器 Athlon 64 和 Athlon 64 FX。

2006 年 7 月 27 日，Intel 公司发布酷睿 2 双核处理器，包括 2.9 亿个晶体管，采用了 65 nm（纳米）制程技术生产。

2007 年 1 月 8 日，Intel 公司发布了用于个人计算机的 65 nm 酷睿 2 四核处理器和用于服务器的四核处理器，晶体管数量达到了 5.8 亿个。

2007 年 1 月 30 日，微软推出 Windows Vista 操作系统。Windows Vista 距离上一版本 Windows XP 已有超过 5 年的时间，这是 Windows 版本历史上间隔时间最久的一次发布。但遗憾的是，Windows Vista 操作系统由于存在兼容性等方面的缺陷并未得到市场的青睐和肯定，恶评如潮。

2009 年 10 月 22 日，微软发布了 Windows 7 操作系统。Windows 7 操作系统保留和延续了 Windows Vista 操作系统优秀的部分，摒弃了不足，并增加了许多新的功能。

2012 年 10 月 26 日，微软发布了 Windows 8 操作系统，大幅改变以往的操作逻辑，提供更佳的屏幕触控支持。新系统画面与操作方式变化极大，采用全新的 Modern UI（新 Windows UI）风格用户界面，各种应用程序、快捷方式等能以动态方块的样式呈现在屏幕上，用户可自行将常用的浏览器、社交网络、游戏、操作界面融入。另外，引进了华丽的模块和新的字体。新的系统是否受宠于全球的微机用户，还有待于时间的检验。

截至 2014 年，Intel 公司最新发布的用于个人计算机的微处理器是第四代智能英特尔酷睿 i7 系列。如 Intel 酷睿 i7 4910，默认主频高达 3.90 GHz、L3 缓存 8MB、采用 22 nm 工艺制程和 LGA 2011 接口设计，原生四核心 TDP 为 47 W。另外，该处理器开启超线程情况下，最高可以达到四核八线程处理。

微软计划将于 2015 年发布 Windows 9 操作系统，据介绍，Windows 9 将分为两大部分，一是服务器类，二是家庭类。在 Windows 9 中，我们将看到经典开始菜单的回归，以及改进后的 Metro 界面等。

四、我国计算机的发展

我国计算机工业从 1956 年起步，1958 年第一台电子管计算机 DJS-1 型试制成功。

1964 年，中国制成了第一台全晶体管电子计算机 441—B 型。

1974 年起步开始研制微机，主要有长城、东海、联想、方正等系列产品。

在研制大型机及巨型机方面，我国国防科技大学研制的超级计算机有银河 I、银河 II 和银河 III。曙光信息产业有限公司和国家智能计算机研究开发中心研制推出了曙光 1000、曙光 2000、曙光 3000、曙光 4000 和曙光 5000 等。

1983 年，"银河 I" 型巨型计算机研制成功，运算速度超过每秒 1 亿次。

2001 年，中科院计算所研制成功我国第一款通用 CPU——"龙芯" 芯片。

2002 年，曙光公司推出完全自主知识产权的 "龙腾" 服务器。

"银河 I" 巨型机的操作系统 YHOS 是中国研制成功的第一个巨型机上的操作系统。

1993 年，中国第一台 10 亿次巨型计算机 "银河 II" 通过鉴定。随后，"银河 III" 并行巨型计算机研制成功。

1995 年，曙光 1000 大型机通过鉴定，其峰值可达每秒 25 亿次。

2002 年 11 月 20 日，由国防科技大学研制的新一代 "银河" 高性能实时仿真计算机系统在长沙通过技术鉴定。

2003 年初，曙光推出了面向网格达到 3 万亿次运算能力的高性能计算机曙光 4000L。

2003 年，曙光 4.2 万亿次超级计算机落户中石油；联想 5 万亿次 "深腾

"6800"落户中科院；曙光 10 万亿次超级计算机落户上海超级计算中心。

2004 年，中国有更多的大学和企业研发出超级计算机。

2002 年 11 月，中国拥有的高性能计算机中，有 4 套由中国自主研发的计算机性能都进入了世界 500 强行列。

2004 年 6 月，曙光 4000A 的运算能力排名世界第十。进入世界前 10 名的曙光 TC4000A 并不是人们通常见到的台式计算机或者笔记本电脑，它是一个占地约 1/4 足球场大小的计算机集群。曙光 TC4000A 采用了 2560 颗 AMD Opteron800 系列处理器，包含 640 个节点，每个节点有 4 颗处理器。曙光 TC4000A 在基准测试中，其每秒浮点运算次数达到 10 万亿次。

2008 年 6 月，曙光信息产业有限公司发布的超级计算机曙光 5000A，按照国际通行的计算机运行速度测试标准，它的运算速度超过每秒 160 万亿次，运算能力相当于当时世界第七。这是在主要由美国垄断的全球超级计算机领域中中国科学家取得的历史性突破。

2010 年 11 月，由国防科技大学研制的超级计算机系统"天河一号"首次荣登国际 TOP500 排行榜的头把交椅，而且长时间排在排行榜的前 8 位，运算能力 2.57 PFLOPS。

2013 年 6 月 17 日，由国防科技大学研制的超级计算机系统"天河二号"（如图 1.22 所示）以峰值计算速度每秒 5.49 亿亿次、持续计算速度每秒 3.39 亿亿次双精度浮点运算优越性能，在第 41 届世界超级计算机 500 强排行榜中位居世界第一。2014 年 6 月 23 日，"天河二号"获得 TOP500 三连冠。

图 1.22　天河二号

2013 年 11 月，国际 TOP500 组织正式发布了第 42 届世界超级计算机 500 强排行榜，由国防科技大学研发的"天河二号"超级计算机系统，以优越的运算性能再次位居榜首，蝉联世界超级计算机冠军。这也是天河系列超级计算机第 3 次问鼎世界超算之巅。TOP500 主要编撰人之一、美国田纳西大学计算机教授杰克·唐加拉说："天河二号是一个非常强大的计算系统，其运算速度几乎是第 2 名美国泰坦超级计算机的 2 倍。"尽管中国蝉联全球最快超级计算机，但在最新的 500 强榜单中，美国的超级计算机数量仍然领先，从上次的 253 台增至本次的 265 台。与此同时，中国超过日本，排名第二。

"天河二号"超级计算机系统由 170 个机柜组成，包括 125 个计算机柜、8 个服务机柜、13 个通信机柜和 24 个存储机柜，占地面积 720 m^2，内存总容量 1400 万亿字节，存储总容量 12400 万亿字节，最大运行功耗 17.8 MW。

作为当今世界上运算速度最快的超级计算机，"天河二号"自主创新了新型异构多态体系结构，在强化科学工程计算的同时，可高效支持大数据处理、高吞吐率和高安全信息服务等应用需求，具有高性能、低能耗、应用广、易使用、性价比高等特点，其综合技术处于国际领先水平，主要应用于大科学、大工程以及产业升级和信息化建设领域。

"天河二号"目前已在商用大飞机设计、高分辨率对地观测、基因测序、生物医药、智慧城市、电子政务、云计算和信息服务等方面获得成功应用。在"天河二号"上进行的 C919 飞机高精度外流场气动计算，在国际上首次实现了全机复杂构型高精度大规模数值模拟，为工程研制提供了关键数据。在"天河二号"上开展的超高分辨率全球中期数值天气预报研究，达到了国际上最高的分辨率，使我国在这一领域的相关研究达到世界先进水平。

五、计算机的发展趋势

当前计算机发展的趋势是由大到巨（追求高速度、高容量、高性能）、由小到微（追求微型化，包括台式、便携式、笔记本式及掌上型，使用方便，价格低廉）、网络化、智能化。

总之，现代计算机在许多技术领域都取得了极大的进步，如多媒体技术、计算机网络、面向对象的技术、并行处理技术、人工智能、不污染环境并节约能源的"绿色计算机"等。许多新技术，新材料也开始应用于计算机，如超导技术、光盘等。

毕竟现在还没有出现所谓的第五代计算机。至于什么是第五代计算机也尚无定论，但突破迄今一直沿用的冯·诺依曼原理是一个必然趋势。前四代计算机是按照构成电子计算机的主要元器件的变革划分的，第五代计算机可能是采用激光元器件和光导纤维的光计算机，也可能不是按元器件的变革作为更新换代的标志，而是按其功能的革命性突破作为标志，如是能够处理知识和推理的人工智能计算机，甚至可能发展到以人类大脑和神经元处理信息的原理为基础的生物计算机等。总之，计算机的发展仍然是方兴未艾，其发展前景极其广阔。

1. 微型化

微型机从出现到现在不过几十年，因其小、巧、轻、使用方便、价格便宜，其应用范围急剧扩展，从太空中的航天器到家庭生活，从工厂的自动控制到办公自动化，以及商业、服务业、农业等，遍及各个社会领域。个人计算机（PC）

的出现使得计算机真正面向人人，真正成为大众化的信息处理工具。如今的微型计算机在某些方面已可以与以往的大型机相媲美。其中，笔记本型、掌上型等微型计算机必将以更优的性价比受到人们的欢迎。

2．巨型化

研制巨型机是现代科学技术，尤其是国防尖端技术发展的需要。核武器、反导弹武器、空间技术、大范围天气预报、石油勘探等都要求计算机有很高的速度和很大的容量，一般大型通用机远远不能满足要求。很多国家竞相投入巨资开发速度更快、性能更强的超级计算机。巨型机的研制水平、生产能力及其应用程度已成为衡量一个国家经济实力和科技水平的重要标志。

目前，巨型机的运算速度可达每秒几亿亿次运算，研究人员可以研究以前无法研究的问题，如研究更先进的国防尖端技术、太空探索技术、估算百年以后的天气、更详尽地分析地震数据，以及帮助科学家计算毒素对人体的作用等。

巨型机从技术上朝两个方向发展：一方面是开发高性能器件，缩短时钟周期，提高单机性能，目前巨型机的时钟周期大约在几 ns（纳秒）以下；另一方面是采用多处理器结构，提高整机性能。这种超并行巨型计算机通常是指由100 台以上的处理器所组成的计算机网络系统，它是用成百上千甚至上万台处理器同时解算一个课题，来达到高速运算的目的。这类大规模并行处理的计算机将是巨型计算机的重要发展方向。

3．网络化

当计算机最初用于信息管理时，信息的存储和管理是分散的。这种方式的弱点是数据的共享程度低，数据的一致性难以保证。于是以数据库为标志的新一代信息管理技术发展起来，而以大容量磁盘为手段、以集中处理为特征的信息系统也发展起来。

20 世纪 80 年代个人计算机（PC）的兴起冲击了这种集中处理的模式，而计算机网络的普及更加剧了这一变化。数据库技术也相应延伸到了分布式数据库，客户—服务器（C/S）和浏览器-服务器（B/S）的应用模式出现了。

随着因特网的迅猛发展，网络安全、软件维护与更新、多媒体应用等迫使人们再次权衡集中与分散的问题：是否可以把需要共享和需要保持一致的数据相对集中地存放，是否可以把经常更新的软件比较集中地管理，而把用户端的功能仅限于用户界面与通信功能，这就是网络计算机（Network Computer, NC）的由来。

从网络计算机的角度来看，可以把整个网络看成是一个巨大的磁盘驱动器，网络计算机可以通过网络从服务器上下载大多数乃至全部应用软件。这就意味着作为个人计算机的使用者，从此可以不再为个人计算机的软硬件配置和文件的保存煞费苦心。由于应用软件和文件都存储在服务器而不是各自的个人计算机上，因此无论是数据还是应用软件，用户总能获得最新的版本。这就是时下正盛行的云存储。另外，云计算、大数据和物联网也是随着计算机网络的发展而应运而生的新技术。

4. 智能化

计算机的智能化就是让计算机来模拟人的感觉、行为、思维过程的机理，使计算机具备逻辑推理、学习等能力，也是第五代计算机要实现的目标。

研制人员采用心理学学科知识，把认知理论、人机交互等结合起来，建立了"智力问题解决和学习"的模型，将人脑的思维方式、技巧、规则及策略等以程序的形式事先告诉计算机，使计算机能够通过推理规则自己去探索解决方案。IBM 公司研制的"深蓝"就是具有这种能力的计算机。

超级计算机性能再好，速度再快，却依然是在按人们事先编制好的程序指令来照章办事，仍无法成为容忍程序错误的计算机。

展望未来，计算机的发展必然要经历很多新的突破。从目前的发展趋势来看，未来的计算机将是微电子技术、光学技术、超导技术和电子仿生技术相互结合的产物。第一台超高速全光数字计算机已由欧盟的英国、法国、德国、意大利和比利时等国的 70 多名科学家和工程师合作研制成功，光子计算机的运算速度比电子计算机快 1000 倍。在不久的将来，超导计算机、神经网络计算机等全新的计算机也会诞生。届时计算机将发展到一个更高、更先进的水平。

主题四　无处不在的计算

认识了计算机的结构框架和工作原理，了解了计算机的发展史和功能应用，我们不难得出一个简单的结论，那就是计算机对于信息进行的所有操作和处理都可以归结为两个字：计算！前面我们也多次提到了计算、可计算性和不可计算性，那么到底什么是计算？无处不在的计算又包括怎样的涵义呢？

一、关于计算的理解

1. 什么是计算

中文的"计算"二字有着太多的涵义，有相当精确的定义，如使用各种算法进行的"算术"，也有较为抽象的定义，如在一场竞争中"策略的计算"或是"计算"两人之间关系的成功机率等。

我们不如从"计算"的英文单词来理解，也许更直观、确切些。英语关于"计算"的单词有两个：Calculation 和 Computation。Calculation 是一种将"单一或复数之输入值"转换为"单一或复数之结果"的一种思考过程，根据已知量算出未知量，也称为运算。Computation 是一种应用比较复杂的法则与逻辑，用来解答某个困难的问题，它的过程较复杂，也不一定与数字有关。

　　我们知道计算机的运算器只有一个加法器,而计算机能够进行的"计算"不仅是对数值的简单运算,实际上在计算机软/硬件的配合下,使用这个加法器能够实现更高阶的计算,这其中包括了大量的法则和逻辑等复杂的过程。所以计算机的英文称谓为 Computer 而不是 Calculator(计算器)。

　　所以我们所指的"计算"是一种广义的计算,包括数学计算、逻辑推理、文法的产生式、集合论的函数、组合数学的置换、变量代换、图形图像的变换、数理统计等,还有人工智能解空间的遍历、问题求解、图论的路径问题、网络安全、代数系统理论、上下文表示感知与推理、智能空间等,甚至包括数字系统设计(如逻辑代数)、软件程序设计(文法)、机器人设计和建筑设计等设计问题。

2. 什么是可计算性

　　可计算性(Calculability)是指一个实际问题是否可以使用计算机来解决。从广义上讲,如"我烘焙的蛋糕既松软又香甜,你能感受得到吗?"这样的问题是无法用计算机来解决的(至少在目前),而计算机本身的优势在于数值计算,因此可计算性通常指这一类问题是否可以用计算机"计算"。事实上,很多非数值问题(如文字识别,图像处理等)都可以通过转换,变为数值问题来交给计算机"计算"。

　　但是一个可以使用计算机来"计算"的问题必须是被定义为"可以在有限步骤内被解决的问题"。这样,问题又回归到了图灵对"可计算性"的定义,即:凡是能用计算算法解决的问题,也一定能用图灵机解决;凡是图灵机解决不了的问题,任何算法也解决不了。而图灵机正是现代计算机的理论基础。

　　可计算性理论是研究计算的可行性和函数算法的理论,又称为算法理论,是算法设计与分析的基础,也是计算机科学的理论基础。可计算性是函数的一个特性。设函数 f 的定义域是 D,值域是 R,如果存在一种算法,对 D 中任意给定的 x,都能计算出 $f(x)$ 的值,则称函数 f 是可计算的。

　　虽然自然界中的问题纷繁复杂,但基本上可以划分为三大类:可计算性问题、不可计算性问题和可计算性但太复杂的问题。

　　可计算性问题是指符合图灵的可计算性定义的问题,如对 N 个数的排序和查找问题等。不可计算性问题是指不符合图灵的可计算性定义的问题,如证明哥德巴赫猜想[1](输入数据的无限性问题)等。可计算性但太复杂的问题是指符合图灵的可计算性定义的问题,但是算法的复杂度太高,以致计算机"计

---

[1]　哥德巴赫猜想是数论中存在最久的未解问题之一,最早出现在 1742 年普鲁士人克里斯蒂安·哥德巴赫与瑞士数学家莱昂哈德·欧拉的通信中。用现代数学语言,哥德巴赫猜想可以陈述为:"任一大于 2 的偶数,都可表示成两个质数之和。"

算"的时间和空间都超出了人机可以承受的范围，如旅行商问题[2]（穷举组合路径爆炸问题）等。

所以，我们没有任何理由期待计算机能解决世界上所有的问题。分析某个问题的可计算性意义重大，使得我们不必浪费时间在不可能解决的问题上（因而可以尽早转而使用除计算机以外更加有效的手段），集中资源在可以解决的问题上。

3．计算的进化

随着计算机技术的发展，计算也经历了大致四代的漫长进化和蜕变革命的过程。

第一代，主机型计算（Mainframe Computing），很多人共享一台大型机。

第二代，个人机计算（Personal Computing），一个人在一台计算机上。

第三代，网络计算（Internet Computing），一个人使用在互联网上的很多服务。

第四代，普适计算（Pervasive Computing），许许多多的设备通过全球网络为许多人提供人格化（个性化）的服务。

如今的世界正处于脚踩第三代而正迈向第四代计算革命的过程中，计算将变得无所不在。由于各计算时代的计算机技术之间存在着彼此关联又相互支撑的关系，同时个体和社会领域对计算的需求也各不相同，所以当今的计算时代格局是一个多时代齐头并进的时代。

第一代革命是由大型机主导的基于任务的计算时代；第二代革命是由 PC 开启的基于生活方式的计算时代。正在快速发展的平板、二合一设备和智能手机将可能加快演变，可穿戴设备、物联网则开启了以个性化和万物互联为标志的集成计算时代。个性化计算的意义在于实现个性化的体验——不论在哪里、通过哪种设备，我们都能够获得这些体验。这些体验的实现仍然依赖于日益强大的计算能力，包括前端设备和后台的数据中心。

就在不远的将来，那些随处可见的物体会因为你的需求获得不可思议的新能力。一个智能化的集成计算新时代正在来临，世界又一次站在爆发式计算增长的起点。当我们还在津津乐道地热议可穿戴设备如何普及这样话题的时候，新的变革已经闪亮登场！

---

[2]　旅行商问题（Traveling Saleman Problem，TSP）又译为旅行推销员问题、货郎担问题，是最基本的穷举路线问题。旅行商问题是在寻求单一旅行者由起点出发，通过所有给定的需求点之后，最后回到原点的最小路径成本。最早的旅行商问题的数学规划是由 Dantzig（1959）等人提出的。

二、普适计算

普适计算最早起源于 1988 年 Xerox PARC 实验室的一系列研究计划。在该计划中，美国施乐（Xerox）公司 PARC 研究中心的 Mark Weiser 首先提出了普适计算的概念。

1991 年，Mark Weiser 在《Scientific American》上发表文章 "The Computer for the 21st Century"，正式提出了普适计算（Ubiquitous Computing）。Mark Weiser 指出："The most profound technologies are those that disappear. They weave themselves into the fabric of everyday life until they are indistinguishable from it."

1999 年，IBM 也提出普适计算（IBM 称之为 Pervasive Computing）的概念，即为无所不在的、随时随地可以进行计算的一种方式。与 Weiser 一样，IBM 也特别强调计算资源普存于环境当中，人们可以随时随地获得需要的信息和服务。

普适计算的含义十分广泛，所涉及的技术包括移动通信技术、小型计算设备制造技术、小型计算设备上的操作系统技术及软件技术等（如图 1.23 所示）。普适计算技术在现在的软件技术中将占据着越来越重要的位置，其主要应用方向有嵌入式技术（除笔记本电脑和台式计算机外的具有 CPU 能进行一定的数据计算的电器如手机、MP3 等都是嵌入式技术研究的方向）、网络连接技术（包括 3G、4G、ADSL 等网络连接技术）、基于 Web 的软件服务构架（即通过传统的 B/S 构架，提供各种服务）。

图 1.23 普适计算

Google 眼镜是由 Google 公司于 2012 年 4 月发布的一款"拓展现实"眼镜，具有与智能手机一样的功能，可以通过声音控制拍照、视频通话和辨明方向、上网冲浪、处理文字信息和电子邮件等。Google 眼镜于 2014 年 4 月 15 日正式在网上限量发售。虽然 Google 眼镜有诸多非议，但必须承认，它开启了"可穿戴计算机"的时代。

间断连接和轻量计算（即计算资源相对有限）是普适计算最重要的两个特征。普适计算的软件技术就是要实现在这种环境下的事务和数据处理。目前，IBM 已将普适计算确定为电子商务之后的又一重大发展战略，并开始了端到端解决方案的技术研发。IBM 认为，实现普适计算的基本条件是计算设备越来越小，方便人们随时随地佩带和使用。在计算设备无时不在、无所不在的条件下，普适计算才有可能实现。

在信息时代，普适计算可以降低设备使用的复杂程度，使人们的生活更轻松、更有效率。实际上，普适计算是网络计算的自然延伸，使得个人计算机和其他小巧的智能设备也可以连接到网络中，从而方便人们即时地获得信息并采取行动。

普适计算把计算和信息融入人们的生活空间，使我们生活的物理世界与在信息空间中的虚拟世界融合成为一个整体。人们生活其中可随时、随地得到信息访问和计算服务，从根本上改变了人们对信息技术的思考，也改变了我们整个生活和工作的方式。

三、基础学科计算

1. 计算数学

计算数学（Computational Mathematic）是研究如何用计算机解决各种数学问题的科学，其核心是提出和研究求解各种数学问题的高效而稳定的算法。高效的计算方法与高速的计算机同等重要，计算作为认识世界改造世界的一种重要手段，已与理论分析、科学实验共同成为当代科学研究的三大支柱。

计算数学主要研究与各类科学计算与工程计算相关的计算方法，对各种算法及其应用进行理论和数值分析，设计与研究用数值模拟方法代替某些耗资巨大甚至是难于实现的实验，研究专用或通用科学工程应用软件和数值软件等。近年来，计算数学与其他领域交叉渗透，形成了诸如计算力学、计算物理、计算化学、计算生物等一批交叉科学，在自然科学、社会科学、工程技术及其国民经济的各个领域得到了日益广泛的应用。

现代的科学技术发展十分迅速，它们有一个共同的特点，就是都有大量的数据问题。比如，发射一颗探测宇宙奥秘的卫星，从卫星设计开始到发射、回收为止，科学家和工程技术人员、工人要对卫星的总体、部件进行全面的设计和生产，要对选用的火箭进行设计和生产，包括许多数据要进行准确的计算。发射和回收的时候，有关于发射角度、轨道、遥控、回收下落角度等需要进行精确的计算。又如，在高能加速器里进行高能物理试验，研究具有很高能量的基本粒子的性质，它们之间的相互作用和转化规律也需要大量的数据计算。

2. 计算物理

计算物理（Computational Physics）是随着计算机技术的飞跃进步而不断发展的一门学科，在借助各种数值计算方法的基础上，结合了实验物理和理论物理学的成果，开拓了人类认识自然界的新方法。

传统的观念认为，理论是理论物理学家的事，实验是实验物理学家的事，两者之间不见得有必然的联系，但现代的计算机实验已经在理论和实验之间建立了很好的桥梁。一个理论是否正确可以通过计算机模拟，并与实验结果进行定量的比较加以验证，而实验中的物理过程也可通过模拟加以理解。

当今，计算物理学在自然科学研究中的巨大威力的发挥使得人们不再单纯地认为它仅是理论物理学家的一个辅助工具，更广泛意义上，实验物理学、理论物理学和计算物理学已经步入一个三强鼎立的"三国时代"，它们以不同的研究方式来逼近自然规律。计算机数值模拟可以作为探索自然规律的一个很好的工具，其理由是，纯理论不能完全描述自然可能产生的复杂现象，很多现象不是那么容易地通过理论方程加以预见。

下面是这个观点的一个最好的例子。20世纪50年代初，统计物理学中的一个热点问题是，一个仅有强短程排斥力而无任何相互吸引力的球形粒子体系能否形成晶体。计算机模拟确认了这种体系有一阶凝固相变，但在当时人们难于置信，1957年一次由15名杰出科学家参加的讨论会上，对于形成晶体的可能性，有一半人投票表示不相信。其后的研究工作表明，强排斥力的确决定了简单液体的结构性质，而吸引力只具有次要的作用。

另外一个著名的例子是离子穿过固体时的通道效应就是通过计算机模拟而偶然发现的。当时，在进行模拟入射到晶体中的离子时，一次突然计算似乎陷入了循环，无终止地持续下去，消耗了研究人员的大量计算费用。之后，在仔细研究了过程后，发现此时离子运动方向恰与晶面几乎一致，离子可以在晶面形成的壁之间反复进行小角碰撞，只消耗很少的能量。

因此，计算模拟不仅仅是一个数学工具。计算机作为工具，我们至少知道结果应该如何，哪怕不了解具体过程。

3. 计算化学

计算化学（Computational Chemistry）是理论化学的一个分支。计算化学的主要目标是利用有效的数学近似以及计算机程序计算分子的性质（如总能量、偶极矩、四极矩、振动频率、反应活性等）并用以解释一些具体的化学问题。计算化学这个名词有时也用来表示计算机科学与化学的交叉学科。

理论化学泛指采用数学方法来表述化学问题，而计算化学作为理论化学的一个分支，常特指那些可以用计算机程序实现的数学方法。计算化学并不追求完美无缺或者分毫不差，因为只有很少的化学体系可以进行精确计算。不过，几乎所有种类的化学问题都可以并且已经采用近似的算法来表述。

理论上讲，对任何分子都可以采用相当精确的理论方法进行计算。很多计算软件中也已经包括了这些精确的方法，但由于这些方法的计算量随电子数的增加成指数或更快的速度增长，所以只能应用于很小的分子。对更大的体系，往往需要采取其他一些更大程度近似的方法，以在计算量和结果的精确度之间寻求平衡。

计算化学主要应用已有的计算机程序和方法对特定的化学问题进行研究。算法和计算机程序的开发则由理论化学家和理论物理学家完成。计算化学在研究原子和分子性质、化学反应途径等问题时，常侧重于解决以下两方面的问题：

① 利用计算机程序解量子化学方程来计算物质的性质（如能量、偶极距、振动频率等），以解释一些具体的化学问题。这是一个计算机科学与化学的交叉学科。

② 利用计算机程序做分子动力学模拟，试图为合成实验预测起始条件，研究化学反应机理、解释反应现象等。

四、高精学科计算

1. 计算神经学

计算神经学（Computational Neuroscience）为一种跨领域科学，包含神经科学、认知科学、资讯工程、计算机科学、物理学及数学。

计算神经生物学是近年来迅猛发展的关于神经系统功能研究的一个新的交叉学科，吸收了数学、物理学等基础理论，以及信息科学等相关领域的研究理论和方法，来研究神经科学所关心的大脑工作原理。

神经系统是宇宙中最复杂的系统之一。虽然现在人们对神经系统已经有了很多了解，但是神经系统的复杂性使得没有任何一种单独的方法可以用来研究神经系统功能组织和实现的所有方面。

把各种方法取得的结果综合起来，才有可能对神经系统取得较全面的、符合实际的认识。粗略地说，研究神经系统的相关研究方法包括：微观层次的膜片钳记录、微电极细胞内或细胞外记录；介观层次的场电位记录、光学成像；宏观层次的脑功能成像、脑电图、脑磁图、行为和病理观察，以及包括建模和仿真在内的计算神经生物学方法。把不同层次的知识联系起来的有效方法便是基于各种结构层次的建模和仿真。就学科发展规律而言，计算神经生物学的发展得益于数理科学和计算机科学的新进展。大脑的复杂性及其神奇的计算和决策能力，又吸引了众多的数理科学家和信息科学家从计算和建模的角度进行研究。这种局面大大促进了计算神经生物学的进步。

2. 计算生物学

计算生物学（Computational Biology）是生物学的一个分支。根据美国国家卫生研究所（NIH）的定义，计算生物学是指开发和应用数据分析及理论的方法、数学建模和计算机仿真技术，用于生物学、行为学和社会群体系统的研究的一门学科。

当前，生物学数据量和复杂性不断增长，每 14 个月基因研究产生的数据就会翻一番，单单依靠观察和实验已难以应付。因此，必须依靠大规模计算模拟技术，从海量信息中提取最有用的数据。

目前，各种计算方法已开始广泛应用于药物研究，以及研发创新的、具有自主知识产权的疾病靶标和信息学分析系统等。同时，运用计算生物学，科学家有望直接破译在核酸序列中的遗传语言规律，模拟生命体内的信息流过程，从而认识代谢、发育、进化等一系列规律，最终为人类造福。

生物计算机（Biological Computer）又称为仿生计算机，是以生物芯片取代在半导体硅片上集成数以万计的晶体管制成的计算机。它的主要原材料是生物工程技术产生的蛋白质分子，并以此作为生物芯片。生物计算机芯片本身还具有并行处理的功能，其运算速度要比当今最新一代的计算机快 10 万倍，能量消耗仅相当于普通计算机的十亿分之一，存储信息的空间仅占百亿亿分之一。

3．计算纳米技术

计算纳米技术（Computational Nanotechnology），也称为毫微技术，是研究结构尺寸在 1 纳米至 100 纳米范围内材料的性质和应用的一种技术。

纳米科学技术是以许多现代先进科学技术为基础的科学技术，是现代科学（混沌物理、量子力学、介观物理、分子生物学）和现代技术（计算机技术、微电子和扫描隧道显微镜技术、核分析技术）结合的产物，纳米科学技术又将引发一系列新的科学技术，如纳米物理学、纳米生物学、纳米化学、纳米电子学、纳米加工技术和纳米计量学等。

计算纳米技术是一门交叉性很强的综合学科，研究的内容涉及现代科技的广阔领域。纳米科学与技术主要包括纳米体系物理学、纳米化学、纳米材料学、纳米生物学、纳米电子学、纳米加工学、纳米力学等。纳米材料的制备和研究是整个纳米科技的基础。其中，纳米物理学和纳米化学是纳米技术的理论基础，纳米电子学是纳米技术最重要的内容。

纳米计算机（Nanometer Computer）指将纳米技术运用于计算机领域所研制出的一种新型计算机。"纳米"本是一个计量单位，采用纳米技术生产芯片成本十分低廉，因为既不需要建设超洁净生产车间，也不需要昂贵的实验设备和庞大的生产队伍。只要在实验室里将设计好的分子合在一起，就可以造出芯片，可以大大降低了生产成本。

4．量子计算

量子计算（Quantum Computation）是一种依照量子力学理论进行的新型计算，量子计算的基础和原理以及重要量子算法为在计算速度上超越图灵机模型提供了可能。

量子的重叠与牵连原理产生了巨大的计算能力。普通计算机中的 2 位寄存器在某一时间仅能存储 4 个二进制数（00、01、10、11）中的一个，而量子计算机中的 2 位量子位（Qubit）寄存器可同时存储这 4 个数，因为每个量子比特可表示两个值。如果有更多量子比特，计算能力可以呈指数级提高。

量子计算的概念最早由 IBM 的科学家 R. Landauer 和 C. Bennett 于 20 世纪 70 年代提出。他们主要探讨的是计算过程中诸如自由能(Free Energy)、信息（Informations）与可逆性（Reversibility）之间的关系。20 世纪 80 年代初期，阿岗国家实验室的 P. Benioff 首先提出二能阶的量子系统可以用来仿真数字计算；稍后，费因曼也对这个问题产生兴趣而着手研究，并在 1981 年于麻省理工学院举行的 First Conference On Physics Of Computation 中进行了一场演讲，勾勒出以量子现象实现计算的愿景。1985 年，牛津大学的 D. Deutsch 提出量子图灵机（Quantum Turing Machine）的概念，量子计算才开始具备了数学的基本形式。上述的量子计算研究多半局限于探讨计算的物理本质，还停留在相当抽象的层次，尚未进一步跨入发展算法的阶段。

量子计算机（Quantum Computer）将有可能使计算机的计算能力大大超过今天的计算机，但仍然存在很多障碍。大规模量子计算所存在的一个问题是，提高所需量子装置的准确性有困难。加拿大量子计算公司 D-Wave 于 2011 年 5 月 11 日正式发布了全球第一款商用型量子计算机"D-Wave One"，向量子计算机的梦想又近了一大步。D-Wave 公司的口号就是"Yes, you can have one."。其实早在 2007 年初，D-Wave 公司就展示了全球第一台商用实用型量子计算机 "Orion"（猎户座），不过严格来说当时那套系统还算不上真正意义的量子计算机，只是能用一些量子力学方法解决问题的特殊用途机器。

量子计算机是一类遵循量子力学规律进行高速数学和逻辑运算、存储及处理量子信息的物理装置。当某个装置处理和计算的是量子信息，运行的是量子算法时，它就是量子计算机。量子计算机的概念源于对可逆计算机的研究。研究可逆计算机的目的是为了解决计算机中的能耗问题。

迄今为止，世界上还没有真正意义上的量子计算机。但是，世界各地的许多实验室正在以巨大的热情追寻着这个梦想。

5．光子计算

光子计算（Photon Computation）是一种研究由光信号进行数字运算、逻辑操作、信息存储和处理的新型计算技术。

光子计算装置主要由激光器、光学反射镜、透镜、滤波器等光学元件和设备构成，靠激光束进入反射镜和透镜组成的阵列进行信息处理，以光子代替电子，光运算代替电运算。光的并行、高速，天然地决定了光子计算的并行处理能力很强，具有超高运算速度。

由光子计算原理研发的光子计算机具有与人脑相似的容错性，系统中某一元件损坏或出错时，并不影响最终的计算结果。光子在光介质中传输所造成的信息畸变和失真极小，光传输、转换时能量消耗和散发热量极低，对环境条件的要求比电子计算机低得多。

1990 年初，美国贝尔实验室制成世界上第一台光子计算机。目前，许多国家都投入巨资进行光子计算机的研究。随着现代光学与计算机技术、微电子技术相结合，在不久的将来，光子计算机将成为人类普遍的工具。

五、 机构群体计算

1．服务计算

服务计算（Services Computing）是跨越计算机与信息技术、商业管理、商业质询服务等领域的一个新的学科，是应用 SOA（Service-Oriented Architecture，面向服务架构）技术在消除商业服务与信息支撑技术之间的横沟方面的直接产物。它在形成自己独特的科学与技术体系的基础上有机整合了一系列最新技术成果：SOA 及 Web 服务、网格/效用计算（Grid & Utility Computing）、业务流程整合及管理（Business Process Integration & Management）。SOA 及 Web 服务解决的是技术平台和架构的问题，网格/效用计算解决的是服务交付的问题，业务流程整合及管理则是业务本身的整合和管理。

Web 服务已经在很多新产品和新的应用软件中得到了广泛深入的应用，网格计算已经运用了万维网服务标准提供了各个网格资源间的标准接口。服务计算提供的服务协同和管理将会使目前不堪重负的业务系统得以改善，提高生产效率，重新建立起新的价值链体系。同时，从关注数据管理到流程管理的转变必然会带来大量基于面向服务架构（SOA）的实施工作。

如果充分利用服务计算技术将会大大促进商业运营的效率和业绩，无论所讨论的服务项目有多么简单。当然，对那些从事复杂业务的服务项目，可取得的效率就会更高。敏感的 IT 服务公司表现更积极。

我们相信随着对服务计算独特的科学与技术体系的深入研究，是用先进的信息技术帮助社会有效地实施服务现代化的重要战略不可或缺的一环，同时，服务计算学科的科研成果的不断出现一定会成为推动以服务为核心的价值链的良性融合，从而为今后实现经济的进一步腾飞奠定坚实的基础。

2．社会计算

社会计算（Social Computing）是一门现代计算技术与社会科学之间的交叉学科。国内有学者将其定义为：面向社会活动、社会过程、社会结构、社会组织和社会功能的计算理论和方法。

不妨从两方面看这种学科的交叉。一方面，研究计算机及信息技术在社会中得到应用，从而影响传统的社会行为的这个过程。这个角度多限于微观和技术的层面，从人机交互（Human Computer Interaction，HCI）等相关研究领域出发，研究用以改善人使用计算机和信息技术的手段。另一方面，基于社会科学知识、理论和方法学，借助计算技术和信息技术的力量，来帮助人类认识和研究社会科学的各种问题，提升人类社会活动的效益和水平。这个角度试图从宏观的层面来观察社会，凭借现代计算技术的力量，解决以往社会科学研究中使用经验方法和数学方程式等手段难于解决的问题。

对于社会计算着眼于微观和技术的层面来看，这种对社会计算的研究与人机交互有着千丝万缕的联系。计算机不单单是一种计算工具，更重要的是，尤其是在计算机网络出现之后，计算机成为了一种新兴的通信工具。于是，社会计算的一项重要功能就在于研究信息技术工具，实现社会性的交互和通信，使得人类可以更方便地利用计算机构建一个人与人之间沟通的虚拟空间。

这样的技术就是所谓的社会软件（Social Software），其核心问题就是改进 IT 工具，以协助个人进行社会性沟通与协作。从这个意义而言，E-mail、Internet 论坛、办公自动化系统、群件（Groupware）等许多传统网络工具都是一种社会软件。近年来蓬勃兴起的 Blog、WIKI 等应用更是强调借助网络工具从而有效地利用用户群体的智慧。

在这样的环境中，计算机成为了一项通信工具，而用户利用这个通信工具，构建了自己的人际交互关系。利用社会软件提供的便利，用户也被连接在一起，形成了虚拟空间上的社会网络。一些专门针对虚拟网络上的社会网络的应用也被称为社会网络软件（Social Network Software，SNS）。

3．经济计算

经济计算（Economic Computing）是一门着重考虑面向计算机的、能解决实际经济问题的数值计算方法的技术学科。目前，经济问题的数值计算方法与计算机技术的结合已相当紧密，计算机上使用的数值计算方法也不胜枚举。

经济计算的主要内容包括线性方程组求解技术、非线性方程求根技术、矩阵特征值与特征向量的计算技术、多项式插值与函数逼近技术、积分与微分的数值计算技术、常微分方程的数值求解技术。

在实际的经济问题研究中，有一些最基础、最常用的数值方法，它们不仅可以直接应用于实际计算，而且它们的方法及其分析的基础同样适用于非经济领域的数值计算问题。

六、智能科技计算

1. 计算语言学

计算语言学（Computational Languistics）是指这样一门学科，它通过建立形式化的数学模型，来分析、处理自然语言，并在计算机上用程序来实现分析和处理的过程，从而达到用机器来模拟人的部分乃至全部语言能力的目的。

语言已不仅是人类重要的交际工具，也是人机之间的交际工具。为了满足计算机加工的要求，计算语言学最大的特点是要求语言的形式化，因为只有形式化才能算法化、自动化。

第五代计算机要求人们赋予它听觉（识别口语）和更强的视觉（自动识别文字），赋予它说话能力（合成言语）和听写能力（语音打字），同时要求人们赋予它理解自然语言并把某种（或多种）自然语言翻译成另一种（或多种）自然语言的能力。

计算语言学和自然语言信息处理研究的核心问题是语言的自动理解（Language Understanding）和自动生成（Language Generation）。前者从句子表层的词语符号串识别句子的句法结构，判断成分之间的语义关系，最终弄清句子表达的意思；后者从要表达的意思出发选择词语，根据词语间的语义关系构造各成分之间的语义结构和句法结构，最终造出符合语法和逻辑的句子。

计算语言学的研究也有科学研究和技术研究两个层次。科学研究的目的是发现语言的内在规律、探索语言理解和生成的计算方法、建设语言信息处理的基础资源。技术研究则借助应用目标来驱动，根据社会的实际需要，设计和开发实用的语言信息处理系统。

自然语言信息处理的应用目标是使人与计算机之间用自然语言进行交流。具体说，是建立各种处理自然语言的计算机应用软件系统，如机器翻译、自然语言理解、语音自动识别与合成、文字自动识别、计算机辅助教学、信息检索、文本自动分类、自动文摘，还有文本中的信息提取、互联网上的智能搜索、各种电子词典和术语数据库。

2. 移动计算

移动计算（Mobile Computing）是随着移动通信、互联网、数据库、分布式计算等技术的发展而兴起的新技术。移动计算技术将使计算机或其他信息智能终端设备在无线环境下实现数据传输及资源共享，其作用是将有用、准确、及时的信息提供给任何时间、任何地点的任何客户。这将极大地改变人们的生活方式和工作方式。

移动计算是一个多学科交叉、涵盖范围广泛的新兴技术，是计算技术研究中的热点领域，并被认为是对未来具有深远影响的四大技术方向之一。

2003 年，英特尔公司开发的"迅驰"（Centrino）移动计算技术是一种包括了全新的 Pentium-M 处理器、Intel 855 芯片组和 Intel PRO 无线网络连接模块的移动计算技术平台，它开辟了人类计算发展史上新的里程碑，为人们的生活和工作带来了前所未有的自由空间和计算体验。这项技术的应用也使移动终端的便携性得到真正的提高，并进而催生出很多新的功能设计和应用模式，同时新的移动计算技术将给中国通信和计算产业带来新的商机，将推动新的价值链的产生和发展。

移动计算使用各种无线电射频（RF）技术或蜂窝通信技术，使用户携带他们的移动计算机、个人数字助手（PDA）和其他通信设备自由漫游。使用调制解调器的移动计算机用户也应该属于这一范畴，但他们侧重于无线远程用户。移动计算机用户依赖于电子信报传送服务，使他们无论走到哪里都能与办公室保持联系。一些厂商正在制造支持移动用户的特殊接口。例如，当移动用户从一个地方到另一个地方时，将恢复桌面排列和在最后会谈中打开的文件，就像计算机从来都不关闭一样。

与固定网络上的分布计算相比，移动计算具有以下一些主要特点。

① 移动性：移动计算机在移动过程中可以通过所在无线单元的 MSS 与固定网络的节点或其他移动计算机连接。

② 网络条件多样性：移动计算机在移动过程中所使用的网络一般是变化的，这些网络既可以是高带宽的固定网络，也可以是低带宽的无线广域网，甚至处于断接状态。

③ 频繁断接性：由于受电源、无线通信费用、网络条件等因素的限制，移动计算机一般不会采用持续联网的工作方式，而是主动或被动地间连、断接。

④ 网络通信的非对称性：固定服务器节点一般具有强大的发送设备，移动节点的发送能力较弱。因此，其下行链路和上行链路的通信带宽和代价相差较大。

⑤ 移动计算机的电源能力有限：移动计算机主要依靠蓄电池供电，容量有限。经验表明，电池容量的提高远低于同期 CPU 的传输速率和存储容量的发展速度。

⑥ 可靠性低：这与无线网络本身的可靠性及移动计算环境的易受干扰和不安全等因素有关。由于移动计算具有上述特点，构造一个移动应用系统，必须在终端、网络、数据库平台以及应用开发上做一些特定考虑。适合移动计算的终端、网络和数据库平台已经有较多的通信和计算机公司（如 Lucent、Motorola、Ericsson、IBM、Oracle、Sybase 等）的产品可供选择，应用

上则须考虑与位置移动相关的查询和计算的优化。

3. 云计算

云计算（Cloud Computing）是基于互联网的相关服务的增加、使用和交付模式，通常涉及通过互联网来提供动态易扩展且经常是虚拟化的资源。云计算通过使计算分布在大量的分布式计算机上，而非本地计算机或远程服务器中，企业数据中心的运行将与互联网更相似。这使得企业能够将资源切换到需要的应用上，根据需求访问计算机和存储系统。

云是网络、互联网的一种比喻说法。过去在图中往往用云来表示电信网，后来也用来表示互联网和底层基础设施的抽象。因此，云计算甚至可以提供每秒 10 万亿次的运算能力，拥有这么强大的计算能力可以模拟核爆炸、预测气候变化和市场发展趋势。用户通过计算机、手机等方式接入数据中心，按自己的需求进行运算。

云计算是一种按使用量付费的模式，这种模式提供可用的、便捷的、按需的网络访问，进入可配置的计算资源共享池（资源包括网络、服务器、存储、应用软件、服务），这些资源能够被快速提供，只需投入很少的管理工作，或与服务供应商进行很少的交互。

云计算具有以下特点：超大规模、虚拟化、高可靠性、通用性、高可扩展性、按需服务、极其廉价和潜在的危险性。

4. 大数据计算

大数据计算（Big Data Computing），或称为巨量资料挖掘，大数据指的是所涉及的资料量规模巨大到无法通过目前主流软件工具，在合理时间内达到撷取、管理、处理并整理成为帮助企业经营决策更积极目的的信息。

大数据具有 4V 特点，即：Volume（大量）、Velocity（高速）、Variety（多样）和 Value（价值）。

大数据技术的战略意义不在于掌握庞大的数据信息，而在于对这些含有意义的数据进行专业化处理。换言之，如果把大数据比作一种产业，那么这种产业实现盈利的关键，在于提高对数据的"加工能力"，通过"加工"实现数据的"增值"。

从技术上看，大数据与云计算的关系就像一枚硬币的正反面一样密不可分。大数据必然无法用单台的计算机进行处理，必须采用分布式计算架构。它的特色在于对海量数据的挖掘，但它必须依托云计算的分布式处理、分布式数据库、云存储和虚拟化技术。

随着云时代的来临，大数据也吸引了越来越多的关注。大数据需要特殊的技术，以有效地处理大量的容忍经过时间内的数据。适用于大数据的技术包括大规模并行处理（Massively Parallel Processing computer，MPP）数据库、数据挖掘电网、分布式文件系统、分布式数据库、云计算平台、互联网和可扩展的存储系统。

从某种程度上说，大数据是数据分析的前沿技术。简言之，从各种各样类型的数据中，快速获得有价值信息的能力，就是大数据技术。明白这一点至关重要，也正是这一点促使该技术具备走向众多企业的潜力。大数据就是互联网发展到现今阶段的一种表象或特征而已，没有必要神话它或对它保持敬畏之心，在以云计算为代表的技术创新大幕的衬托下，这些原本很难收集和使用的数据开始容易被利用起来了，通过各行各业的不断创新，大数据会逐步为人类创造更多的价值。

物联网、云计算、移动互联网、车联网、手机、平板计算机、PC 以及遍布地球各个角落的各种各样的传感器，无一不是数据来源或者承载的方式。

大数据是继云计算、物联网之后 IT 产业又一次颠覆性的技术变革。云计算主要为数据资产提供了保管、访问的场所和渠道，而数据才是真正有价值的资产。企业内部的经营交易信息、物联网世界中的商品物流信息，互联网世界中的人与人交互信息、位置信息等，其数量将远远超越现有企业 IT 架构和基础设施的承载能力，实时性要求也将大大超越现有的计算能力。如何盘活这些数据资产，使其为国家治理、企业决策乃至个人生活服务，是大数据的核心议题，也是云计算内在的灵魂和必然的升级方向。

大数据时代网民和消费者的界限正在消弭，企业的疆界变得模糊，数据成为核心的资产，并将深刻影响企业的业务模式，甚至重构其文化和组织。因此，大数据对国家治理模式、对企业的决策、组织和业务流程、对个人生活方式都将产生巨大的影响。如果不能利用大数据更加贴近消费者、深刻理解需求、高效分析信息并做出预判，所有传统的产品公司都只能沦为新型用户平台级公司的附庸，其衰落不是管理能扭转的。

主题五　关于计算思维的理解

"我们所使用的工具影响着我们的思维方式和思维习惯，从而也将深刻地影响着我们的思维能力。"这是著名的计算机科学家、1972 年图灵奖获得者 Edsger Dijkstra 曾经说过的一句话。我们知道，电动机的出现引发了自动化的思维，而计算机的出现催生了并将进一步地发展智能化的计算思维，这与 Dijkstra 的说法不谋而合而且更具体化了。

回顾历史，不难发现，不同的工具（特别是计算工具）的发明与使用阶段都会或多或少地影响甚至决定这个时期的文化普识教育方向与趋势（数理化课本内容的更替与变迁），都会或多或少地约束和限制这个时期的科技创新与思维活动的能力（现代人工智能研究的极限与瓶颈），都会或多或少地在这个时期留下属于这个工具时代的烙痕与印记（石器、结绳、算筹、算盘、机械式计算机、电动计算机和电子计算机等）。

本书中的计算思维（Computational Thinking）一词引自于 2006 年 3 月的美国计算机权威期刊《Communications of the ACM》，是由美国卡内基·梅隆大学（Carnegie Mellon University，CMU）原计算机科学系主任周以真（Jeannette M. Wing）教授提出并定义的。

一、什么是计算思维

1．计算思维的定义

计算思维是运用计算机科学的基础概念进行问题求解、系统设计以及人类行为理解等涵盖计算机科学之广度的一系列思维活动。

计算思维建立在计算过程的能力和限制之上，是选择合适的方式去陈述一个问题，对一个问题的相关方面建模并用最有效的办法实现问题的求解，整个过程由人和机器协同配合执行。计算方法和模型使我们敢于去处理那些原本无法由任何个人独自完成的问题求解和系统设计。

计算思维直面机器智能的不解之谜：什么人类比计算机做得好？什么计算机比人类做得好？最基本的问题是：什么是可计算的？迄今为止我们对这些问题仍是一知半解。

实际上，在中国，计算思维并不是一个新的名词。从小学到大学教育，计算思维经常被朦朦胧胧地使用，却一直没有被提升到周以真教授所描述的高度和广度，从来没有那样的新颖、明确和系统。

周以真教授更是把计算机这一从工具到思维的发展提炼到与"3R（读Read、写 wRite、算 aRithmetic）"同等的高度和重要性，成为适合于每个人的一种普遍的认识和一类普适的技能。在一定程度上，这也意味着计算机科学从前沿高端到基础普及的转型。

2．计算思维的特性

计算思维是涵盖计算机科学的一系列思维活动，而计算机科学是计算的学问——什么是可计算的？怎样去计算？因此，计算思维具有以下特性：

①　计算思维是概念化而不是程序化的。计算机科学不仅仅是计算机编程。像计算机科学家那样去思维意味着远不止能为计算机编程，还要求能够在抽象的多个层次上思维。

②　计算思维是根本而不是刻板的技能。根本技能是每个人为了在现代社会中发挥职能所必须掌握的。刻板技能意味着机械的重复。

③　计算思维是人而不是计算机的思维方式。计算思维是人类求解问题的一条途径，但决非要使人类像计算机那样地思考。计算机枯燥且沉闷，人类聪颖且富有想象力。是人类赋予计算机激情。配置了计算设备，我们就能用自己

的智慧去解决那些在计算机时代之前不敢尝试的问题，实现"只有想不到，没有做不到"的境界。

④ 计算思维是数学和工程思维的互补与融合。计算机科学在本质上源自数学思维，因为像所有的科学一样，其形式化基础建筑于数学之上。计算机科学又从本质上源自工程思维，因为我们建造的是能够与实际世界互动的系统，基本计算设备的限制迫使计算机科学家必须计算性地思考，不能只是数学性地思考。构建虚拟世界的自由使我们能够设计超越物理世界的各种系统。

⑤ 计算思维是思想而不是人造物。不仅是我们生产的软件、硬件等人造物将以物理形式到处呈现，也时时刻刻触及我们的生活，而且将包含我们用来接近和求解问题、管理日常生活、与他人交流和互动的计算概念和思想。

⑥ 计算思维是面向所有人和所有地方。当计算思维真正融入人类的各种活动，而不再停留和表现为一种形式上的理论的时候，它就将成为一种现实。计算思维就是一个引导着计算机教育家、研究者和实践者的前沿理念，面向所有专业，不仅是计算机科学专业的学生，引导我们怎么像计算机科学家一样去思维。

二、计算思维能做什么

计算思维是每个人都应该具备的基本技能，不仅属于计算机科学家。我们应当在培养个人解析能力的同时，不但要掌握阅读、写作和算术（3R），还要学会计算思维。正如印刷出版促进了 3R 的普及，计算和计算机也以类似地正反馈促进了计算思维的传播。

我们生存在计算机时代，当我们要解决一个相对复杂的问题，就不仅是考虑传统的手工处理方式，而应该将计算机的因素考虑其中，因为我们要借助计算机帮我们解决问题。诸如：常规我们怎么处理这个问题，而利用计算机来实现是可行的吗？需要做哪些规律性的归纳和一致性的整合？实现的效率是我们可以接受的吗？怎样在人与计算机之间找到一个最佳的契合点，这就是具备计算思维的重要性。

我们每天都会遇到很多问题并需要解决各种各样的问题，包括工作中、生活中甚至娱乐中的，而我们所使用的计算工具就是电子数字计算机。当我们必须求解一个特定的问题时，首先会问：解决这个问题有多么困难？怎样才是最佳的解决方法？计算思维运用计算机科学坚实的理论基础可以准确地回答这些问题，而计算工具的基本能力和极限约束，决定和体现了表述问题的难度上，这时我们必须考虑的因素包括机器的指令系统、资源约束和操作环境等。为了有效地求解一个问题，我们可能还要进一步问：一个近似解是否就够了，是否可以利用一下随机化，以及是否允许误报和漏报？

那么计算思维到底能做些什么？怎么去做？

1．计算思维可以化繁为简、化难为易

计算思维可以化繁为简、化难为易。计算思维是通过约简、嵌入、转化和仿真等方法，把一个看来困难的问题重新阐释成一个我们知道怎样解决的问题的方式。

2．计算思维是一种递归和并行处理

计算思维是一种递归思维，并行处理。计算思维是把代码译成数据又把数据译成代码。它是由广义量纲分析进行的类型检查。对于别名或赋予人与物多个名字的做法，它既知道其益处，又了解其害处。对于间接寻址和程序调用的方法，它既知道其威力又了解其代价。它评价一个程序时，不仅根据其准确性和效率，还有美学的考量，对于系统的设计还考虑简洁和优雅。

3．计算思维采用了抽象和分解

计算思维采用了抽象和分解来迎接庞杂的任务或者设计巨大复杂的系统。计算思维是关注的分离（SOC 方法）。计算思维是选择合适的方式去陈述一个问题，或者是选择合适的方式对一个问题的相关方面建模使其易于处理。它是利用不变量简明扼要且表述性地刻画系统的行为。计算思维是我们在不必理解每个细节的情况下就能够安全地使用、调整和影响一个大型复杂系统的信息。它就是为预期的未来应用而进行的预取和缓存。

4．计算思维是恢复的一种思维

计算思维是按照预防、保护及通过冗余、容错、纠错的方式从最坏情形恢复的一种思维。计算思维称堵塞为"死锁"，称约定为"界面"。计算思维就是学习在同步相互会合时如何避免"竞争条件"（亦称"竞态条件"）的情形。

5．计算思维利用启发式推理

计算思维利用启发式推理来寻求解答，是在不确定情况下的规划、学习和调度。计算思维是搜索、搜索、再搜索，结果是一系列的网页，一个赢得游戏的策略，或者一个反例。计算思维利用海量数据来加快计算，在时间和空间之间，在处理能力和存储容量之间进行权衡。

三、为什么要倡导计算思维

我们已见证了计算思维在其他学科中的影响。例如，机器学习已经改变了统计学。就数学尺度和维数而言，统计学习用于各类问题的规模仅在几年前还是不可想象的。各种组织的统计部门都聘请了计算机科学家。计算机学科正在与已有或新开设的统计学系联姻。

近年来，计算机科学家们对生物科学越来越感兴趣，因为他们坚信生物学家能够从计算思维中获益。计算机科学对生物学的贡献决不限于其能够在海量

序列数据中搜索寻找模式规律的本领。最终希望是数据结构和算法（我们自身的计算抽象和方法）能够以其体现自身功能的方式来表示蛋白质的结构。计算生物学正在改变着生物学家的思考方式。类似地，计算博弈理论正改变着经济学家的思考方式，纳米计算改变着化学家的思考方式，量子计算改变着物理学家的思考方式。

智力上极具挑战性并且引人入胜的科学问题依旧亟待理解和解决。这些问题的范围和解决方案的范围之唯一局限就是我们自己的好奇心和创造力。

计算思维将成为每个人的技能组合成分，而不仅限于科学家。普适计算之于今天就如计算思维之于明天。普适计算是已成为今日现实的昨日之梦，而计算思维就是明日现实。计算思维把基础和核心建立在经验、实证、教育之上，并关注方法、实践和实效。计算思维将融入到计算文化之中。

许多人将计算机科学等同于计算机编程。有些人选择主修计算机科学，看到的只是一个狭窄的就业范围。许多人认为计算机科学的基础研究已经完成，剩下的只是工程部分而已。当我们行动起来去改变这一领域的社会形象时，计算思维就是一个引导着计算机教育家、研究者和实践者的宏大愿景。其实一个人可以主修计算机科学，接着从事医学、法律、商业、政治，以及任何类型的科学和工程，甚至艺术工作。

刚刚兴起的万维学（Web Sciences）更是希望通过将人文社会等"软"科学知识融入计算机科学，利用社会计算，在"虚"的万维空间（Web Spaces）里开拓出实实在在的新且有价值的领地。

前面已提过计算大师 Dijkstra "工具影响思维"之断言，更有说服力的是达尔文的进化论和马克思关于劳动工具在从猿到人的过程中起关键作用的论断。机器最终能否描述人的思维，似乎不是今日人类可以知道甚至理解的。就像不论是远古还是今天的猿猴都根本无法明白当年的木棍石器怎么能把它们的猴脑猴思维变成现代的人脑人思维一样，今日之人及其子孙可能也无法明白眼前的计算机因特网会把他们的人脑人思维再演化成何脑何思维。而且，届时计算思维也就必然是计算文化了。

其实，还有更令人担心的网络技术和工具。互联网和搜索引擎只是刚刚开了个头，可"稀里糊涂"地就已经深刻地影响并改变了我们的思维能力。这可是数不清的计算"机器"和计算"人"的有机大联合体，是计算的"组合爆炸"和"指数升华"。说不定大家在弄清"计算思维"到底是什么之前，我们的讨论就已不得不转到"网络思维（Net Thinking）"，或更恰当地说，转到"万维思维（Web Thinking）"了。

2007 年 3 月，CMU 和微软宣布建立微软－卡内基·梅隆计算思维中心，将从事计算机科学新兴领域的研究，尤其是那些能够对其他学科的思维产生影响的领域。该中心将采用一种称为面向问题探索（Problem-Oriented

Explorations）的方法进行核心的计算机科学领域的研究。

所以，我们有理由相信，明天的计算文化必定是以计算思维为主体，并在广度和深度上被无限地延伸。没有做不到！只怕想不到！明天的世界会怎样？我们给予无限的期待与憧憬。

四、如何培养和训练计算思维

像计算机科学家一样思考问题并解决问题，是当下或即将到来的时代的迫切呼唤与必然趋势。什么是可计算的？怎么去计算？这些问题将始终萦绕着我们的思绪。我们必须清楚和明白现有计算工具处理信息的原理、模式和方法，以及它所存在的局限和能力缺陷。发明创造、科技创新、寻求突破是人类不懈努力的动力和源泉，而培养和具备计算思维似乎成为实现这一切的重要前提和必备条件。

我们可以用计算思维方式去考虑下面日常生活中的事例：

❖ 早晨去学校时，你把当天需要的东西放进背包，这就是预置和缓存。

❖ 如果丢失了手套，你会沿走过的路寻找，这就是回溯法（回溯法是一种选优搜索法，按选优条件向前搜索，以达到目标。当探索到某一步时，发现原先选择并不优或达不到目标，就退回一步重新选择，这种走不通就退回再走的技术为回溯法）。

❖ 你在什么时候决定停止租用雪橇而为自己买一付呢？这就是在线算法（在线算法是在无法预知到后面的输入情况下，而只能依照目前的已知状况来做出下一步的最好决策的方法）。

❖ 在超市付账时，你应当去排哪个队？这就是多服务器系统的性能模型。

❖ 为什么停电时你的固定电话仍然可用？这就是失败的无关性和设计的冗余性。

我们可以憧憬，在不久的将来，计算思维会迅速渗透到我们每个人的生活之中，到那时诸如"算法"和"前提条件"这些词汇将成为每个人日常语言的一部分，而"树"已常常被倒过来画了。

那么，如何在计算机基础学习中领悟计算思维理念，以及有针对性地培养和训练我们的计算思维能力呢？

1. 计算思维与数学基础构建

计算机科学在本质上源自数学思维，它的形式化解析基础筑于数学之上。所以相关数学课程的学习是必不可少的，除了通过这类课程的学习来初步弄清计算思维的基本概念和内涵之外，我们还应该对整个计算机科学有一个整体的认知，去理解计算机科学的概念、思想和基本方法。从计算思维的角度洞悉计算机学科思想与方法论，使我们一开始对专业课程学习有一个比较准确的定位，对计算机科学的专业内涵和方法论有所了解，从而进一步明确学习的目标，培养自己良好的学风。

2．计算思维与计算机科学导论

为了一开始就能对计算机科学的课程体系和知识体系有一个比较清晰的了解，我们必须站在计算思维的高度和广度来了解和掌握计算机学科的基本概念、基本方法和发展趋势，知晓学科的内涵和本质，将这一切作为计算机科学的导学。

本书的定位和宗旨就是很好的"导学"读本，并在课程内容中坚持运用科学哲学的思想方法和高级科普的深刻定位，先从科普的层面教育和帮助读者认知计算机科学与技术学科，对读者进行一次整体的专业学习"导游"，达到既"授人以鱼"也"授人以渔"的教学目的。

3．计算思维与思维能力的培养

计算思维是人类求解问题的一条途径。过去，人们都认为计算机科学家的思维就是用计算机去编程，这种认识是片面的。计算思维不仅仅是程序化的，而是在抽象的多个层次上进行思维。人是个活体，具有丰富的想象力和创造力。利用计算机，人们可以用自己的智慧设计实现各种各样的应用系统，解决那些计算机诞生之前不敢尝试的问题，拓展人类征服自然、改造自然的能力。

计算机科学与技术的方法论是对计算机领域认知和实践过程中的一般方法及其性质、特点、内在联系和变化发展进行系统研究的学问，是认知计算机科学的方法和工具，也是计算机科学认知科学的理论体系。

我们可以通过在"导学"课程中，从计算思维的角度来理解和掌握计算机科学与技术方法论，有助于我们在学习专业的伊始就站在计算思维高度来看待专业的学习，注意培养自己严谨的抽象思维能力，使计算思维的精髓融入分析问题和解决问题的学习和实践过程中。这对培养我们的思维能力非常有效。

4．计算思维与应用能力的培养

计算机科学又从本质上源自工程思维，因为我们建造的是能够与实际世界互动的系统。目前，计算机应用已经深入到各行各业，融入人类活动的整体，解决了大量计算时代之前不敢解决的问题。

然而，由于目前计算机能力的有限性，许多科学问题和工程应用问题依旧亟待解决。解决这些问题将会激起我们的好奇心和创造力。计算机学科就是在挑战问题、解决问题的过程不断得到发展的，计算思维能力也在分析问题和解决问题的实践当中得到充实和提高。

对计算机科学学科来说，实践是指计算机学科的设计过程，基础的技能是每个人未来适应社会、为社会服务所必须掌握的。我们的应用能力一般是指编程能力和系统开发能力，要通过实验环节不断加深和加强。在这其中，不断拓展对计算思维的理解和认识是非常重要的。在这样的思维指导下，我们可以尝试多样化的学习方式，使我们能在知识海洋里比较自主、自由地"航行"。

为了培养我们的应用能力，我们可以实行"边学习、边设计开发、边实践"的学习过程，在吸取科学知识的同时，培养我们的系统开发实践、技术研究与认知能力，提高综合素质。通过学习知识的过程，参与科技活动，可以培养我们的计算思维能力和应用开发能力，增强我们可持续发展能力和认知能力。

5．计算思维与创新能力的培养

创新是一个民族生存、发展和进步的原动力。计算机科学与技术作为一门新兴的技术学科，知识和技术的创新显得尤为重要。在注重基础和应用能力的培养基础上，要培养我们的创新能力，必须注意加强知识融通与学习能力、迁移能力的培养，使我们在横向和纵向两个方向对所学专业有较好的宏观把握。

计算思维能力的培养对我们每个人的创新能力的培养是至关重要的。创新要靠科学素养和理解科学，靠科学的思想方法。我们掌握了科学的思想，就能在今后的学习和生活中多层次、多视角、全方位地观察和理解客观世界的变化，运用已经掌握的知识和科学方法去理解事情、发现问题、提出问题、参与讨论、解决问题或找到解决问题的途径和方法。可以说，计算思维能力是我们必备的科学素养之一，也是创新型人才必备的首要条件之一。

在培养我们创新能力过程中，首先必须启发和培养我们的计算思维能力，使我们深刻地理解计算机科学与技术学科的方法论；然后在此基础上，把创新理念融入我们学习与实践的活动中，培养我们在计算机科学领域的创造性，激励我们进行思想创新和技术创新，激发我们对计算机科学技术这一块神秘圣地的好奇心，以及培养怀疑精神和求异思维。

另一方面，在学习过程中，应该主动参与符合计算思维能力和创新能力培养的实践培训环节，通过展开讨论和交流，积极主动地进行探索式学习，相互启发、相互鼓励，培养创新意识。

思考题

1．从图灵机和冯诺依曼机发展到现代计算机，你从中得到怎样的启示和思考？
2．举例说明你对可计算性的理解？
3．现代计算机与以往计算工具的区别是什么？
4．简述你自身理解的计算思维，以及计算思维能力培养的重要性。
5．计算机的发展经历了哪几个阶段？各阶段的主要特征是什么？
6．简述我国在计算机领域有哪些成就？
7．计算机在现代社会中的地位与作用是什么？
8．以你对计算机的理解，简述现代的计算机能做什么和不能做什么。
9．描述一下你对未来计算机的性能与功能要求是怎样的。

10. 今后的计算机应该具备怎样的工作模式才有可能赶上或超越人类的思维？

11. 举例说明，你所感受到的以及预测未来你所希望出现的无处不在的计算。

12. 举例说明，你所感受到的现代计算机的局限性和软肋所在。

13. 科技的迅猛发展与无处不在计算的神奇，请构想一下未来 20 年以后我们的生活、工作和学习的模式将会怎样？等再过 20 年你再回头看看今天的构想，比较看看，是时代走在你的前面，还是你的思想走在了时代的前面？

第二讲

0 与 1
的信息世界

　　如今，我们的学习、工作和生活几乎都离不开计算机。利用计算机，我们进行着各种操作，也许操作的范围涵盖了文字处理、图像处理、多媒体处理、事务处理、科学计算、自动控制、辅助设计、管理与决策等领域。其实这看似纷繁的各种操作也可以简单地用两个字表述，那就是：计算！

　　但你有没有想过，这个浑身都是电子元器件的家伙，是如何理解和计算我们现实世界里的各种信息的？不仅是计算机，还有各种手机、PAD 等，林林总总的应用让人眼花缭乱，但是在它们的"心里"到底是怎么"想"的？

通过第一讲的学习，我们对计算机、计算和计算思维有了一个初步的了解，在本讲中，我们将"走进计算机"，来看看计算机"心里"的信息世界。在开始之前，先看看下面的问题，你是否也曾经问过自己？

※ 为什么计算机中使用二进制？二进制和我们平时使用的十进制如何转换？

※ 正数、负数、小数等各种各样的数值是怎样表示成 0 和 1 的？

※ 英文字符又是如何用二进制编码的？中文如何转成二进制？其他的韩文、日文、甲骨文呢？

※ 我们从键盘敲击到在屏幕上看到文字显示，这中间经过了怎样的过程？

※ 我们在网络上看图片、听音乐、看视频，这些信息又是如何转化成计算机世界里的 0 和 1 呢？

※ 一张 CD 唱片为什么只有十几首歌曲，不能多放点吗？

※ 我们平时说的手机的摄像头是 800 万像素，这个值对照片有什么影响？

※ 24 位的图像与 16 色的图像的区别是什么？

※ 什么是分辨率？屏幕分辨率和图像分辨率是不是一回事？

※ 图像在数字化的过程中，有哪些影响因素？

※ 查看网页源码，有时能看到"charset=utf-8"，有时则是"charset=gb2312"，二者有何区别？

※ 为什么电子邮件常常出现乱码，是什么原因造成的？

通过对本讲的学习，我们可以了解到计算机科学中的常用数制及其相互之间的转换，以及字符、数字、图像、声音等各种丰富多彩的外部信息如何转换成计算机世界中的 0 与 1，从而能交由计算机进行加工、存储、传输等各类操作。了解信息数字化的过程，有助于你对计算机有更深一层次的认识，从而能使其更有成效地为你所用。

主题一　为什么是0与1

回望曾经数吨重的计算机，到现在的笔记本电脑、各类 Pad、手机等，这其中的变化怎能不让人激动，而这一切的基础的理论根基就是二进制。

二进制应该是最简单的数字系统了，二进制中只有两个数字符号——0 和 1。"bit"（比特）这个词被创造出来表示 "binary digit"（二进制数字），1 bit 存放一个二进制位。那么，为什么如此简单的二进制能够表示出客观世界中那么多种丰富多彩的信息呢？这其实就是对信息进行各种方式的编码。

让我们先从一个故事讲起。1775 年 4 月 18 日，美国革命前夕，麻省的民兵正计划抵抗英军的进攻，派出的侦察员需要将英军的进攻路线传回。作为信号，侦察员会在教堂的塔上点一个或两个灯笼。一个灯笼意味着英军从陆地进攻，两个灯笼意味着英军从海上进攻。但如果一部分英军从陆地进攻，而另一部分英军从海上进攻的话，是否要使用第三只灯笼呢？

聪明的侦察员很快就找到了好的办法。每个灯笼都代表一个比特，点亮的灯笼表示比特值为 1，未亮的灯笼表示比特值为 0，因此一个灯笼就能表示出 2 种状态，两个灯笼就可以表示出 4 种状态：00=英军不进攻，01=英军从海上进攻，10=英军从陆地进攻，11=英军一部分从海上进攻，另一部分从陆地进攻。

最本质的概念是信息可能代表两种或多种可能性的一种。例如，当你和别人谈话时，说的每个字都是字典中所有字中的一个。如果给字典中所有的字从 1 开始编号，我们可能精确地使用数字进行交谈，而

> 当然，对话的两个人都需要一本已经给每个字编过号的字典以及足够的耐心。

不使用单词。换句话说，任何可以转换成两种或多种可能的信息都可以用比特来表示。

只要二进制数的位数足够多，就可以代表数字、文字、图片、声音等多种信息。最基本的原则是：为各种可能的情况都分配一个二进制数编号。这个过程就是信息的数字化。

一、0 与 1 的历史追溯

是谁发明了二进制？有人认为是莱布尼兹，也有人认为是古老的中国人。

莱布尼兹（Gottfried Wilhelm Von Leibniz）是德国著名的数学家和哲学家，独立发明微积分而与牛顿齐名，他为计算机提出了 "二进制" 数的设计思路。有人说，他的想法来自于东方中国。

老子说，道生一，一生二，二生三，三生万物，万物负阴而抱阳，冲气以为和。这段话所指的就是《易经》利用阴阳创造万物的基本思想与过程。现代

计算机所应用的，正是宇宙创造万物的阴阳原理。具体地说，《易经》八卦生
成恰恰表达了上述二进制原理，如图 2.1 所示。这个原理和过程也跟数据结构
中的"二叉树"（Binary Tree）的原理和过程完全相同。在计算机应用技术
中，"二叉树"是基本的抽象数据类型之一，也是其他重要数据结构和算法设
计的基础，如在数据检索等领域的应用就非常广泛。

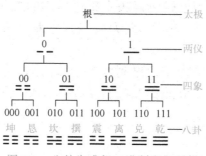

图 2.1　八卦生成与二进制和二叉树

　　《易经》中的"经"由 64 个"卦"组成，每个卦又是由称为"爻"（音"姚"）
的两种符号排列而成。"—"叫做"阳爻"，"- -"叫做"阴爻"，这两种爻合
称"两仪"。如果每次取 2 个，会得到 4 种排列，称为"四象"；如果每次取 3
个，会得到 8 种排列，称为"八卦"；如果每次取 6 个，那就会得到 64 种排
列，称为"64 卦"。现在我们把阳爻看成数码 1，阴爻看成数码 0，于是就可
以把各种卦转化为二进制中的数了。如由 6 个阴爻组成的坤卦可看成 000000
（相当于十进制中的 0），而由 6 个阳爻组成的乾卦可看成 111111（相当于十
进制中的 63）。从目前已知的西方历史文献中我们得知，中国的"先天图"早
在莱布尼兹所谓发明二进制以前就已经被世人称为二进制广为流传于欧洲。

　　1666 至 1667 年间，莱布尼兹在纽伦堡学习时已开始接触中国古典哲学
中的易经图，如卫匡国在《中国上古史》中译著的伏羲六十四卦方位图、柏应
理在《中国哲圣孔子》所译著的太极八卦次序图、八卦方位图和文王六十四卦
图。特别是他所看到的与其有过密切交往的斯比塞尔（Gottlied Spizel）于
1660 年编著出版的《De re Litteraria Sinensium Commentarius》一书，
中文译为《中国文史评析》、《中国文学》、《论中国的宗教》等。在这本书中，
斯比塞尔详细介绍了《易图》和太极阴阳八卦学说，介绍阴阳是两仪、两仪生
四象、四象生八卦、八八六十四卦的数学模型。值得注意的是，斯比塞尔在第
167 页从第一行写到："Principiis per binarium multiplicatis"中的
"binarium"一词，该词为拉丁文，英文为"binary"，即中文的二进制。先
天图就是二进制，中国人把这种"逢二进一"的东西叫做先天图（八卦图），
西方人把这种东西称为二进制（Binarium）。

　　1679 年 3 月 15 日，莱布尼兹撰写了题为《二进算术》的论文，对二进
制进行了充分的讨论，并建立了二进制的表示及运算。1701 年 2 月 15 日，

莱布尼兹致函北京的法国传教士白晋，将其发明的二进制详细介绍给白晋，而白晋于 1701 年 11 月 4 日致函莱布尼兹告知二进制与太极八卦图相同，并附上伏羲六十四卦次序图和伏羲六十四卦方位图为证。1703 年，莱布尼兹在《皇家科学院纪录》上发表了标题为《二进制算术的解说》，副标题为"它只用 0 和 1，并论述其用途以及伏羲氏所使用的古代中国数字的意义"。自此，二进制开始公之于众，这是西方第一篇关于二进位制的文章。1716 年，他又发表了《论中国的哲学》一文，专门讨论八卦与二进制，指出二进制与八卦有共同之处。

莱布尼茨率先系统提出了二进制数的运算法则，为现代科学技术的发展奠定基础。直到今天，二进制数仍然左右着现代计算机的高速运算。

二、计算机选择了 0 与 1

计算机为什么要采用二进制呢？在日常生活中人们并不经常使用二进制，因为它不符合人们的固有习惯。但在计算机内部的所有信息都是用二进制来表示的，这主要有以下几个方面的原因。

① 容易被物理器件所实现。例如，开关的 ON 和 OFF，一个二极管的截止和导通，硬盘上的每一个记录点的磁化和未磁化，光盘上每个信息点的凹和凸的物理状态等，都是两个状态，最自然的计数制当然是二进制。若采用十进制，则需要 10 种状态，实现比较困难。

② 可靠性高。二进制中只使用 0 和 1 两个数字，传输和处理时不易出错，因而可以保障计算机具有很高的可靠性。

③ 运算规则简单。与十进制数相比，二进制数的运算规则要简单得多，这不但可以使运算器的结构得到简化，而且有利于提高运算速度。

④ 与逻辑量相吻合。计算机不仅能进行数值运算还能进行逻辑运算。逻辑运算的基础是逻辑代数，而逻辑代数是二值逻辑。二进制的两个数码 1 和 0，恰好代表逻辑代数中的"真"（True）和"假"（False）。

三、0 与 1 的基本运算

1. 算术运算

二进制的算术运算规则和十进制类似。

（1）加法： $0+0=0$ $1+0=1$ $0+1=1$ $1+1=10$

（2）减法： $0-0=0$ $1-0=1$ $1-1=0$ $10-1=1$

（3）乘法： $0\times0=0$ $0\times1=0$ $1\times0=0$ $1\times1=1$

（4）除法： $0\div1=0$ $1\div1=1$

2. 逻辑运算

二进制数 1 和 0 在逻辑上可以代表"真"与"假"、"是"与"否"、"有"与"无"。

逻辑运算主要包括 3 种基本运算：逻辑加法（又称为"或"运算）、逻辑乘法（又称为"与"运算）和逻辑否定（又称为"非"运算）。

① 逻辑加法（"或"运算）：通常用符号"+"或"∨"来表示，运算规则如下：

$$0 \vee 0 = 0 \qquad 0 \vee 1 = 1 \qquad 1 \vee 0 = 1 \qquad 1 \vee 1 = 1$$

从上式可见，逻辑加法有"或"的意义。也就是说，在给定的逻辑变量中，只要有一个为 1，其逻辑加的结果就为 1。

② 逻辑乘法（"与"运算）：通常用符号"×"或"∧"或"•"来表示，运算规则如下：

$$0 \wedge 0 = 0 \qquad 0 \wedge 1 = 0 \qquad 1 \wedge 0 = 0 \qquad 1 \wedge 1 = 1$$

不难看出，逻辑乘法有"与"的意义，表示当参与运算的逻辑变量都为 1 时，其逻辑乘积才等于 1。

③ 逻辑否定（非运算）：又称为逻辑否运算，运算规则如下：

非 0 等于 1　　　　　　　　　　非 1 等于 0

主题二　进制之间的关联和转换

在人类历史发展的长河中，先后出现过多种不同的记数方法，其中有一些我们至今仍在使用当中，如十进制和六十进制。

如今，大多数人使用的数字系统是基于 10 的。这种情况并不奇怪，因为最初人们是用手指来数数的。

与十进制不同，古代巴比伦人使用以 60 为基数的六十进制数字体系，六十进制迄今为止仍用于计时。使用六十进制，巴比伦人把 75 表示成"1,15"，这与我们把 75 分钟写成 1 小时 15 分钟是一样的。

在早期的数字系统中还有一种非常著名的罗马数字沿用至今。钟表的表盘上常常使用罗马数字，还用来在纪念碑和雕像上标注日期、标注书的页码，或作为提纲条目的标记。现在仍在使用的罗马数字有 I、V、X、L、C、D、M，其中 I 表示 1，V 表示 5，X 表示 10，L 表示 50，C 表示 100，D 表示 500，M 表示 1000。

很长一段时间以来，罗马数字被认为用来做加减法运算非常容易，这也是罗马数字能够在欧洲被长期用于记账的原因。但使用罗马数字进行乘除法很难。其实，许多早期出现的数字系统与罗马数字系统相似，它们在做复杂运算时存在一定的不足，随着时间的发展，逐渐被淘汰掉了。

一、计数制的概念

计数制是指用一组固定的符号和统一的规则来表示数值的方法。在采用进位计数的数字系统中，如果只用 r 个基本符号（如 0、1、2、…、$r-1$）表示数值，则称其为 r 进制，r 称为该数制的基。不同的计数制的区别在于它们所采用的数码、基和权不同。

① 数码。每种数制固定的符号集。例如，十进制有 0、1、…、9 共 10 个数码，二进制采用 0、1 共 2 个数码。

② 基。计数制所使用的数码个数，称为"基"。十进制的基为 10，逢十进一；二进制的基为 2，逢二进一。

③ 权。处于不同位置的数符所代表的值不同，与它所在的位置的权值有关。例如，十进制数 5555.555 可表示为：$5555.555=5\times10^3+5\times10^2+5\times10^1+5\times10^0+5\times10^{-1}+5\times10^{-2}+5\times10^{-3}$。

可以看出，各种进位计数制中的权的值恰好是基数的某次幂。因此，对任一种进位计数制表示的数都可以写出其按权展开的多项式之和。

二、常用计数制

1．十进制

十进制的 10 个数码本身代表了确定的值，当它们处在十进制数中的不同位置时，实际值是不同的，等于本身值乘以一个以 10 为底数的指数值（权）。例 2-1 中的算式表明了一个十进制数按权展开的方法。

【例 2-1】 $576=5\times10^2+7\times10^1+6\times10^0$。

2．二进制

二进制的数码为 0 和 1，基数为 2，并按"逢二进一"的原则进行计数。

例 2-2 展示了一个二进制数按权展开，得到与之等值的十进制数的方法。

【例 2-2】 $(1011101)_2=2^6+2^4+2^3+2^2+2^0=64+16+8+4+1=(93)_{10}$。

为了区分不同进制的数，在书写时有两种常用的方法。一种是将数字用括号加下标数字的方式来表明该数采用哪种进制，如$(1011101)_2$、$(93)_{10}$。另一种是在数的后面加上不同的字母表示进制，D 表示十进制，B 表示二进制，O 表示八进制，H 表示十六进制，如 1100B、AC72H。

3．八进制和十六进制

八进制有 8 个数码，即 0、1、…、7，基数为 8，按"逢八进一"的原则进行计数。

十六进制有 16 个数码，即 0、1、…、9、A、B、C、D、E、F，基数为 16，按"逢十六进一"的原则进行计数。其中，A 表示 10，B 表示 11，……，

F 表示 15。

　　你也许会问,为什么要有八进制和十六进制存在? 试想一下,一段二进制信息"1011010111101101"容易记下来吗? 如果有对应的八进制"132755"或十六进制"B5ED",是不是容易多了? 八进制和十六进制存在的价值是方便人与计算机沟通。

　　也许你又会问,如果只是为了记忆或表达方便,十进制不是更合我们的胃口? 不错,可是十进制与二进制的转换不是很"直白",小数更是有"不能百分百转换"的隐忧。八进制和十六进制在转换方面有独特的优势,不仅准确,而且快捷。表 2.1 是计算机中常用的几种进位数制。

表 2.1　计算机中常用的几种进位制数的表示

进位制	二进制	八进制	十进制	十六进制
规则	逢二进一	逢八进一	逢十进一	逢十六进一
基数	$r=2$	$r=8$	$r=10$	$r=16$
数符	0, 1	0, 1, 2, …, 7	0, 1, …, 9	0, 1, …, 9, A, B, C, D, E, F
权	2^i	8^i	10^i	16^i
形式表示	B	O	D	H

三、进制转换

1. 各种进制转十进制:按权展开法

【例 2-3】　二进制转十进制。

$(1011101)_2=2^6+2^4+2^3+2^2+2^0=64+16+8+4+1=(93)_{10}$

【例 2-4】　八进制转十进制。

$(2613)_2=2\times8^3+6\times8^2+1\times81+3\times8^0=(1419)_{10}$

【例 2-5】　十六进制转十进制。

$(3AF)_{16}=3\times16^2+10\times16^1+15\times16^0=(943)_{10}$

2. 十进制转二进制

(1) 整数部分

运算规则:"除 2 取余",直到商为 0。

【例 2-6】　把十进制数 26 转换成二进制数。

```
除 2      26
除 2      13        余 0
除 2       6        余 1
除 2       3        余 0
除 2       1        余 1
           0        余 1
```

除到商为 0 时终止,写结果时从下往上抄写所有的余数:$(26)_{10}=(11010)_2$。

（2）纯小数部分

运算规则："乘 2 取整"，直到小数部分为 0 或达到计算精度要求。

【例 2-7】　把十进制数 0.3125 转成二进制数。

$$
\begin{array}{r}
0.3125 \\
\times\quad 2 \\
\hline
0.625 \\
\times\quad 2 \\
\hline
1.25 \\
\times\quad 2 \\
\hline
0.5 \\
\times\quad 2 \\
\hline
0
\end{array}
$$

整数部分为 0

整数部分为 1，取纯小数部分 0.25 再计算

整数部分为 0

整数部分为 1，小数部分为 0，终止

乘到小数部分为 0 终止，结果从上往下抄写整数部分：

$$(0.3125)_{10}=(0.0101)_2$$

并不是所有的十进制都能精确地转成二进制，如将 $(0.7)_{10}$ 转成二进制，乘多少次小数部分也不会为 0，这时只能精确到小数点后几位了。这个差异也是导致计算机在数值计算中产生误差的重要原因之一。

3．十进制转八进制、十六进制

与十进制数转成二进制数类似，十进制数也可以遵循同样的规则转成八进制数和十六进制数，具体规则如下。

十进制数转八进制数：整数部分采用"除 8 取余"，纯小数部分采用"乘 8 取整"。

十进制数转十六进制数：整数部分采用"除 16 取余"，纯小数部分采用"乘 16 取整"。取余或取整得 10～15 时，相应的十六进制位为 A～F。

实际操作时，由于二进制数与八进制数、十六进制数之间互相转换非常方便，因此十进制转八进制、十进制转十六进制的转换一般不直接进行，通常是把二进制数作为中间过渡，即先将十进制数转成二进制数，再由二进制数转成八进制数或十六进制数。

4．八进制、十六进制与二进制互相转换

一位八进制数位正好对应于 3 个二进制位，将二进制数转换为八进制数只需从小数点开始向左（整数部分）或向右（纯小数部分）每 3 位分成一组，转化为八进制数码中的一个数字，然后顺序写出对应的八进制数（不足 3 位的补 0）。

【例 2-8】　$(10010.01101)_2=(010\ 010.011\ 010)_2=(22.32)_8$。

八进制数转成二进制则是把上面的过程反过来即可。

【例 2-9】　$(23.76)_8=(010\ 011.111\ 110)_2=(10011.11111)_2$。

1 位十六进制数位对应 4 个二进制位，十六进制与二进制互转和八进制与

二进制数互转的方法相同。具体转换关系如表 2.2 所示。

表 2.2　十进制、二进制、八进制、十六进制转换表

十进制	二进制	八进制	十六进制	十进制	二进制	八进制	十六进制
0	0	0	0	8	1000	10	8
1	1	1	1	9	1001	11	9
2	10	2	2	10	1010	12	A
3	11	3	3	11	1011	13	B
4	100	4	4	12	1100	14	C
5	101	5	5	13	1101	15	D
6	110	6	6	14	1110	16	E
7	111	7	7	15	1111	17	F

主题三　0与1呈现的数值世界

数有正、负之分。计算机中只有 0 和 1，如何用 0、1 来表示这些正负符号？在计算机中采取了一种约定的方法解决这个问题：把数的最高位设定为符号位，用"0"表示正数，"1"表示负数。通常，我们把用 0 或 1 表示正负号的数叫做计算机的"机器数"。因为有符号占据 1 位，数的形式值就不等于真正的数值，带符号位的机器数对应的数值称为机器数的真值。例如，二进制真值 -0011011 的机器数为 10011011。

二进制的位数受机器设备的限制。机器内部设备一次能表示的二进制位数叫机器的字长，一台机器的字长是固定的。8 个位二进制位（bit）叫 1 字节（byte），现在机器字长一般都是字节的整数倍，如字长 8 位、16 位、32 位、64 位。

本主题将介绍 0 和 1 呈现的正数、负数、整数、实数等数值。

一、整数的呈现

整数可以分为无符号整数和有符号整数两类。无符号整数的所有二进制位全部用来表示数值的大小。

有符号整数用最高位表示数的正负号，其他位表示数值的大小。计算机中对有符号数的不同运算采用不同的编码方法，主要有原码、反码和补码 3 种。

1. 原码

最高位表示符号位，正数为 0、负数为 1。计算机存储整数一般用长度为 16 位或 32 位的二进制位，若用 16 位，最高位为符号位，后 15 位为真值。

例如，19 的二进制数为 10011，19 与 -19 的原码如下：

$$[19]_原 = 0000\ 0000\ 0001\ 0011$$

$$[-19]_原=1000\ 0000\ 0001\ 0011$$

原码表示法比较直观，它的数值部分就是该数的绝对值，而且与真值、十进制数的转换十分方便。但是它的加减法运算较复杂。当两数相加时，机器要先判断两数的符号是否相同，如果相同，则两数相加；若符号不同，则两数相减。在做减法前，还要判断两数绝对值的大小，然后用大数减去小数，最后确定差的符号。换言之，用这样一种直接的形式进行加运算时，负数的符号位不能与其数值部分一起参加运算，必须利用单独的线路确定和的符号位。要实现这些操作，电路就很复杂，这显然是不经济实用的。为了减少设备，实现机器内负数的符号位直接参加运算，减法运算变成加法运算，就引入了反码和补码这两种机器数。

2．反码

正数的反码等于其原码，负数的反码是将其原码除符号位外，其余部分全部按位取反。

$$[19]_反=[19]_原=0000\ 0000\ 0001\ 0011$$
$$[-19]_原=1000\ 0000\ 0001\ 0011$$
$$[-19]_反=1111\ 1111\ 1110\ 1100$$

3．补码

正数的补码等于其原码，负数的补码等于其反码末位加 1。

$$[19]_补=[19]_反=[19]_原=0000\ 0000\ 0001\ 0011$$
$$[-19]_原=1000\ 0000\ 0001\ 0011$$
$$[-19]_反=1111\ 1111\ 1110\ 1100\quad[-19]_补=1111\ 1111\ 1110\ 1101$$

所谓补码表示法，就是将正、负数的符号数值化并同数据部分构成补码，以便使加、减法运算统一成为用加法完成。

我们可以用调整时钟时间的例子来理解补码，例如现在是 8 点钟而时钟指向 10 点，调整时间有两种方法：要么将时针逆时针拨 2 小时，要么将时针顺时针拨 10 小时，结果都使时针指向 8 点。理解下面的叙述不妨把时钟看成是十二进制计数。

第一种方法：10-2=8。

第二种方法：相当于在 8 点位置上增加 10 个小时，有 10+10=20。因为超过了 12，按照 12 进制的进位原则，20 相当于 12+8，所以时钟回到了 8 点。用数值表示：(10+10)-12=20-12=8。

这说明在一定条件下，减法可以用加法来代替。这里"12"称为"模"，"10"称为"-2"对模"12"的补数。推广到一般则有：

$$A-B=A+(-B+M)=A+(-B)_补$$

可见，在模为 M 的条件下，A 减去 B，可以用 A 加上-B 的补数来实现。

这里模（module）可视为计数器的容量，对上述时钟的例子，模为 12。在计算机中其部件都有固定的位数，补码的计算所需要的模是相对这个固定位数的。例如，用 8 位二进制数，则最高位为符号位，实际上尾数为 7 位，那么对这个存储长度的和求补码的模为 128。

于是，我们有了一个新的定义：一个 R 进制的两个数 a、b 之和等于 R，我们称 a 和 b 互为"补数"。这就是计算机中将减法转化为加法运算的基础——减去一个数，等于加上这个数的补码。

我们可以在反码的基础上给出补码的定义：一个正数的补码等于它的原码，一个负数的补码等于它的反码加上 1。

下面举例说明使用补码进行加法运算。假设用 16 位二进制运算，最高位为符号位，两个数分别为十进制的 a=11 和 b=-10，则有 a 转换为二进制的补码为 00001011；b 的二进制原码 10001010，反码为 11110101，补码为 11110110。则使用补码计算 a 和 b 之和：

```
        0000 0000 0000 1011        +11 的补码，符号位为 0
    +   1111 1111 1111 0110        -10 的补码，符号位为 1
    ─────────────────────
      1 0000 0000 0000 0001        产生的进位丢掉
```

0000 0000 0000 0001 即计算结果，也是补码。因为符号位为 0，所以该数是正数，补码、原码表示相同，结果即为+1。如果运算结果符号位为 1，需要将补码还原成原码（即数值位取反加 1）才能看出正确结果。

补码有许多重要特性，其中一个有意思的特性就是：补码的补码将还原为原码。

二、实数的呈现

除了整数，再来看看计算机中如何表示带小数点的数据。计算机是有限物理存储空间的机器，因此表示数就需要考虑数的长度。一般计算机中的实数有两种常用表示格式：定点数和浮点数。

1. 定点数

定点格式表示的数值范围有限，在计算机输出中一般用固定长度（如 16 位或 32 位二进制）表示，同时将小数点固定在某一个位置。为了处理方便，一般分为定点纯小数和定点纯整数，前文所讲的原码、反码、补码表示的就是定点纯整数。

（1）定点纯小数

定点纯小数是指小数点准确固定在数据某一个位置上的小数。一般把小数点固定在最高数据位的左边，小数点前边再设一位符号位。按此规则，任何一个小数都可以写成：

$$N = N_s N_{-1} N_{-2} N_{-3} \cdots N_{-m} \qquad\qquad N_s\text{——符号位}$$

即在计算机中用 $m+1$ 个二进制位表示一个小数，最高（最左）一个二进制位表示符号（如用 0 表示正号，1 表示负号），后面的 m 个二进制位表示该小数的数值。小数点不用明确表示出来，因为它总是定位在符号位与最高数值位之间。

对用 $m+1$ 个二进制位表示的小数来说，其值的范围为 $|N| \leqslant 1-2^{-m}$。定点小数表示法主要用在早期的计算机中。

（2）定点纯整数

定点纯整数可以认为它是小数点定在数值最低位右面的一种表示法。整数分为带符号和不带符号两类。对带符号的整数，符号位放在最高位。可以写成：

$$N = N_s N_n N_{n-1} N_{n-2} \cdots N_2 N_1 \qquad\qquad N_s \text{——符号位}$$

对于用 $n+1$ 位二进制位表示的带符号整数，其值的范围为 $|N| \leqslant 2^n-1$。

对于不带符号的整数，所有的 $n+1$ 个二进制位均看成数值，此时数值表示范围为 $0 \leqslant N \leqslant 2^{n+1}-1$。计算机中一般用 8 位、16 位和 32 位等表示数据。

一般定点数表示的范围和精度都较小，在数值计算时，大多数采用浮点数。定长数据格式要求的处理硬件比较简单，但它的表示范围受到限制，与所需表示的数值取值范围相差悬殊，给存储和计算带来诸多不便，因此出现了浮点表示法。

2．浮点数

浮点表示法，即小数点的位置是浮动的，其思想来源于科学计数法。

任何实数都可以表示为 $\pm10^{\pm m} \times N$。其中 m 为整数，N 为大于 1 小于 10 的正数。例如：

$$-583310029120000 = -10^{+14} \times 5.8331002912$$
$$0.0000000345 = +10^{-8} \times 3.45$$

二进制数也有科学计数法，任何一个二进制数都可以表示为 $\pm2^{\pm m} \times N$。如下列二进制数可以表示成（指数也是二进制数）：

$$-11011.1101 = -2^{+101} \times 0.110111101$$
$$0.00101 = +2^{-10} \times 0.101$$

计算机采用将符号、指数部分（阶码）和尾数部分分段表示的方法来表示实数，其目的是以有限的二进制位尽可能保持有效位数。浮点数能表示的数值范围很大，要求的处理硬件比较复杂。浮点数分为数符、阶码和尾数三部分。

阶码即指数部分，用于表示小数点在该数中的位置，它是一个定点纯整数。

尾数用于表示数的有效数值，用定点纯小数表示。一般选择 32 位（单精度）或 64 位（双精度）二进制表示一个浮点数。32 位浮点数格式如下：

数符	阶码	尾　数
1 位	8 位	23 位

在计算机中这些数据都是二进制数表示的，阶码的最高位是符号位。浮点数表示的范围取决于阶码，数的精度取决于尾数。

主题四　0与1呈现的文字世界

前面介绍的原码、反码、补码，它们的实际意义是数的表示形式。计算机除了能处理数值信息外，还能够大量处理字符信息，包括英文字符、数字字符等，还有我们日常使用的中文字符。为了计算机能够区分和识别字符，每个字符都需要一个唯一的编码。

编码的概念类似于我们学生的学号。在学校中，要能区分和识别每个学生，学校会为每个学生设定一个唯一的编码。找到这个编码，就找到这个学生，并能找到这个学生的姓名、班级、选课、成绩等信息。

计算机中，每个文字每个符号都要有唯一的编码，每个字符还有对应的"图样"信息称为字模，字模集中存放在字库中。我们要在屏幕上看到一个字，计算机需要根据字符的唯一编码，在字库中找到该字符的字模，并根据字模输出该字符的图样。

编码的目的之一是为了便于标记特定的对象。为了便于存储和查找，在设计编码时需要一定的规则，不同的应用有不同的编码，计算机中的编码可谓"万码奔腾"。下面介绍几种最常用的计算机编码。

一、西文与符号——ASCII

为了信息交换中的统一性，人们已经建立了一些字符编码标准，目前国际上广泛使用的是 ASCII（American Standard Code For Information Interchange）。

标准 ASCII 的编码用 1 字节中的 7 个二进制位对应一个字符的编码，即从 0000000 编到 1111111，共 128 种组合，可以为 128 种不同的符号编码（见表 2.3）。计算机以 1 字节存储 ASCII 码表中各字符的编码信息，最高位补 0。

计算机键盘上的符号大多数都可以在 ASCII 码中找到对应的编码。实际情况也是如此，键盘上相应的按键传送到计算机内的编码就是按键所对应的 ASCII 码。

计算机是如何显示这些字符的呢？以字符"A"为例，写在一个 8 行 8 列的网格上，就得到了该字符的点阵信息（笔画经过的方格为 1，其他方格为 0）。一行 8 个点用 1 字节表示，8 字节可以存储一个字符的点阵信息，称为该字符的字模。

表 2.3　ASCII 码表

ASCII 值	控制字符	ASCII 值	控制字符	ASCII 值	控制字符	ASCII 值	控制字符
0	NUL（空）	32	SP（space）	64	@	96	`
1	SOH（标题开始）	33	!	65	A	97	a
2	STX（正文开始）	34	"	66	B	98	b
3	ETX（正文结束）	35	#	67	C	99	c
4	EOT（传输结束）	36	$	68	D	100	d
5	ENQ（询问字符）	37	%	69	E	101	e
6	ACK（承认）	38	&	70	F	102	f
7	BEL（报警）	39	,	71	G	103	g
8	BS（退一格）	40	(	72	H	104	h
9	HT（横向列表）	41	)	73	I	105	i
10	LF（换行）	42	*	74	J	106	j
11	VT（垂直制表）	43	+	75	K	107	k
12	FF（走纸控制）	44	,	76	L	108	l
13	CR（回车）	45	-	77	M	109	m
14	SO（移位输出）	46	.	78	N	110	n
15	SI（移位输入）	47	/	79	O	111	o
16	DLE（空格）	48	0	80	P	112	p
17	DC1（设备控制 1）	49	1	81	Q	113	q
18	DC2（设备控制 2）	50	2	82	R	114	r
19	DC3（设备控制 3）	51	3	83	X	115	s
20	DC4（设备控制 4）	52	4	84	T	116	t
21	NAK（否定）	53	5	85	U	117	u
22	SYN（空转同步）	54	6	86	V	118	v
23	ETB（信息传送结束）	55	7	87	W	119	w
24	CAN（作废）	56	8	88	X	120	x
25	EM（纸尽）	57	9	89	Y	121	y
26	SUB（置换）	58	:	90	Z	122	z
27	ESC（换码）	59	;	91	[	123	{
28	FS（文字分隔符）	60	<	92	/	124		
29	GS（组分隔符）	61	=	93	]	125	}
30	RS（记录分隔符）	62	>	94	^	126	~
31	US（单元分隔符）	63	?	95	_	127	DEL

　　所有这些可显示字符的字模，顺序存放在计算机中，就组成了 ASCII 字的 8×8 字库。同理，如果通过 8×16 的网格获取各字符的点阵信息，可组成 ASCII 字符的 8×16 字库。

字符的编码信息,与该字符的字模在字库中所存放的地址存在对应关系。当我们在输入一个文档时,按了"A"键,计算机就存入一个字节的信息,其内容为 01000001。该代码间接表示字符"A"的点阵信息,因为在显示时,系统要根据这个代码找到"字符 A"的字模,将字模中的"1"用前景色显示,将字模中的"0"用背景色显示,屏幕上就会显示出"A"的图样。

二、中文与符号 — — 汉字编码

在我国应用计算机,当然需要计算机处理汉字,中文数据也采用二进制编码来表示。汉字由于数量大,用 8 位二进制编码方式无法表示全部汉字,一般采用多个字节表示。

据统计,常用的汉字有四五千个。汉字字符集是一个很大的集合,要编码常用的汉字至少需要两个字节作为编码的形式。事实上,两个字节可以表示 $2^{16}=65536$ 种符号,考虑到汉字编码与其他国际通用编码(如 ASCII 码)的关系,我国国家标准局采用了加以修正的两字节汉字编码方案,即只用了 2 字节的低 7 位。这个方案可以容纳 $2^{14}=16384$ 种符号。

1. 国标码、区位码、机内码

1981 年,为了使每个汉字有一个全国统一的代码,我国国家标准局颁布了第一个汉字编码的国家标准《信息交换用汉字编码字符集——基本集》,简称国标码,即 GB2312—1980。这个字符集是我国中文信息处理技术的发展基础,也是目前国内所有汉字系统的统一标准。

(1) 区位码

为了便于使用,GB2312—1980 的国家标准将其中的汉字和其他符号按照一定的规则排列成为一个大的表格,在这个表格中,每一(横)行称为一个"区",每一(竖)列称为一个"位",整个表格共有 94 区,每区有 94 位,并将"区"和"位"用十进制数字进行编号:即区号为 01～94,位号为 01～94。在区位码中汉字和其他符号的编排规则如下。

- ❖ 第 01～09 区:存放 682 个标点符号、运算符号、制表符号、数字、序号、英文字母、俄文字母、日文假名、希腊字母、汉语拼音字母、汉语注音字母等。
- ❖ 第 10～15 区:有待扩展的空白区。
- ❖ 第 16～55 区:按照汉语拼音的顺序依次存放了 3755 个一级汉字(最常用的汉字)。
- ❖ 第 56～87 区:按照部首顺序依次存放了 3008 个二级汉字(次常用的汉字)。
- ❖ 第 88 区以后:有待扩展的空白区。

一、二级汉字合计共 6763 个。

可以直接用区位码输入汉字，如"2901"代表"健"字、"4582"代表"万"字、"8150"代表"楮"字，这些都是汉字，用区位码还可以很轻松地输入特殊符号，如"0189"代表"※"（符号）、"0528"代表"ゼ"（日本语）、"0711"代表"Й"（俄文）、"0949"代表"┬"（制表符）。

在区位码汉字输入方法中，汉字编码无重码，在熟练掌握汉字的区位码后，录入汉字的速度是很快的，但若想记住全部区位码是相当困难的，常使用于录入特殊符号，如制表符、希腊字母等。

（2）国标码

如果知道某个汉字的区位码，只要将区号和位号分别加上 32（若十六进制表示则加上 20H），就可以得到该汉字的国标码。如"啊"字的区位码是 1601（十六进制为 1001H），国标码为 4833（十六进制数为 3021H）。

为什么要加 32 呢？汉字国标码的范围用二进制表示如下：

$$00100001\ 00100001 \sim 01111110\ 01111110$$

即　　　　　　$(1+32)_{10}\ (1+32)_{10} \sim (94+32)_{10}\ (94+32)_{10}$

7 位 ASCII 码是 128 个字符组成的字符集。其中编码值 $0 \sim 31$（$00000000 \sim 00011111$）不对应任何印刷字符，通常称为控制符，用于计算机通信中的通信控制或对计算机设备的功能控制。编码值 32（00100000）是空格字符 SP。编码值 127（1111111）是删除字符 DEL。

汉字国标码的起始二进制位置选择 00100001 即$(33)_{10}$是为了跳过 ASCII 码的 32 个控制字符和空格字符。所以，汉字国标码的高位和低位分别比对应的区位码大$(32)_{10}$或$(00100000)_2$或 20H，即：

国标码高位=区码+20H　　　　国标码低位=位码+20H

（3）机内码

"限"的区位码为 4762，对应的十六进制数 2F3EH；"限"国标码为 7994，对应十六进制数 4F5EH。

如果是国标码存储，则 2 字节的二进制信息如下：

0	1	0	0	1	1	1	1		0	1	0	1	1	1	1	0

但对照前文的 ASCII 码表，这 2 字节的信息分别对应的是"O"和"^"。系统如何分辨这 2 字节是一个汉字"限"还是 2 个 ASCII 字符"O"和"^"呢。所以，计算机不能将国标码作为汉字在计算机中的机内码，于是国家标准规定将汉字国标码的每个字节的最高位统一规定为"1"，作为识别汉字代码的标志，这就形成了机内码。

"限"机内码二进制信息如下：

1	1	0	0	1	1	1	1		1	1	0	1	1	1	1	0

"限"机内码为 CFDEH，与国标码的对应关系为：

机内码高位=国标码高位+80H　　　机内码低位=国标码高位+80H

2．输入码、字型码

（1）输入码

由于汉字有数以万计，计算机键盘不可能为每个汉字而造一个按键。因此，人们需要替汉字编输入码，用数个键来输入一个汉字。不同的输入法得到的输入码的方法不同，它与汉字输入法的处理过程有关。汉字的单字输入分为几类：音码、形码、形音码、音形码、无理码等。所有的输入码的"终极目标"就是把人们的输入转化成汉字的机内码。

（2）字型码

为了能在屏幕或打印机等设备上输出汉字，需要汉字的字型。任何一个编码字条都需要有相应字形图样的"库"。字库通常有两种表示法，点阵表示法和矢量表示法。

① 点阵字库

点阵是一种数字化字库的格式，每个字形以黑白像素点矩阵组成。常用点阵字库规格有 12 点阵、14、16、24、32、48 点阵。因为 1 字节有 8 位，对应显示屏的 8 个像素点，对一个 16 点阵字形而言，一行就需要用 2 字节（16 位）来描述，共有 16 行，如图 2.1(a)所示，它的存储信息量是 2×16=32 字节。一个 48 点阵字形一行需要用 6 字节（48 位）乘 48 行组成，如图 2.1(b)所示，它的存储信息量是 6×48=288 字节。通常在计算机中，每个点阵字库由上万个字组成，一个字库的存储信息量可以根据字库规格和字数计算出来，随着点阵矩阵的增加而增加。

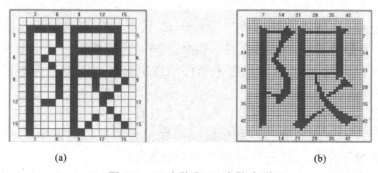

(a)　　　　　　　　　　　　(b)

图 2.1　16 点阵和 48 点阵字型

一般 16 以下的点阵用于各种电子设备的屏幕显示，如计算机、手机、好易通、记录仪、MP3、打印机等。24 以上点阵用于针式打印机或激光打印机输出。

相比曲线字库，点阵字库的缺点是存储信息量大、字形放大后边缘有锯齿，优点是在小字显示时比还原后的曲线字更清晰，显示速度快。

② 矢量字库

通过矢量方法来描述字符的轮廓，这种字体也称为轮廓字体。曲线是由数学曲线表达的，并由一组程序指令实现字符外形（轮廓）输出。

在 Windows 操作系统中使用的 True Type 技术就是汉字的矢量表示方式。TrueType 字体是苹果公司和微软公司共同制定的一种字体格式，采用二次曲线来描述字形轮廓，具有字库信息小、字形可以随意缩放、变形而不失真等优点。

一般，汉字信息处理系统是把所有这些汉字字库存放在磁盘上，使用时全部装入内存，这些字库被称为"软字库"。

把汉字字库装入只读存储器芯片，作为显卡或打印机中的扩充 ROM 存储器使用，使相关设备在获取字符的机内码后可以独立输出这些字符的图样，这样的字库被称为"硬字库"。在有硬字库的设备上，对汉字的处理速度会显著提高。

3. 汉字信息的输入、存储和显示

在计算机系统中，无论采用哪种输入法，最终都将转为机内码进行存储、处理和传输，汉字的处理过程如图 2.2 所示。

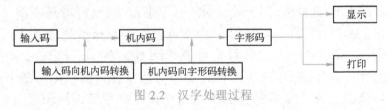

图 2.2　汉字处理过程

三、扩展符号——Unicode 编码

世界上存在着多种编码方式，同一个二进制数字可以被解释成不同的符号。因此，要想打开一个文本文件，就必须知道它的编码方式，用错误的编码方式解读就会出现乱码。为什么电子邮件常常出现乱码？就是因为发信人和收信人使用的编码方式不一样。

可以想象，如果有一种编码，将世界上所有的符号都纳入其中，每个符号都给予一个独一无二的编码，那么乱码问题就会消失。这就是 Unicode，就像它的名字所表示的，这是一种所有符号的编码。

历史上存在两个试图独立设计 Unicode 的组织，即国际标准化组织(ISO)和一个软件制造商的协会（unicode.org）。ISO 开发了 ISO 10646 项目，Unicode 协会开发了 Unicode 项目。在 1991 年前后，双方都认识到世界不需要两个不兼容的字符集。于是它们开始合并双方的工作成果，并为创立一个单一编码表而协同工作。

Unicode 是一个很大的集合，现在的规模可以容纳 100 多万个符号。每个符号的编码都不一样，如 U+0639 表示阿拉伯字母 Ain、U+0041 表示英语的大写字母 A、U+4E00 表示汉字"一"。具体的符号对应表，可以查询 unicode.org，或者专门的汉字对应表。Unicode 16 编码里面已经包含了 GB18030 里面的所有汉字（27484 个字），Unicode 标准准备把康熙字典的所有汉字放入到 Unicode 32 编码中。

Unicode 只是一个符号集，只规定了符号的二进制代码，却没有规定这个二进制代码应该如何存储。比如，汉字"一"的 Unicode 是十六进制数 4E00，转换成二进制数足足有 15 位（100111000000000），也就是说，这个符号的表示至少需要 2 字节。而表示其他更大的符号，可能需要 3 字节或者 4 字节，甚至更多。

这里就有两个的问题。一是如何才能区别 Unicode 和 ASCII。计算机怎么知道 3 字节表示一个符号，而不是分别表示 3 个符号呢？第二个问题，我们已经知道，英文字母只用一个字节表示就够了，如果 Unicode 统一规定，每个符号用 3 或 4 字节表示，那么每个英文字母前都必然有 2~3 字节是全 0，这对于存储空间来说是极大的浪费，文本文件的大小会因此大出 2~3 倍，这是难以接受的。造成的直接结果是：出现了 Unicode 的多种存储方式，也就是说有许多不同的二进制格式可以用来表示 Unicode。另外，Unicode 在很长一段时间内无法推广，直到互联网的出现。网络上流行的 UTF-8 就是 Unicode 编码的一类应用。

如何查询 Unicode 编码？在 Windows 系统下，可以在运行栏中输入 "eudcedit.exe"，调用 TrueType 造字程序，在其中的窗口→参照页的"代码"栏输入 Unicode 编码，可以查找到相应的字符；在"形状"栏中输入字符，则可以查找到相应的 Unicode 编码。

主题五　0与1呈现的声色世界

计算机技术的发展使得计算机不仅能处理文字、数据，还能处理声音、图像、视频等多媒体信息。这些多媒体信息只有经过数字化，才能为计算机存储和处理。数字化实际就是二进制化。

一、音频的数字化

人们在日常生活中听到各种各样的声音，它们都是机械振动或气流振动引起周围传播媒质（气体、液体、固体等）发生波动的现象，通常将产生声音的发声体称为声源。当声源体产生振动时，引起相邻近的空气的振动，从而使这一部分空气的密度变密，当声源体向相反方向振动时，这一部分空气就相应地变为稀疏。这样空气就随着声源体所振动幅度的不同，而产生密或稀的振动，空气的这种振动被称为声波。声波所及的空间范围称为声场。声波传到人耳，经过人类听觉系统的感知就是声音。

由空气振动产生的声波是连续变化的，这种声音信号称为模拟信号。而计算机只能处理和记录二进制的数字信号，因此，连续声音信号必须经过一定的变换和处理，变成二进制数据后才能送到计算机进行编辑和存储。

1. 音频信号的特征

音频信号所携带的信息大体上可分为语音、音乐和音响 3 类。语音是指具有语言内涵和人类约定的特殊媒体；音乐是规范的符号化了的声音；音响是指其他自然声音，如动物的叫声、机器的轰鸣声、风雨雷电声等。

声波可以用一条连续的曲线来表示，在时间和幅度上都是连续的，称为模拟音频信号，如图 2.3 所示。磁带和老式密纹唱片上记录的是模拟声音信号。AM、FM 广播信号也是模拟信号。声波的曲线可以分解成一系列正弦函数的线性叠加。声音强弱体现在声波的振幅大小上。音调的高低体现在声音频率上。音色由声音频率组成成分决定。

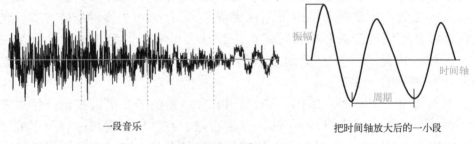

一段音乐　　　　　　　　　　　　　把时间轴放大后的一小段

图 2.3　声波

声音频率可分为 3 种：次声（频率低于 20 Hz），超声（频率高于 20 kHz），可听声（频率在 20～20 kHz）。前两种声音人类是听不到的。

声音的质量与它所占用的频带宽度有关，频带越宽，信号强度的相对变化范围就越大，音响效果也就越好。按照带宽，声音质量可分为 4 级（如图 2.4所示）：① 数字激光唱片质量，简称 CD-DA 质量，即人们常说的超高保真（Super High Fidelity），频率范围为 10～22000 Hz；② 调频无线电广播，简称 FM（Frequency Modulation）质量，频率范围为 20～15000 Hz；③ 调幅无线电广播，简称 AM（Amplitude Modulation）质量，频率范围为 50～7000 Hz；④ 电话（Telephone）质量，频率范围为 200～3400 Hz。

2. 声音数字化过程

模拟的声音信号的数字化就是将连续的模拟信号转换成离散的数字信号，一般需要经过采样、量化和编码三个步骤。

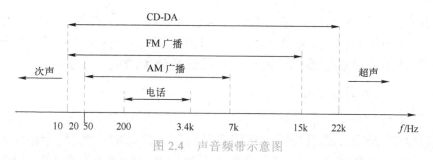

图 2.4　声音频带示意图

　　首先是时间上离散，每隔一定的时间测量一次声音信号的幅值，把时间连续的模拟信号转换成每隔一定时间间隔的信号样本值序列，称为采样。如果采样的时间间隔相等，这种采样称为均匀采样。

　　然后在幅度上离散，用有限个幅度近似表示原来在时间上连续变化的幅度值，把模拟信号的连续幅度变为有限数量、有一定时间间隔的离散值，称为量化。

　　图 2.5 是模拟声音信号的采样和量化过程示意图，其中图(a)是声音的波形，连续的信号，图(b)是采样结果，得到离散值，图(c)为量化结果，图(d)是量化数据还原的波形。量化前的信号经量化后被量化后的信号所代替，这个过程必然会产生量化误差，它的作用如同噪声一样，称之为量化噪声。数字音频的质量取决于采样频率和量化位数。采样频率越高，量化位数越多，数字化后的音频质量越高。

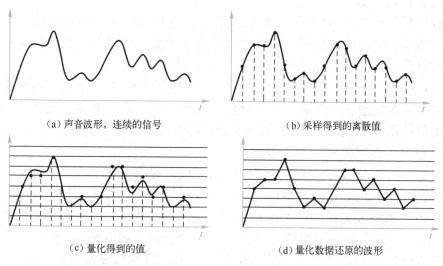

图 2.5　声音数字化过程

　　模拟信号经过采样和量化以后，形成一系列的离散信号。这种数字信号可以以一定的方式进行编码，形成计算机内部运行的数据。编码的作用一是采用一定的格式来记录数据，二是采用一定的算法来压缩数据。经过编码后的声音信号就是数字音频信号。

　　上述数字化的过程又称为脉冲编码调制（Pulse Code Modulation），即

PCM 编码。PCM 编码是对连续语音信号进行空间采样、幅度值量化及用适当码字将其编码的总称，是概念上最简单、理论上最完善的编码系统，是最早研制成功、使用最广泛的编码系统，也是数据量最大的编码系统。

3. 数字音频的技术指标

(1) 采样频率

采样频率是指计算机每秒对声波幅度值样本采样的次数，是描述声音文件的音质、音调，衡量声卡、声音文件的质量标准，计量单位为 Hz（赫兹）。采样频率越高，单位时间内采集的样本数越多，得到的波形越接近于原始波形。

采样通常采用 3 种频率：11.025 kHz（语音效果，称为电话音质）、22.05 kHz（音乐效果，称为广播音质）、44.1 kHz（高保真效果，称为 CD 唱盘音质）。

奈奎斯特（Harry Nyquist）采样理论：如果对某一模拟信号进行采样，则采样后可还原的最高信号频率只有采样频率的一半，或者说只要采样频率高于输入信号最高频率的两倍，就能从采样信号系列无失真地重构原始信号。

根据该采样理论，CD 激光唱盘采样频率为 44 kHz，可记录的最高音频为 22 kHz，这样的音质与原始声音相差无几，即我们常说的超级高保真音质 (Super High Fidelity, HiFi)。

(2) 量化位数

量化是对模拟音频信号的幅度轴进行数字化，决定了模拟信号数字化以后的动态范围。量化位数越高，信号的动态范围越大，数字化后的音频信号就越可能接近原始信号，但所需要的存储空间也越大。

量化时，如果采用相等的量化间隔对采样得到的信号作量化，称为均匀量化，也称为线性量化。用这种方法量化输入信号时，无论幅度变化大小，一律采用相同的量化间隔。为了适应幅度变化大的输入信号，又要满足精度要求，就需要增加采样频率和样本的位数。

但是，对语音信号来说，大信号出现的机会并不是很多，增加的样本位数没有得到充分利用。非均匀量化，也称为非线性量化，克服了这一不足。非线性量化的思想是大的输入信号采用大的量化间隔，小的输入信号采用小的量化间隔。这样可以在满足精度要求的情况下用较少的位数来表示。声音数据还原时采用相同的规则。采用不同的量化方法，量化后的数据量也不同。因此说，量化也是一种压缩数据的方法。

(3) 声道数

单声道信号一次产生一组声波数据。如果一次产生两组声波数据，则称其为双声道或立体声。双声道在硬件中占两条线路。立体声不仅音质、音色好，而且能产生逼真的空间感。但立体声数字化后所占空间比单声道多一倍。

【例 2-10】计算一首未经压缩的 5 分钟的高保真立体声歌曲的文件大小。

答：波形声音的数据量=采样频率×量化位数×声道数/8。

高保真立体声歌曲采样频率为 44.1 kHz，量化位数为 16 位，双声道。因此，每秒的数据量为 41000 Hz×16 位×2（声道）/8=176400 Byte

若一首歌 5 分钟，总数据量为：176400 B×300=51600 KB≈50.39 MB。

（4）编码算法

未经压缩的音频数据量非常大，减少数据量的方法不是降低采样频率和量化位数，而是数据压缩。

压缩算法包括有损压缩和无损压缩。有损压缩解压后数据不能完全复原，要丢失一部分信息。无损压缩不丢失任何信息，能较好地复原原始信号。压缩编码的基本指标之一就是压缩比，通常小于 1。压缩越多，信息丢失越多、信号还原后失真越大。根据不同的应用，应该选用不同的压缩编码算法。

4．数字音频格式

数字音频文件格式是数字音频在磁盘文件中的存放形式，相同的数据可以有不同的文件格式，也可以有相同的文件格式。

① WAVE。WAVE 文件格式是一种通用的音频数据文件，文件扩展名为".wav"，Windows 系统和一般的音频卡都支持这种格式文件的生成、编辑和播放。

WAVE 文件由 3 部分组成：文件头、数字化参数和实际波形数据。CD 激光唱盘中包含的就是 WAVE 格式的波形数据，只是扩展名没写成".wav"。一般来说，声音质量与其 WAVE 格式的文件大小成正比。

WAVE 文件的特点是易于生成和编辑，但在保证一定质量的前提下压缩比不够，不适合在网络上播放。

② MP3 文件。MP3 文件是采用 MP3 算法压缩生成的数字音频数据文件，以".mp3"为扩展名。MP3 利用 MPEG 制定的 MPEG-1Audio Layer3 的压缩标准，将音频信息用 10:1 甚至 12:1 的压缩率，变成小的数据文件。

③ RA 文件。Real Audio 是 Real networks 推出的一种音乐压缩格式，它的压缩比可以达到 96:1，因而在网上比较流行。经过压缩的音乐文件可以在通过速率为 14.4 kb/s 的 Modem 上网的计算机中流畅回放。其最大特点是可以采用流媒体的方式实现网上实时播放，即边下载边播放。

5．电子合成音乐

数字音频实际上是一种数字式录音/重放的过程，需要很大的数据量。在多媒体系统中，除用数字音频的方式外，还可以用合成的方式产生音乐，电子乐器的发展为此奠定了很好的基础。

音乐合成的方式根据一定的协议标准，使用音乐符号来记录和解释乐谱，并组成相应的音乐符号，这就是 MIDI。

MIDI 不是把音乐的波形进行数字化采样和编码，而是将数字式电子乐器的弹奏过程以命令符号的形式记录下来。当需要播放这首乐曲时，根据记录的乐谱指令，通过音乐合成器生成音乐声波，经过放大后由扬声器播出。

二、图形图像的数字化

1．图像的种类

计算机显示的图像主要有两大类：矢量图和位图。

矢量图也称为面向对象的图像或绘图图像，是计算机图形学中用点、直线或者多边形等基于数学方程的几何图元表示图像。矢量图不存储图像数据的每个点，而是存储图像内容的轮廓部分。例如，一个圆形图案只要存储圆心的坐标位置和半径长度，以及圆形边线和内部的颜色。

矢量图形最大的优点是无论放大、缩小或旋转等不会失真，且图像的存储空间较之位图方式要少得多；最大的缺点是难以表现色彩层次丰富的逼真图像效果。矢量图比较适合用于工程图、卡通动漫及图案、标志、VI、文字等设计。图 2.6(a)是矢量的局部放大效果，图 2.6(b)是将矢量图转成位图后再对同一处局部作的放大效果。

（a）矢量图局部放大

（b）位图局部放大

图 2.6　矢量图与位图对局部放大

位图图像，亦称为点阵图像或栅格图像，图形由排列成若干行、列的像素组成，形成一个像素的阵列，每个像素都具有特定的位置和颜色值。当放大位图时，可以看见赖以构成整个图像的无数单个方块，即像素。这种模式比较适合于内容复杂的图像和真实的照片，但图像在放大和缩小的过程中会失真，占用磁盘空间也较大。

总体来看，位图是记录每个像素的颜色值，再把这些像素点组合成一幅图像，矢量图是保存节点的位置和曲线、颜色的算法，所以位图占用的存储空间较矢量图要大得多，而矢量图的显示速度较位图慢。

2．图像数字化的过程

自然界中的图以模拟信号的形式存在，用摄像头、数码相机等设备摄取的信号经过数字化处理转换成数字信息。图像数字化是计算机图像处理之前的基本步骤，目的是把真实的图像转变成计算机能够接受的存储格式。数字化过程也分为采样、量化与编码几个步骤进行（如图 2.7 所示）。

（a）原图

（b）采样

（c）量化

图 2.7　图像数字化过程

采样的实质就是要用多少点来描述一张图像，采样结果质量的高低就用图像分辨率来衡量。简单来讲，对二维空间上连续的图像在水平和垂直方向上等间距地分割成矩形网状结构，所形成的微小方格称为像素点。一幅图像就被采样成有限个像素点构成的集合。比如，一幅 640×480 的图像就表示这幅图像是由 307 200 个点所组成。

量化是指要使用多大范围的数值，来表示图像采样之后的每个点。这个数值范围包括了图像上所能使用的颜色总数，例如，以 4 位存储一个点，就表示图像只能有 16 种颜色。所以，量化位数越大，表示图像可以拥有更多的颜色，产生更为细致的图像效果。

与声音的量化过程一样，图像量化的过程也会引起失真，要让图像看起来更逼真，就要增加采样的分辨率和颜色深度值。但是，也会占用更大的存储空间。两者的基本问题都是视觉效果和存储空间的取舍。

经过采样、量化得到的图像数据量十分巨大，必须采用编码技术来压缩信息量。在一定意义上讲，编码压缩技术是实现图像传输与储存的关键。已有许多成熟的编码算法应用于图像压缩。常见的有图像的预测编码、变换编码、分形编码、小波变换图像压缩编码等。

位图是每个格子都独立记录的，因此数据量很大，即 BMP 格式。JPEG格式经过一系列运算进行压缩，是有损压缩格式，但画质的损失非常小。画质基本相同的两幅图，JPEG 格式的数据量要比 BMP 格式的小得多。JPEG 格式很智能，如图 2.8 中左图的山水照有大面积相似色彩，给予较大的压缩率，而对右图这类非常热闹的人群照则给予较小的压缩率。

图 2.8   JPEG 格式能对不同照片采用不同的压缩率

3．图像的基本属性

图像分辨率是指图像中存储的信息量，典型的是以像素/英寸来衡量。对同样大小的一幅图，如果组成该图的图像像素数目越多，则说明图像的分辨率越高，看起来就越逼真。

显示分辨率与图像分辨率是两个不同的概念。显示分辨率是指显示屏上能够显示出的像素数目。例如，显示分辨率为 640×480 表示显示屏分成 480行，每行显示 640 个像素，整个显示屏就含有 307 200 个显像点。屏幕的分辨率越高，说明显示设备能显示的内容越多。在分辨率为 640×480 的显示屏上，一张 320×240 的图像只占显示屏的 1/4；尺寸为 1024×768 的图像就只能显示一部分了。

颜色深度用来衡量每个像素储存信息的位数，决定可以标记为多少种色彩等级的可能性。当存储位为 1 位时，只能表现 2 种颜色，即"单色位图"；当储存位为 4 位时，可以表达 16 种颜色，即"16 色位图"；"256 色位图"的每个像素要用 1 字节存储；"24 位位图"的每个像素有 3 字节，分别存储 R、G、B 三个分量的值。图 2.9 显示了一幅真彩色（24 位）图像和将之颜色深度减至 8 位、4 位、1 位时的效果。

【例 2-11】   一幅图像的每个像素用 R、G、B 三个分量表示，若每个分量使用 8 位，一个像素需要 24 位来表示，此时图像的颜色深度为 24 位。该图像可以表达的颜色数目是多少?

答: 可以表达的颜色数为 2^{24}=16 777 216。

人的眼睛是很难分辨出那么多种颜色的。这种图也叫真彩色图像。

24 位位图

256 色位图

16 色位图

单色位图

图 2.9　颜色深度

4．图像格式

各种图像文件的制作方式有着共同的编码原理。每种图像文件除图像数据外都需要存储识别信息。一个图像文件若只存储图像数据,程序则难以解读出正确的图像数据。因此,在图像文件内部必须建立识别信息,用于定义图像的各项参数,如图像的宽度和高度、颜色种类、调色板数据等。这样可以避免程序读取数据时发生错误。识别信息通常包括文件识别信息(如包括图像文件的识别码与版本代号识别码用于判断这个文件应为哪种文件格式)和图像识别信息(如图像的宽度和高度、颜色种类、调色板数据)。

通常,图像文件内只要有识别信息和图像数据,就已经是个完整的图像文件,可以供程序任意存取。不过图像内容经常包含庞大的数据,若不经过压缩处理就直接存入文件,会占用很大的存储空间,所以图像文件多半会运用某种压缩原理,减少存储图像所需的数据,以达到节省存储空间的效果。所以,在图像文件编码过程中图像数据和识别信息是必不可少的两项。压缩原理则是经常被采用的要素。

目前,图像文件之所以会有不同类型的格式,主要是在文件编码的过程中定义了不同的识别信息和压缩方法。若能理解识别信息的用途和压缩原理的编码规则,就不难读写各类图像文件,甚至自行设计出一种图像文件格式。

以下是一些常见的图像格式。

BMP 格式：微软 Windows 应用程序所支持的，特别是图像处理软件，基本上都支持 BMP 格式。BMP 格式可简单分为黑白、16 色、256 色、真彩色几种格式，其中前 3 种有彩色映像，在存储时可使用 RLE 无损压缩方案进行压缩，可节省磁盘空间，又不牺牲任何图像数据。随着 Windows 操作系统的广泛普及，BMP 格式影响也越来越大，不过其图像文件的大小比 JPEG 等格式大得多。

GIF 格式（图形交换格式）：一种压缩的 8 位图像文件，目前多用于网络传输，可以指定透明的区域，使图像与背景很好地融为一体。GIF 图像可以随着它下载的过程，由模糊到清晰逐渐演变显示在屏幕上，利用 GIF 动画程序，把一系列不同的 GIF 图像集合在一个文件里，这种文件可以与普通的 GIF 文件一样插入网页。不足之处是只能处理 256 色，不能用于存储真彩色图像。

TIF (TIFF，Tag Image File Format) 文件：由 Aldus 公司和微软公司共同开发设计的图像文件格式，最大特点就是与计算机的结构、操作系统及图形硬件系统无关，可以处理黑白、灰度、彩色图像。存储真彩色图像时与 BMP 格式一样，直接存储 RGB 三原色的浓度值而不使用彩色映像（调色板）。对于介质之间的交换，TIF 可以称得上是位图格式的最佳选择之一。

PCX 文件：由 Zsoft 公司在 20 世纪 80 年代初期设计，专用于存储该公司开发的 PC Paintbrush 绘图软件所生成的图像画面数据。目前，PCX 文件已成为微机上较流行的图像文件。对存储绘图类型的图像（如大面积非连续色调的图像）合理而有效，而对于扫描图像和视频图像，其压缩方式可能是低效率的。

TGA 格式：由 Truevision 公司为视频摄像机图像而设计，用于帧捕捉的最主要的 24 位图像格式，其典型的图像尺寸为 400×512 个像素，每像素 16、24 或 32 位彩色。目前，各电视台节目制作时叠加的台标和栏目标花多是以 TGA 图片文件引入字幕机的。在电视台节目的制作中，制作人员有时也需要利用非线性编辑设备从录像带上抓取画面（抓帧），然后将所抓画面用于印刷或上网发布新闻图片。这时抓帧所得的图像就是 TGA 格式，可以利用 Photoshop 进行格式转换。

JPEG 格式：几乎不同于当前使用的任何一种数字压缩方式，无法重建原始图像，一般用来显示照片和 WWW 以及在线服务的 HTML（超文本标记语言）文件，能保存 RGB 图像中的所有颜色信息。JPEG 也是一种带压缩的文件格式，但在压缩时文件有信息损失。当需要在网上发布新闻图片时，一般以 JPEG 格式的图片上载。

三、视频的数字化

视频就是利用人眼视觉暂留的原理，通过播放一系列的图片，使人眼产生运动的感觉（实际上就是系列图片）。要使计算机能够对视频进行处理，必须把模拟视频信号进行数字化，形成数字视频信号。视频信号数字化以后，有着再现性好，便于编辑处理，适合于网络应用等模拟信号无可比拟的优点。

1．视频基础知识

视频（Video）就是其内容随时间变化的一组动态图像，所以又叫运动图像或活动图像。它是一种信息量最丰富、直观、生动、具体的承载信息的媒体。

静止的图片称为图像（Image），运动的图像称为视频（Video）。

视频信号具有以下特点：内容随时间的变化而变化，伴随有与画面同步的声音。

视频数字化是将模拟视频信号经模数转换和彩色空间变换转为计算机可处理的数字信号，计算机要对输入的模拟视频信息进行采样与量化，并经编码使其变成数字化信息。

在 PAL 彩色电视制式中采用 YUV 模型来表示彩色图像。其中 Y 表示亮度，U 和 V 表示色差，是构成彩色的两个分量。YUV 表示的亮度信号（Y）和色度信号（U、V）是相互独立的，可以对这些单色图分别进行编码。采用 YUV 模型的优点之一是亮度信号和色差信号是分离的，使彩色信号能与黑白信号相互兼容。由于所有的显示器都采用 RGB 值来驱动，所以在显示每个像素之前，需要把 YUV 彩色分量值转换成 RGB 值。

2．视频数字化过程

（1）采样

由于人的眼睛对颜色的敏感程度远不如对亮度信号灵敏，所以色度信号的采样频率可以比亮度信号的采样频率低，以减少数字视频的数据量。

采样格式分别有 4:1:1、4:2:2 和 4:4:4 三种。其中，4:1:1 采样格式是指在采样时每 4 个连续的采样点中取 4 个亮度 Y、1 个色差 U 和 1 个色差 V 共 6 个样本值，这样两个色度信号的采样频率分别是亮度信号采样频率的 1/4，使采样得到的数据量可以比 4:4:4 采样格式减少一半。

（2）量化

采样是把模拟信号变成时间上离散的脉冲信号，量化则是进行幅度上的离散化处理。

在时间轴的任意一点上量化后的信号电平与原模拟信号电平之间在大多数情况下存在一定的误差，我们通常把量化误差称为量化噪波。

量化位数愈多，层次就分得愈细，量化误差就越小，视频效果就越好，但视频的数据量也就越大。所以在选择量化位数时要综合考虑各方面的因素。

（3）编码

经采样和量化后得到数字视频的数据量将非常大，数据量太大导致保存和传输受限，如一帧标清分辨率（720×576）原始视频数据要占用720×576×3=1 244 160 Bytes=9 953 280 bit，一秒的实时数据就是近250 MB。所以，在编码时要进行压缩。

视频图像数据有极强的相关性，即有大量的冗余信息，具有进行高比例压缩的潜力。其中冗余信息可分为空域冗余信息和时域冗余信息。压缩技术就是将数据中的冗余信息去掉（去除数据之间的相关性），压缩技术包括帧内图像数据压缩技术、帧间图像数据压缩技术和熵编码压缩技术等。

视频编码技术主要有 MPEG 和 H.261 标准。

MPEG 标准是面向运动图像压缩的一个系列标准，包括 MPEG 视频、MPEG 音频和 MPEG 系统（视频、音频和同步）3 部分。

H.261 标准化方案的标题为 "64 kbps 视声服务用视像编码方式"，又称为 P×64 kbps 视频编码标准。

3．常见数字视频格式及特点

(1) AVI

AVI是微软公司开发的一种符合RIFF文件规范的数字音频与视频文件格式。格式允许视频和音频交错记录、同步播放，支持 256 色和 RLE 压缩，是PC 上最常用的视频文件格式。

在 AVI 文件中，运动图像和伴音数据以交替的方式存储，播放时，帧图像顺序显示，其伴音声道也同步播放。以这种方式组织音频和视像数据，可使得在读取视频数据流时能更有效地从存储媒介得到连续的信息。

(2) DV

由索尼、松下、JVC 等一些厂商联合提出的一种家用数字视频格式。目前，非常流行的数码摄像机就是使用这种格式记录视频数据的。它可以通过IEEE 1394 端口传输视频数据到计算机，也可以将计算机中编辑好的视频数据回录到数码摄像机中。

这种视频格式的文件扩展名一般是 .avi，所以也叫 DV-AVI 格式。

(3) MOV

MOV (Movie Digital Video) 是 Apple 公司针对其 Macintosh 机推出的文件格式。

(4) MEPG

MEPG 是运动图像压缩算法的国际标准，采用有损压缩方法减少运动图像中的冗余信息，在显示器扫描设置为 1024×768 像素的格式下可以用25 帧/秒（或 30 帧/秒）的速率同步播放视频图像和 CD 音乐伴音，具有很好的兼容性和最高可达 200:1 的压缩比，并且在提供高压缩比的同时，对数据的损失很小。MPEG 标准包括 MPEG-1、MPEG-2、MPEG-4 和MPEG-7。

（5）REAL VIDEO

REAL VIDEO 是 Real Networks 公司开发的一种流式视频（Streaming Video）文件格式。流式视频采用一种边传边播的方法，先从服务器上下载一部分视频文件，形成视频流缓冲区后实时播放，同时继续下载，为接下来的播放做好准备。这种边传边播的方法避免了用户必须将整个文件从 Internet 上全部下载完毕才能观看的缺点。

流式视频主要用来在低速率的广域网上实时传输活动视频影像，可以根据网络数据传输速率的不同而采用不同的压缩比率，从而实现影像数据的实时传送和实时播放。

思考题

1. 计算机为什么要使用二进制？
2. 非十进制数转换成十进制数的规则是什么？
3. 在看计算机书籍时，经常看到十六进制数，为什么不是二进制或十进制？
4. 为什么要有原码、反码和补码不同的编码？
5. 什么是浮点数？设计浮点数是为了什么？
6. 机内码、区位码、国标码、字型码、输入码，它们各用于什么场合？
7. 计算机怎么对西文进行编码？
8. 图像信息数字化包括的 3 个主要步骤是什么？
9. 图像信息数字化的主要技术指标有哪些？
10. 音频信息数字化的主要过程及技术指标有哪些？
11. 现有一篇 70 万字的《红楼梦》常规普通文档、一幅 4240×3036 分辨率的真彩色水墨画《富春山居图》和一首 5 分钟双声道的二胡曲《二泉映月》，请分析上述三种媒体所占的存储容量范围以及可能的大小排序情况。
12. 为什么所有型号的计算机都无法精确表示自然界中的实数？目前，大多数微机所能表示的实数有效位数是多少位？为什么？
13. 为什么电子邮件常常出现乱码？
14. 你了解的压缩算法都有哪些？它们的工作原理是什么？

第三讲

宏观与微观的
计算机系统

当我们谈到计算机系统时，或许很多人的第一反应就是：这是什么品牌的计算机？进而会去关注它的配置是怎样的，CPU 是什么型号？主频多少？内存容量和硬盘容量多少？是不是独立显卡？等等。接着会关注到计算机预装了什么操作系统。如果我们要用计算机进行文字或报表处理、演示文稿制作等，还要安装办公应用软件；如果我们要上网，与他人发个邮件，聊聊天，发个微博，听听音乐，玩玩游戏，买点东西，等等，我们会不断地在计算机中安装各种各样的应用软件；或许，我们还会为计算机连上音响或打印机等外部设备。

正是这些我们看得见的硬件和设备，以及那些似乎看不见但又离不开的操作系统和各式软件，还包括我们使用者一起构成了完整的计算机系统。

事实上，我们在计算机上进行的各种操作，对计算机系统来说，无论从宏观还是微观的视角，都是在软件、硬件配合下完成我们指派给它的任务，那就是：计算！

本讲从我们对计算机系统的感观认知中，对看得见的计算机躯体进行剖析和归纳，了解计算机系统中硬件系统的组成；同时，介绍软件系统作为计算机工作的灵魂与指令、程序和计算有着怎样的关系，以及软件是如何分类的。其中，操作系统作为硬件和软件的大管家，协调和管理着硬件和软件的所有工作，操作系统的功能、组成和载入也是我们需要了解的。当然，也有必要了解一些常用的软件。最后介绍普通大众广为使用的微型计算机。

通过本讲的介绍，我们将了解到：

- ✠ 计算机硬件系统的组成，各硬件子系统的功能是什么？
- ✠ 指令、程序、软件与计算之间存在着怎样的关系？
- ✠ 什么是计算机语言和语言处理程序？
- ✠ 根据什么来划分系统软件和应用软件？
- ✠ 操作系统是什么？操作系统如何载入和管理计算机所有的资源？
- ✠ 常用的软件有哪些？
- ✠ 微机的配置与选购。

本讲旨在从宏观和微观的角度来认识计算机系统，不再孤立地看待硬件系统和软件系统，既有理论层面的介绍，也有具体的实例。大家可以对照平时是怎么在使用计算机的，加深对计算机系统中各概念的认识和理解。

主题一　看得见的计算机躯体——硬件系统

计算机硬件系统是计算机系统中由电子类、机械类和光电类器件组成的各种计算机部件和设备的总称，是看得见、摸得着的一些实实在在的物体，是组成计算机的物理实体，是计算机完成各项工作的物质基础。

计算机的性能，如运算速度、存储容量、计算精度、可靠性等，在很大程度上都取决于硬件的配置。并且，不同类型的计算机，其硬件组成是不一样的。

一、四个子系统构成硬件总系统

按照功能划分，可以将计算机硬件系统划分为四个子系统，即处理器子系统、存储器子系统和输入/输出子系统及三种类型的总线组成的总线子系统，如图 3.1 所示。

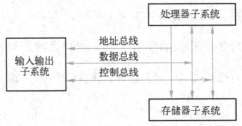

图 3.1　计算机硬件系统构成方框图

1. 处理器子系统

处理器子系统是计算机系统的核心，其功能主要是解释计算机指令以及处理计算机软件中的数据。

2. 存储器子系统

存储器子系统是计算机中存放程序和数据的各种存储设备、控制部件及管理信息调度的设备和算法的总称。存储器子系统实现计算机系统的记忆功能，是保存程序代码和数据的物理载体。

3. 输入/输出子系统

输入/输出子系统是完成信息输入和输出过程的子系统，包括多种类型的输入、输出设备以及连接这些设备与处理器、存储器进行通信的接口电路。

输入/输出子系统的主要功能是控制外设与内存、外设与处理器之间进行数据交换，完成对各种形式的信息进行输入和输出的控制，是计算机系统中重要的软、硬件结合的子系统。

4. 总线子系统

总线是连接多个计算机部件的一组共享的信息传输线，它的主要特征就是它是多个部件共享的传输介质。一个部件发出的信号可以被连接到总线上的其他所有部件接收。

系统总线通常由控制总线、数据总线和地址总线构成，即包含一组控制线、一组数据线和一组地址线。数据线用来承载在源部件和目的部件之间传输的信息（可以是数据、命令等）；地址线用来给出源数据或目的数据所在的主存储单元或输入/输出端口的地址；控制线则用来控制对数据线和地址线的访问和使用。

二、处理器系统

中央处理器（Central Processing Unit，CPU）是计算机进行运算和控制的核心部件，由运算器和控制器组成。中央处理器的作用很像人的大脑，其主要功能是从主存储器中取出指令，经译码分析后发出取数、执行、存数等控制命令，以保证正确完成程序所要求的功能。

1. 中央处理器的功能

中央处理器是计算机系统的核心部件，对整个计算机系统的运行极为重要，它主要有以下 4 个方面的功能。

① 指令控制。若要计算机解决某个问题，程序员要编制解题程序，而程序是指令的有序集合。程序执行的顺序不能任意颠倒，必须按程序规定的顺序执行。因此，严格控制程序的执行顺序是 CPU 的首要任务。

② 操作控制。一条指令的执行要涉及计算机中的若干个部件，控制这些部件协同工作要靠各种操作信号组合起来工作。因此，CPU 产生操作信号传送给被控部件，并能检测其他部件发送来的信号，是协调各工作部件按指令要求完成规定任务的基础。

③ 时序控制。要使计算机有条不紊地工作，对各种操作信号的产生时间、稳定时间、撤销时间及相互之间的关系都应有严格的要求。对操作信号施加时间上的控制，称为时序控制。只有严格的时序控制，才能保证各功能部组合构成有机的计算机系统。

④ 数据处理。要完成具体的任务，就要进行数值数据的算术运算、逻辑变量的逻辑运算以及其他非数值数据（如字符、字符串）的处理。这些运算和处理称为数据处理。数据处理是完成程序功能的基础，因此它是 CPU 的根本任务。

2. 中央处理器的组成

中央处理器（CPU）由运算器和控制器组成。

运算器是中央处理器中完成算术和逻辑运算的部件。算术运算是指各种数值运算，如加、减、乘、除等。逻辑运算是进行逻辑判断的非数值运算，如与、或、非等。

计算机所完成的全部运算都是在运算器中进行的,根据指令规定的寻址方式,运算器从存储器或寄存器中取得需要进行运算的数据（也称为操作数）,进行计算后,送回到指令所指定的寄存器中。运算器的核心部件是加法器和若干个寄存器,加法器用于进行运算,寄存器用于存储参加运算的各种数据以及运算后的结果。

各种计算机的运算器的结构可能有所不同,但它们最基本的逻辑构件是相同的,即都由算术逻辑单元（Arithmetic Logical Unit, ALU）、通用寄存器、累加寄存器、数据缓冲寄存器、程序状态字寄存器等组成。

控制器是计算机的控制指挥部件,也是整个计算机的控制中心,其重要功能是通过向计算机的各个部件发出控制信息,使整个计算机自动、协调地工作。控制器一般由程序计数器、指令寄存器、指令译码器、控制逻辑部件、时序产生器等组成。

控制器负责从存储器中取出指令,对指令进行译码,并根据指令译码的结果,向其他各部件发出控制信号,保证各部件协调一致地工作,完成该指令的功能。当各部件执行完控制器发出的指令后,向控制器发出执行情况的反馈信息。控制器得知指令执行完毕后,就自动取下一条指令执行。

3．中央处理器的主要性能指标

CPU 的性能指标有很多,如主频、字长、外频、倍频、缓存大小、前端总线频率、指令集等,下面仅介绍几个重要的性能指标。

① 主频。主频即处理器的时钟频率,是处理器内核电路的实际运行频率,一般称为处理器运算时的工作频率,简称主频。主频越高,单位时间内完成的指令数也越多。主频的度量单位为兆赫（MHz）、吉赫（GHz）。

② 外频和倍频。外频是 CPU 的基准频率,单位是 MHz。外频是 CPU 与主板之间同步运行的速度。由于 CPU 工作频率不断提高,一些其他设备（如插卡、硬盘等）受到工艺的限制,不能承受更高的频率,因此限制了 CPU 频率的进一步提高。于是出现了倍频技术,该技术能够使 CPU 内部工作频率变为外部频率的倍数,通过提升倍频而达到提升主频的目的。倍频技术就是使外部设备可以工作在一个较低外频上,CPU 主频是外频的倍数,即主频＝外频×倍频。

③ 字长。字长是指处理器一次能够完成二进制运算的位数,如 8 位、16 位、32 位、64 位。它直接关系到计算机的计算精度、功能和速度。字长越长,计算精度越高,处理能力越强。为了兼顾精度和硬件代价,许多计算机允许变字长运算,如支持半字长、全字长、双倍字长或多倍字长运算等。

④ 缓存。内部缓存,即通常所说的一级缓存（L1 Cache）,是与 CPU 共同封装于芯片内部的高速缓存,是为了解决 CPU 与主存之间的速度不匹配

而采用的一项重要技术。

　　缓存的工作原理是当 CPU 要读取一个数据时，首先从缓存中查找，如果找到，就立即读取并送给 CPU 处理；否则，用相对慢的速度从内存中读取并送给 CPU 处理，同时把这个数据所在的数据块调入缓存中，可以使得以后对整块数据的读取都从缓存中进行，不必再调用内存。当然，现在很多 CPU 上还有二级缓存（L2 Cache）、三级缓存（L3 Cache），其作用与一级缓存类似。

三、存储器系统

　　存储器（Memory）是计算机系统中的记忆设备，用来存放程序和数据，在计算机中占据十分重要的位置。计算机中的全部信息，包括输入的原始数据、计算机程序、中间运行结果和最终运行结果，都保存在存储器中。

　　存储器系统是计算机中存放程序和数据的各种存储设备、控制部件及管理信息调度的设备和算法的总称。第四讲会对存储器子系统作详细介绍。

四、输入/输出系统

　　输入/输出系统（Input and Output System，I/O）是完成信息输入和输出过程的系统，包括多种类型的输入/输出设备（Peripheral Equipment，简称外围设备）以及连接这些设备与 CPU、存储器进行通信的接口电路，是计算机系统的重要组成部分。

1．输入/输出系统简介

　　外围设备的种类相当繁多，有机械式和电动式，也有电子式和其他形式。其输入信号可以是数字式的电压，也可以是模拟式的电压和电流。所以，输入设备的输入信号必须经过必要的处理，以 CPU 能够接收的数字形式送入系统进行处理，这就是输入过程。同理，输出信息也是要经过必要的处理，以人能够识别或外围设备能够接收的形式输出，这就是输出过程。

　　输入/输出设备的工作速度比 CPU 和存储器慢很多，因此必须设计相应的接口（Interface）使输入/输出设备与 CPU 及存储器能够协同工作。接口位于输入/输出设备与 CPU、存储器之间，如图 3.2 所示。

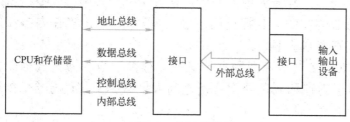

图 3.2　接口示意图

接口通过内部总线与 CPU 与存储器连接，以较高的速度运行，适应 CPU 与存储器高速运行的需要；接口通过外部总线与输入/输出设备连接，以较低的速度与输入/输出设备进行数据交换。因此，接口是在高速的 CPU 与存储器和低速的输入/输出设备之间的缓冲，实现了主机与输入/输出设备数据速度的匹配。

2. 输入/输出设备的信息交换方式

在计算机系统中,考虑到不同外设与 CPU 之间交换数据量的不同和 CPU 与外设工作速度的不同，CPU 与外围设备之间有如下几种信息交换方式。

(1) 程序查询方式

程序查询方式是一种最简单的输入输出方式。数据在 CPU 与外围设备之间的传送完全靠计算机程序控制。程序查询方式的优点是 CPU 的操作和外围设备的操作能够同步，而且硬件结构比较简单。但是外围设备动作很慢，程序进入查询循环时将白白浪费 CPU 的很多时间。即使 CPU 采用定期由主程序转向查询设备状态的子程序进行扫描轮询的办法，CPU 资源的浪费也是可观的。因此，除单片机和数字信息处理机 DSP 外，其他计算机系统一般中不使用程序查询方式。

(2) 程序中断方式

中断是外围设备用来"主动"通知 CPU 准备送出输入数据或输出数据的一种方法。当某一外设的数据准备就绪后，它"主动"向 CPU 发出请求信号。CPU 响应中断请求后，暂停运行现行程序，自动转移到该设备的中断服务子程序，为该设备进行服务，当中断处理完毕后，CPU 又返回它原来的任务，并从它原来停止的地方开始执行。

可以看出，中断方式节省了 CPU 宝贵的时间，是管理 I/O 操作的一个比较有效的方法。中断方式一般适应于随机出现的服务，并且一旦提出要求，就立即执行。同程序查询方式相比，中断方式的硬件结构相对复杂一些，服务开销时间较大。

(3) 直接内存访问方式（DMA 方式）

DMA（直接内存访问）方式是一种完全由硬件执行 I/O 交换的工作方式，既考虑到中断响应，又节约中断开销。在 DMA 方式中，DMA 控制器从 CPU 完全接管对总线的控制，数据交换不经过 CPU，而直接在内存和外围设备之间进行，以高速传送数据。

DMA 方式的主要优点是数据传送速度很高，与中断方式相比，需要更多的硬件，适用于内存和高速外围设备之间大批数据交换的场合，如硬盘、光盘中数据的输入与输出等。

(4) 通道方式

通道是一个具有特殊功能的处理器，某些应用中称为输入输出处理器

（IOP）。CPU 将部分权力下放给通道，通道可以实现对外围设备的统一管理和外围设备与内存之间的数据传送。通道方式大大提高了 CPU 的工作效率。然而这种提高 CPU 效率的方法是以花费更多的硬件为代价的。通道方式主要用在大型计算机中。

（5）外围处理机方式

外围处理机（Peripheral Processor Unit，PPU）方式是通道方式的进一步发展。外围处理机基本上独立于主机工作，它的结构更接近一般处理机，甚至就是微小型计算机。一些系统中设置了多台 PPU，分别承担 I/O 控制、通信、维护诊断等任务。从某种意义上说，这种系统已变成分布式的多机系统。

五、总线系统

总线是连接两个或多个设备的信息传输线，是各部件共享信息的媒介，在计算机系统中起着至关重要的作用。

从物理上来说，总线由许多传输线或通路组成，每条线可传输一位二进制代码，一串二进制代码可以在一段时间内逐一传输，一组传输线可以同时传输若干位二进制代码，如 16 条传输线组成的传输线，可同时传输 16 位二进制代码。

从逻辑上来看，总线就是传输信息的公共通道。当多个部件连接到总线上时，一个设备发出的信号能够被其他所有连接在这条总线上的设备所接收。但如果有两个或两个以上的设备同时向总线发送信号，会导致信号的重叠，这样会引起信号的混淆，不能传输正确的信号。所以在某个时间段内，只允许一个设备向总线发送信号，其他多个设备可以同时从总线上接收信号，这样才能保证信号的成功传输。

使用总线连接有效地减少了连接的复杂性，同时总线减少了电路的使用空间，使系统能够实现小型化、微型化设计。

1. 总线性能指标

衡量总线性能的重要指标主要有：

① 总线带宽，即总线本身所能达到的最高传输速率，单位一般为兆字节每秒，即 MB/s。

② 总线宽度，即在总线内设置的用于传输数据的信号线的数目，单位为二进制位，如 8 位、16 位、32 位、64 位总线等。

③ 总线的时钟频率。

④ 总线的负载能力，限定在总线上可以连接的最大部件的数目。

2. 总线主要分类

按照总线连接部件的性质的不同，总线分为内部总线与外部总线，如图

3.3 所示。

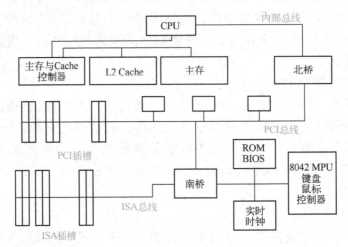

图 3.3　一种微机主板总线路结构框图

（1）内部总线

内部总线主要用于连接计算机主机系统内部的主要功能部件。内部总线根据其传输信息的不同，分为数据总线、地址总线和控制总线。

数据总线用来传输各功能部件之间的数据信息。地址总线主要用来指出数据总线上的数据在主存单元或 I/O 端口的地址。控制总线用来控制对数据总线、地址总线的访问与使用。

（2）外部总线

外部总线主要用于计算机系统的主机与外部设备之间的互联，如图 3.3 中的 PCI 总线、ISA 总线等。由于外部设备之间差别很大，外部总线在形式上与内部总线有很大的差别。

在计算机中，不同厂家生产的同一功能部件（如显卡等）在实现方法上肯定是不相同的，但各厂家生产的部件可以互换使用，其原因何在？就是因为它们都遵守了相同的系统总线的标准，如 ISA、EISA、PCI、PCI Express 等内部总线标准及 SCSI、ATA、USB 等外部总线标准等。

主题二　看不见的计算机灵魂——软件系统

一个完整的计算机系统包括硬件系统和软件系统两大部分。硬件系统是指用于执行输入、处理、存储和输出等各种操作所必需的物理设备，而软件系统是使硬件系统能有效工作所必需的一系列计算机程序。计算机程序基本上是一组用计算机语言编写的逻辑指令，告诉计算机如何完成任务，如图 3.4 所示。

所以说，软件是硬件与用户间必不可少的接口，软件给了硬件以生命，我们常听到一种说法：软件是计算机的灵魂。

图 3.4　软件是硬件与用户间的按口

计算机依靠硬件和软件的协同工作来完成用户各种各样的计算需求，丰富的软件是对计算机硬件功能强有力的扩充，使计算机系统的功能更强，可靠性更高，使用更方便。

计算机软件通常分为系统软件和应用软件两类，如图 3.5 所示。

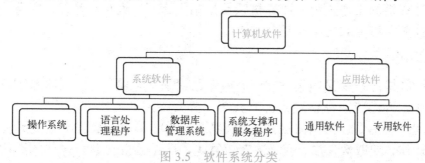

图 3.5　软件系统分类

应用软件必须在系统软件的支持下才能运行。没有系统软件，计算机无法运行；有系统软件而没有应用软件，计算机还是无法解决实际问题。

1．系统软件

系统软件由一组控制计算机系统并管理其资源的程序组成，包括操作系统、语言处理程序、数据库管理系统和系统支撑和服务程序。

系统软件可以看作用户与计算机的接口，为应用软件和用户提供了控制、访问硬件的手段，这些功能主要由操作系统完成。

语言处理程序主要将用面向用户的高级语言或汇编语言编写的源程序翻译成为计算机可执行的二进制语言程序。

数据库管理系统主要用来建立存储各种数据资料的数据库，并进行操作和维护。

此外，各种系统支撑和服务程序也属此类，包括系统诊断程序、调试程序、排错程序、编辑程序、查杀病毒程序，这些都是为维护计算机系统的正常运行或支持系统开发所配置的软件系统，它们从另一方面辅助用户使用计算机。

2. 应用软件

为解决各类实际问题而设计的程序系统称为应用软件。从其服务对象的角度，又可分为通用软件和专用软件两类。

通用软件通常是为解决某一类问题而设计的，而这类问题是很多人都要遇到和解决的，如文字处理、表格处理和电子演示等。

专用软件指具有特殊功能和需求的软件。比如，某个用户希望有一个程序能自动控制车床，同时能将各种事务性工作集成起来统一管理。因为它对于一般用户是太特殊了，所以只能组织人力开发。当然，开发出来的这种软件也只能专用于这种情况。

一、指令、程序和软件

计算机指令就是指挥机器工作的指示和命令。程序是由一系列指令组成的，是为解决某一问题而设计的一系列排列有序的指令的集合，执行程序的过程就是计算机的工作过程。计算机软件是指为运行、维护、管理、应用计算机所编制的所有程序和支持文档的总和。

1. 指令

给计算机的命令又叫指令。一个指令也就是一个操作。控制器靠指令指挥机器工作，人们用指令表达自己的意图，并交给控制器执行。

通常一条指令包括两方面的内容：操作码和操作数。操作码规定计算机进行何种操作，如取数、加、减、逻辑运算等。操作数指出参与操作的数据在存储器的哪个地址中，操作的结果存放到哪个地址。整条指令以二进制编码的形式存放在存储器中。当 CPU 得到一条指令以后，控制单元就解释这条指令，指挥其他部件完成这条指令。

指令的执行过程如图 3.6 所示。首先是取指令和分析指令。按照程序规定的次序，从内存储器取出当前执行的指令，并送到控制器的指令寄存器中，对所取的指令进行分析，即根据指令中的操作码确定计算机应进行什么操作。其次是执行指令。根据指令分析结果，由控制器发出完成操作所需的一系列控制电位，以便指挥计算机有关部件完成这一操作，同时为取下一条指令做好准备。

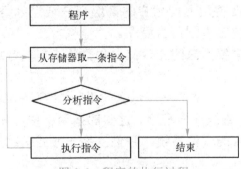

图 3.6　程序的执行过程

所谓指令集,就是 CPU 中用来计算和控制计算机系统的一套指令的集合,而每种型号的 CPU 在设计时就规定了一系列与其硬件电路相配合的指令系统。指令集的先进与否也关系到 CPU 的性能发挥,也是 CPU 性能体现的一个重要标志。

2. 程序

程序是为解决某一问题而设计的一系列有序的指令或语句的集合。分析要求解的问题,得出解决问题的算法,并且用计算机的指令或语句编写成可执行的程序,就称为程序设计。

任何计算机程序都具有下列特性。

- ❖ 目的性:程序都是为了实现某个目标或完成某个功能。
- ❖ 确定性:程序中的每一条指令都是确定的,而不是含糊不清或模棱两可的。
- ❖ 有穷性:一个程序不论规模多大,都应当包含有限的操作步骤,能够在一定时间范围内完成。
- ❖ 有序性:程序的执行步骤是有序的,不可随意更改程序的执行顺序。

3. 软件

计算机软件(Computer Software)是指计算机系统中的程序、数据及其文档。程序是计算任务的处理对象和处理规则的描述。文档是为了便于了解程序所需的阐明性资料。

二、计算机语言

人与计算机交流信息使用的语言称为计算机语言或程序设计语言。计算机语言通常分为机器语言、汇编语言和高级语言 3 类。

1. 机器语言

机器语言是用二进制代码表示的计算机能直接识别和执行的一种机器指令的集合,是计算机的设计者通过计算机的硬件结构赋予计算机的操作功能。机器语言具有灵活、直接执行和速度快等特点。

用机器语言编写程序,编程人员要首先熟记所用计算机的全部指令代码和代码的涵义,需要自己处理每条指令和每一数据的存储分配和输入输出,需要记住编程过程中每步所使用的工作单元处在何种状态。

这是一件十分烦琐的工作,编写程序花费的时间往往是实际运行时间的几十倍或几百倍。而且,编出的程序全是 0 和 1 的指令代码,直观性差,容易出错。现在,除了计算机生产厂家的专业人员外,绝大多数程序员已经不再去学习机器语言了。

2．汇编语言

为了克服机器语言难读、难编、难记和易出错的缺点，人们就用与代码指令实际含义相近的英文缩写词、字母和数字等符号来取代指令代码（如用 ADD 表示运算符号"＋"的机器代码），于是就产生了汇编语言。

汇编语言中由于使用了助记符号，用汇编语言编制的程序送入计算机，计算机不能像用机器语言编写的程序一样直接识别和执行，必须通过预先放入计算机的"汇编程序"的加工和翻译，才能变成能够被计算机识别和处理的二进制代码程序。

用汇编语言等非机器语言书写好的符号程序称为源程序，运行时汇编程序要将源程序翻译成目标程序。目标程序是机器语言程序，一经被安置在内存的预定位置上，就能被计算机的 CPU 处理和执行，如图 3.7 所示。

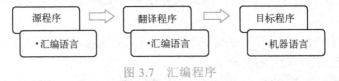

图 3.7　汇编程序

汇编语言的实质与机器语言是相同的，都是直接对硬件操作，因而仍然是面向机器的语言，通用性差，是低级语言，同样需要编程人员将每一步具体操作用命令的形式写出来。

汇编程序的每个指令只能对应实际操作过程中的一个很细微的动作，如移动、自增，因此汇编源程序一般比较冗长、复杂、容易出错，而且使用汇编语言编程需要有更多的计算机专业知识。但汇编语言的优点也是显而易见的，用汇编语言所能完成的操作不是一般高级语言所能实现的，而且源程序经汇编生成的可执行文件比较小且执行速度很快，有着高级语言不可替代的用途。

3．高级语言

不论是机器语言还是汇编语言都是面向硬件具体操作的，语言对机器的过分依赖，要求使用者必须对硬件结构及其工作原理都十分熟悉，这对非计算机专业人员是难以做到的，对于计算机的推广应用是不利的。

随着计算机技术的发展，促使人们去寻求一些与人类自然语言相接近且能为计算机所接受的语意确定、规则明确、自然直观和通用易学的计算机语言。这种与自然语言相近并为计算机所接受和执行的计算机语言称为高级语言。高级语言是面向用户的语言。无论何种机型的计算机，只要配备上相应的高级语言的编译或解释程序，则用该高级语言编写的程序就可以通用。

高级语言是目前绝大多数编程者的选择。与汇编语言相比，高级语言不但将许多相关的机器指令合成为单条指令，并且去掉了与具体操作有关但与完成工作无关的细节，如使用堆栈、寄存器等，这样大大简化了程序中的指令。同时，由于省略了很多细节，编程人员也不需要有太多的硬件专业知识。

高级语言主要是相对于汇编语言而言的，并不是特指某一种具体的语言，而是包括了很多编程语言，如目前流行的 Visual Basic、Visual C++、FoxPro、Delphi、JAVA 等，这些语言的语法、命令格式各不相同。

FORTRAN 语言在 1954 年提出，1956 年实现，适用于科学和工程计算，目前应用面还较广。

Pascal 语言是结构化程序设计语言，适用于教学、科学计算、数据处理和系统软件开发等，目前逐渐被 C 语言取代。

C 语言程序简练、功能强，适用于系统软件、数值计算、数据处理等，目前成为高级语言中使用得最多的语言之一。现在较常用的 Visual C++ 是面向对象的程序设计语言。

BASIC 语言适合初学者，简单易学，人机对话功能能强。至今 BASIC 语言已有许多高级版本，尤其 Visual Basic For Windows 是面向对象的程序设计语言，给非计算机专业的广大用户在 Windows 环境下开发软件带来了福音。

Java 语言是一种新型的跨平台分布式程序设计语言，以简单、安全、可移植、面向对象、多线程处理和具有动态等特性引起世界范围的广泛关注。Java 语言是基于 C++ 的，其最大特色在于"一次编写，处处运行"。但 Java 语言编写的程序要依靠一个虚拟机才能运行。

三、语言处理程序

随着计算机语言的进化，程序也越来越趋近于人而脱离机器。对于用高级语言编写的程序，计算机是不能直接识别和执行的。要执行高级语言编写的程序，首先要将该程序通过语言处理程序翻译成计算机能识别和执行的二进制机器指令，然后供计算机执行。不同的高级语言对应不同的语言处理程序，按转换方式可将它们分为两类：解释和编译。

1. 解释

执行方式类似于我们日常生活中的"同声翻译"，应用程序源代码一边由相应语言的解释器"翻译"成目标代码（机器语言），一边执行，因此效率比较低，而且不能生成可独立执行的可执行文件，应用程序不能脱离其解释器，但这种方式比较灵活，可以动态地调整、修改应用程序，如图 3.8 所示。

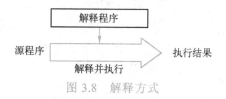

图 3.8　解释方式

2．编译

编译是指在应用源程序执行之前，就将程序源代码"翻译"成目标代码（机器语言），因此其目标程序可以脱离其语言环境独立执行，使用比较方便、效率较高。但应用程序一旦需要修改，必须先修改源代码，再重新编译生成新的目标文件（*.obj）才能执行，只有目标文件而没有源代码，修改很不方便，如图 3.9 所示。

图 3.9　高级语言处理程序

现在大多数的编程语言都是编译型的，如 Visual C++、Visual FoxPro、Delphi 等。

主题三　计算机系统的大管家——操作系统

前面谈到了计算机系统组成中的硬件部分和软件部分，我们把没有安装软件的计算机称之为"裸机"，只有安装了软件后我们才能使用计算机。

接下来谈谈在软件中有一个最重要最基本的称之为操作系统的系统软件，它是计算机系统的大管家，指挥并管理着计算机系统各组成部分的协调和正常工作。谈谈什么是操作系统？它由哪些内容组成？有哪些功能？怎么载入计算机？最后介绍一些常用的操作系统。

一、什么是操作系统

我们在购买选购计算机时，可以听到经销商除了介绍这是某某品牌、CPU、内存、硬盘、显卡等参数外，还会介绍该机预装了 Windows 8 或其他什么软件，这里所说的 Windows 8 就是一个操作系统。

要了解什么是操作系统，我们先要弄清用户、软件和计算机之间的关系。如图 3.10 所示，软件是用户与计算机之间的界面，用户通过软件在操作和管理计算机，如上网、编辑文档、查杀病毒等。

图 3.10　用户、软件与计算机

以最常使用的 Word 为例。Word 可以完成文档创建、文档编辑、文档编排和文档输出等工作，我们只需敲敲键盘和点点鼠标，运用 Word 提供的菜单命令和工具栏工具完成各项工作，根本不用考虑计算机怎么实现我们的任务。事实上，键盘输入如何转为屏幕的显示、文档如何从磁盘上打开装入内存、文档如何存储、文档如何输出等一系列问题无一不在访问和使用计算机的硬件资源。不仅如此，我们有时一边编辑文档，还一边欣赏音乐，通过多个软件在使用计算机。

那么，是这些软件直接使用和管理计算机的硬件资源吗？多个软件如何同时工作？如果是这些软件直接访问和使用机器的硬件资源，将不可避免地存在两个问题。

其一，软件设计效率低下。因为所有的软件在设计时都得考虑如何调用各种机器指令访问和管理各种硬件资源，而对硬件资源的访问和管理工作是每个软件都要涉及的工作。

其二，软件不兼容。因为不同机器提供的指令系统是不一样的，那么在设计每个软件时还必须考虑运行在那种机器平台上的问题。

如果有一个专门的软件来实现对硬件的访问和管理，对其他软件或用户提供统一的接口和服务，那么其他软件只要通过调用这个软件提供的接口和服务实现相应的功能，不直接与具体的硬件打交道，这样就可以解决上述提到的两个问题。另外，为了保证多个软件同时正常地在计算机中运作，必须存在一个计算机系统的管理者进行机器资源的合理分配、管理和调度的工作。所有的这一切一切，就是靠计算机系统的管家——操作系统来实现的。

1. 操作系统的定义

如果我们对图 3.10 进一步细分，可以得到计算机系统的层次结构，如图 3.11 所示。这些层次表现为一种单向的服务关系，外层软件通过约定的方式使用内层软件和硬件提供的服务，这种约定又称为界面（或接口）。

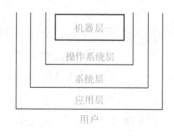

图 3.11　计算机系统层次结构

在计算机系统的层次结构中，最内层是机器层，指硬件设备本身，它的对外界面由机器指令系统组成。位于机器层外面的就是操作系统层，它的对内界面是管理和控制各种硬件资源，对外界面是为用户提供方便服务的一组软件程序集合。这里的用户是指除操作系统之外的所有系统软件、应用软件和计算机用户等，是一个广义的概念，因此我们又把操作系统称为用户和计算机之间的界面。

　　系统层是指除操作系统以外的所有系统软件，主要包括语言处理程序、软件开发工具、软件评测工具、系统维护程序、网络支持软件、数据通信软件、数据库管理系统等，它们在操作系统的支持下为应用层软件和最终用户处理数据提供各种服务。应用层则是为解决某些具体的、实际的问题而开发研制的各种程序，如办公软件等。

　　从图 3.11 中可以看出，操作系统在计算机系统中占有十分重要的地位，是最基本最核心的系统软件，它能够合理分配、管理、调度、计算机的各类资源，控制着计算机所有操作，提供了用户可以存储和检索文件的方法，提供了用户可以请求执行程序的接口，还提供了程序请求执行所需的环境。用户通过操作命令（对于像 Windows 这样的窗口图形界面，实际也是将用户的操作变为内部操作命令），或其他程序通过系统调用来与接口打交道，从而获得系统服务。

　　总结起来，我们可以给操作系统一个如下定义：

　　　　操作系统是管理和控制计算机软硬件资源，合理地组织计算机的工作流程，方便用户使用计算机系统的软件。

2．操作系统的功能

　　操作系统的功能主要体现在对微处理器、存储器、外部设备、文件等计算机资源的管理，操作系统将这些管理功能分别设置成相应的程序管理模块，每个管理模块分管一定的功能。处理器管理负责控制程序的执行。存储管理负责给运行的每个程序分配内存空间，并在程序运行结束后及时回收内存，以便给其他的程序使用。设备管理负责控制管理各种外围设备；文件管理则负责对存放在计算机中的信息进行逻辑组织，维护目录结构，并对文件进行各种操作。

　　（1）处理器管理

　　处理器管理负责控制程序的执行。因为 CPU 在某一时刻只能做一件事情，而人们主观上相信计算机能同时处理很多应用。为了制造同时做多件事的假象，操作系统必须每秒在不同的进程之间切换，而且每秒钟切换的次数可能多达数千次。

　　通常，人们倾向于将进程看作是一个应用程序，但这并没有全面给出进程与操作系统和硬件之间的关联。实际上，应用程序的确是一个进程，但该应用程序可能导致几个其他进程开始运行，如与其他设备或计算机进行通信的任务。此外，还有大量人们察觉不到的运行的进程，因为它们不会提供直观的证据。例如，Windows 可以同时运行十几个后台进程，以处理网络、内存管理、磁盘管理和病毒检查等，通过 Windows 任务管理器可以看到正在运行的进程，如图 3.12 所示。

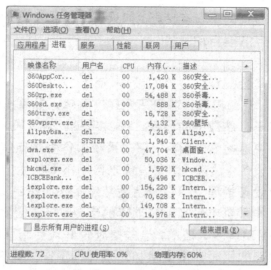

图 3.12　Windows 进程

不管是常驻程序或者应用程序，它们都以进程为标准执行单位。由于大部分的计算机只包含一颗中央处理器，在单内核的情况下多进程只是简单迅速地切换各进程，让每个进程都能够执行，在多内核或多处理器的情况下，所有进程通过协同技术在各处理器或内核上转换。

因此，管理处理器的核心内容可以归结为：① 确保每个进程及应用程序得到足够的处理器时间来实现其正常功能；② 实际工作中尽可能使用更多的处理器周期。

（2）存储管理

存储管理负责给运行的每个程序分配内存空间，并在程序运行结束后及时回收内存，以便给其他程序使用。存储管理的主要任务是：① 每个进程必须具有足够的内存以执行操作，且既不可以在其他进程的内存空间中运行，也可以不让其他进程在这一内存空间运行；② 必须合理使用系统中不同类型的内存，以使每个进程可以高效运行。

根据帕金森定律："你给程序再多内存，程序也会想尽办法耗光"，程序员通常希望系统给他无限量且无限快的存储器。大部分现代计算机存储器架构都是层次结构式的（详细见第四讲信息存储面面观），最快且数量最少的暂存器为首，然后是高速缓存、存储器以及最慢的磁盘存储设备。操作系统必须使用不同类型内存的可用性，来平衡各进程的需求，按照进行的指示计划将数据以块（称为页面）的形式在可用内存之间移动，通过存储管理，查找可用的存储空间、配置与释放存储空间以及交换存储器和低速存储设备的信息等功能。

存储管理的另一个重点活动就是借由 CPU 的帮助来管理虚拟位置。如果同时有许多进程保存在存储设备上，操作系统必须防止它们互相干扰对方的存储器内容。通过对每个进程产生分开独立的位置空间，操作系统也可以轻易地一次释放某进程所占据的所有存储器。如果这个进程不释放存储器，操作系统可以退出进程并将存储器自动释放。

（3）设备管理

计算机系统通常会配置大量外围设备，有专门用于输入/输出数据的设备，如显示器、卡片机、打印机等，它们把外界信息输入计算机，把运算结果从计算机输出；也有用于存储数据的设备，如磁带机、磁盘机、网络存储设备等，以存储大量信息和快速检索为目标，它在系统中作为主存储器的扩充；还有用于某些特殊要求的设备。通常，这些设备来自于不同的生产厂家，型号更是五花八门，如果没有设备管理，用户一定会茫然不知所措。

设备管理是操作系统中最庞杂和琐碎的部分，普遍使用 I/O 中断、缓冲器管理、通道、设备驱动调度等技术，这些措施较好地克服了由于外部设备和主机速度上不配所引起的问题，使主机和外设并行工作，提高了使用效率。

设备管理要达到的主要目标是：提供统一界面、方便用户使用，发挥系统的并行性，提高 I/O 设备使用效率。

由于外围设备的物理特性各不相同，操作系统对它们的管理也有很大差别。为了使这些设备在用户面前具有统一的格式和一致的面貌，对于存储型设备，信息以文件为单位存取；对于输入/输出设备，信息以文件为单位输入输出。这样，用户可以通过"按名存取"文件实现对外围设备的访问，不必考虑直接控制外围设备时应做的许多烦琐工作，这就是操作系统的文件管理功能。

除此之外，实现对外围设备上文件信息的物理存取和设备控制的功能就是操作系统的设备管理功能，包括：① 设备管理为用户提供设备的独立性，使用户不管是通过程序逻辑还是命令来操作设备时都不需要了解设备的具体操作，设备管理在接到用户的要求以后，将用户提供的设备各与具体的物理设备进行连接，再将用户要处理的数据送到物理设备上；② 对各种设备信息的记录、修改；③ 对设备行为的控制。

（4）文件管理

文件管理则负责对存放在计算机中的信息进行逻辑组织，维护目录结构，并对文件进行各种操作。

现代计算机系统通常都会用到大量的程序和数据，由于内存容量有限，又不能长期保存，所以需要将它们以文件的形式存放在外存中，在使用时随时将它们调入内存。为了方便用户和提高系统性能，操作系统增加了文件管理功能，即构成了一个文件系统，负责管理在外存上的文件，并把文件的存取、共享和保护等手段提供给用户。

文件系统要解决的问题有 4 个：单个文件如何组织，多个文件即目录如何管理，磁盘如何存放大大小小的文件，如何尽可能地避免软硬件的错误。

与文件管理相关的概念包括：

① 文件：一组相关信息的集合，任何程序和数据都以文件的形式存放在计算机的外存储器上，文件是数据组织的最小单位。

② 文件名：任何一个文件都有一个名称，文件的操作依据文件名进行。文件名一般由文件主名和扩展名两部分组成，文件主名往往是代表文件内容的标志，扩展名表示文件的类型。

③ 文件夹：其图标像一本书，打开文件夹就像翻开书一样，里边的内容一目了然，非常直观。文件夹和不同类型的文件采用不同的图标，因而很容易区分。

④ 路径：由目录文件和非目录文件组成，从树根到任何一叶节点有且只有一条路径，该路径的全部节点组成一个全路径名，用来唯一标志和定位某一特定文件。

如图 3.13 所示，从 Windows 资源管理器中，要打开和编辑文件"第三讲宏观与微观的计算机系统"，是通过双击文件名进行操作的。当然，我们先要打开"教学"文件夹才能选取文件，它的路径是"E:\计算机基础\教学"，文件的全名为"E:\计算机基础\教学\第三讲\宏观与微观的计算机系统.docx"。图中文件名前的各种图标代表了各种文件类型，如"素材"是个压缩文件、"计算机全景图"是个图片文件，它们都可以通过相应的应用程序进行操作。

图 3.13　资源管理器

二、操作系统的组成

不同类型的操作系统在组成上会有差别，但在本质上操作系统的功能是基本相同的，结构也差不多。前面介绍了操作系统的功能，按照它的功能性结构划分，可以认为操作系统由处理器管理、存储管理、设备管理和文件管理 4 部分组成。操作系统作为用户和计算机的接口以及计算机硬件和其他软件的接口，如果从层次结构划分，操作系统可分为内核（Kernel）和外壳（Shell）两大部分，如图 3.14 所示。

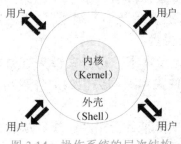

图 3.14　操作系统的层次结构

1．外壳

我们把除操作系统以外的程序和使用计算机的人统称为用户。为了完成用户的请求，操作系统必须能够与用户进行通信。操作系统处理通信的这个部分通常称为外壳（Shell），又称为用户接口。

用户接口通常有两类：命令接口和程序接口。命令接口通常在终端提示符的命令行输入命令，并在提示符下返回命令的响应。程序接口则是系统提供给编程人员的唯一接口，大多数系统以函数形式提供给用户使用。

Shell 最早是由 UNIX 系统提出的概念。早期的 Shell 为一个命令集，通过基本命令完成基本的控制操作。Shell 命令有两种执行方式：一种是会话式输入，即单命令方式；另一种是命令文件方式，即批处理方式。现在的外壳通常是借助图形用户界面（Graphical User Interface，GUI）来实现与用户的通信。在图形用户界面中，操作的对象通过图标的方式显示，用户通过鼠标点击这些图标来发出命令。

MS-DOS 系统将 Shell 称为命令解释器（Command），虽然我们现在很少使用 DOS 系统了，但是实际上 Windows 操作系统的早期版本的本质就是替换了基于 Command 的外壳构建的，操作系统的底层仍然保留了 MS-DOS。目前，Windows 系统仍然保留了命令输入执行方式。例如，在 Windows 7 的 "开始" 菜单的 "搜索程序和文件" 输入框中，输入 "cmd" 后回车，会打开命令执行窗口。例如，用户如果想查看 E 盘下的目录，可以输入 "dir E:" 并回车，运行结果如图 3.15 所示。

但是对于现在的操作系统，我们更多地利用它的图形用户界面进行操作。例如，在 Windows XP 操作系统下，用户想查看 D 盘下的文件目录，可以双击 "我的电脑" 图标打开资源管理器窗口，如图 3.16 所示，再双击 E 盘的图标，就可查看 E 盘下的文件目录。

图 3.15　Command 方式查看 E 盘文件目录

图 3.16　图形用户界面查看 E 盘文件目录

2. 内核

虽然操作系统的外壳在实现计算机的功能中扮演了重要的角色,但是外壳仅仅是用户与操作系统内核之间的一个接口。内核(Kernel)是操作系统的核心程序,位于操作系统的核心层。内核包含一些完成计算机安装所要求的基本功能的核心程序,通常包括以下几部分:

① 文件管理程序。文件管理程序保存了所有存储在外存上文件的记录,

包括每个文件的位置、哪些用户有权进行访问以及外存的哪些部分可以用来建立新文件或扩充现有文件。这些记录被放在单独的与相关文件相连的存储介质中，这样每次存储介质启动时，文件管理程序就能检索相关的文件，从而确定特定的存储介质中存放的是什么。其他软件实体对文件的任何访问都是由文件管理程序来实现的。

② 设备驱动程序。设备驱动程序直接与设备进行通信以完成设备操作。例如，操作系统的键盘驱动程序负责键盘的输入，键盘驱动程序把键盘的机械性接触转换为系统可以识别的 ASCII 码并存放到内存的指定位置，供用户或其他程序使用。每个设备都有对应的设备驱动程序，如果是新设备被安装到计算机上，就必须安装这个设备的驱动程序后才能使用。

③ 内存管理程序。在一个多任务的环境下，操作系统的内存管理要确定将现有程序调入内存运行，再根据需要将另外一个程序调入内存替代前一个程序。或者将内存分为几部分分别供几个程序使用，CPU 在不同的时间片在不同的内存地址范围执行不同的程序。

内核的组成中的还包括调度程序和分派程序。调度程序决定哪个程序被执行，分配程序则为这些程序分配时间片。

三、操作系统的载入

操作系统的功能是管理计算机的全部软件、硬件资源，计算机必须在其硬件平台上载入相应的操作系统后，才能构成正常运转的计算机系统。那么，操作系统本身是如何启动的呢？谁来完成操作系统的载入呢？

1．BIOS（基本输入/输出系统）

在了解操作系统的载入前，让我们先对 CPU 的设计做个了解。对于 CPU 而言，CPU 的设计使得每次 CPU 启动时，它的程序计数器从内存中事先确定的特定地址开始。CPU 在这个特定的地址上找到程序要执行的第一条指令，从概念上讲，就是在这个地址上存储的操作系统。那么，是不是直接将操作系统存储在内存中呢？

答案是否定的。因为计算机的内存是采用易失性技术制造的，计算机关机或断电后，存储在内存中的数据会丢失，所以操作系统不能直接存储在内存中。因此，需要寻找一种方法使得在计算机重启的时候，操作系统重新充满内存的方法。

这个方法就是在计算机的内存中划分了一小部分区域，这部分区域由特定的能永久保存的存储单元所构成。由于存储器的内容只能读不能改变，被称为只读存储器（Read Only Memory，ROM），即使断电信息也不会丢失。当系统开机或重启后，处理器第一条指令的地址会被定位到 ROM，让存储在 ROM 中的程序开始执行。由于 ROM 的容量太小，不足以放下整个操作系统，因此计算机的设计者将操作系统存储在外存中，在 ROM 中只是存放了一个 BIOS。

　　BIOS（Basic Input Output System，基本输入/输出系统）包括了基本输入/输出程序、系统设置程序、开机后自检程序和启动自举程序等，其主要功能是为计算机提供最底层的、最直接的硬件设置和控制。它的任务是负责自检，并从外存中预先确定的位置将分区引导块读入内存，由引导块对操作系统进行引导，将操作系统从外存储器中调入内存，接下来由操作系统控制计算机的所有活动。

2. CMOS 与 BIOS 的区别

　　CMOS（Complementary Metal-Oxide-Semiconductor，互补型金属氧化物半导体）是计算机主机板上一块特殊的可读写的 RAM 芯片，是系统参数存放的地方，保存着系统 CPU、软硬盘驱动器、显示器、键盘等部件的信息。关机后，系统通过一块后备电池向 CMOS 供电，以保持其中的信息。如果 CMOS 中关于计算机的配置信息不正确，会导致系统性能降低、零部件不能识别，并由此引发系统的软硬件故障。

　　由于 CMOS 与 BIOS 都跟计算机系统设置密切相关，所以才有 CMOS 设置和 BIOS 设置的说法。也正因为如此，经常会有人将 BIOS 与 CMOS 混为一谈。在 BIOS ROM 芯片中有一个程序称为"系统设置程序"，用来设置 CMOS RAM 中的参数。这个设置 CMOS 参数的过程习惯上也称为"BIOS 设置"，准确的说法应是通过 BIOS 设置程序对 CMOS 参数进行设置，而我们平常所说的 CMOS 设置和 BIOS 设置是其简化说法，在一定程度上造成了两个概念的混淆。

　　BIOS 设置一般在开机时按一个键或一组键即可进入，一般是按 Delete 键（不同的系统可能使用不同的进入键，通常开机时屏幕上都有提示）。BIOS 设置程序提供了良好的界面供用户使用，如图 3.17 所示（不同的 BIOS 设置界面也有所区别）。用户可以通过上下左右键来选择设置的项目，BIOS 退出时会提示是否保存，按 Esc 键直接退出设置程序，按 F10 键保存设置的参数并退出设置程序。

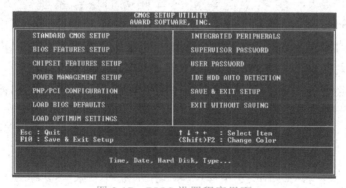

图 3.17　BIOS 设置程序界面

例如，可以进入 "STANDARD COMS SETUP" 页面设置系统的日期时间，可以进入 "BIOS FEATURES SETUP" 页面的 "BOOT SEQUENCE" 项目设置系统盘的启动顺序，通常设置 C 盘为第一启动盘，如果需要，可以把光盘设置为第一启动盘，这样当系统出问题时，可以从其他盘上启动系统。新设置了参数，系统将重新引导。新购的微机或新增了部件的系统，都需进行 BIOS 设置。

3. 操作系统的启动

在介绍了 BIOS 和 CMOS 的知识后，接下来对操作系统的启动做个小结。我们把在开启计算机后到计算机准备完毕并能接受用户发出命令之间发生的一系列事件称为引导过程，操作系统的启动是由引导过程实现的。具体的引导过程包括以下几个步骤：

① 系统加电，处理器复位，查找含有计算机启动指令的 BIOS。

② BIOS 执行开机自检，检测系统各部件（如总线、时钟、键盘等）是否连接正常并给出检测信息。

③ 将自检结果与 CMOS 中的系统信息进行比较，如果有问题，系统会做出相应的处理。

④ 如果自检成功，BIOS 将外存中的分区引导块载入内存，并执行引导块程序对操作系统核心进行引导，操作系统核心进入内存后立即接管系统，继续系统的初始化等工作。

⑤ 操作系统根据系统配置信息，执行并启动一些系统程序，完成整个系统的启动。

四、常见的操作系统

操作系统从诞生到现在，曾经出现了多种操作系统，有些已淡出市场，有些还在不断推出新的版本。以下介绍一些比较有名和比较常见的操作系统。

1. MS-DOS

DOS 是个人计算机上的单用户单任务的操作系统。DOS 是 Disk Operating System 的缩写，即 "磁盘操作系统"。顾名思义，DOS 主要是一种面向磁盘的操作系统，我们可以通过一些接近于自然语言的 DOS 命令，轻松地完成绝大多数的日常操作。DOS 还能有效地管理各种软件、硬件资源，对它们进行合理的调度，所有的软件和硬件都在 DOS 的监控和管理之下，有条不紊地进行着自己的工作。

DOS 操作系统来自 Tim Paterson 于 1980 年为 Seattle Computer Products 公司编写的 86-DOS（QDOS）操作系统。1981 年，微软买下 86-DOS 版权，修改后成为 IBM PC 系列微机上第一个作业系统，命名为

PC-DOS 1.0。此后，DOS 不断得到改进，形成许多版本，比较著名的是 1984 年推出的 MS-DOS 3.0。从 1981 年到 1995 年的 15 年间，DOS 在 IBM PC 兼容机市场中占有举足轻重的地位。

早期版本的 Microsoft Windows 也是在 DOS 之上运行的应用程序，一直到 Windows for Workgroups 3.11，DOS 才逐渐退居负责开机及加载 Windows 内核的角色。1995 年，Windows 95 以独立操作系统发行，不需要 DOS。在 Windows 95（以及其后发生的 Windows 98 与 ME）中，MS-DOS 内核依然存在。至此，DOS 的开发也随之终止。随着 Windows 的普及，大部分计算机用户都使用 Windows，DOS 也越来越少人使用。

2．Windows

Windows 是微软公司推出的视窗计算机操作系统，是单用户多任务的操作系统。随着计算机硬件和软件系统的不断升级，Windows 操作系统也在不断升级，从 16 位、32 位到 64 位操作系统。

从最初的 Windows 1.0 到大家熟知的 Windows 95/NT/97/98/2000/ME/XP/Server/Vista，一直到 2009 年 10 月发布的 Windows 7、2012 年 10 月发布的 Windows 8，各种版本持续更新，微软一直进行 Windows 操作的开发和完善。

Windows 7 的设计主要围绕 5 个重点：针对笔记本计算机的特有设计，基于应用服务的设计，用户的个性化，视听娱乐的优化，用户易用性的新引擎。Windows 8 系统独特的 metro 开始界面和触控式交互系统，旨在让人们的日常计算机操作更简单和更快捷，为人们提供高效易型的工作环境。

Windows 操作系统是目前个人计算机中的主流操作系统，主要与 Windows 以下特色密切相关。

① 统一的窗口和操作风格。系统中所有应用程序都有相同的外观和操作方式，用户容易上手操作。

② 丰富的应用程序和应用开发程序。在 Windows 系统中，不仅有大量的像 Word 这样的实用程序和工具软件等应用程序，还有诸如 Visual C++ 等的开发工具，用户可以方便地进行二次应用程序开发。

③ 事件驱动程序的运行方式。对于用户的击键、鼠标单击等事件，Windows 支持基于消息循环的程序运行方式，使得用户界面交互更灵活、更友好。

④ 多任务的图形化用户界面。Windows 界面操作直观、简便，而且具有一定的智能性，每个任务都有自己的运行窗口。

⑤ 支持网络和多媒体技术。Windows 的 IE 浏览器可供用户方便地共享网络资源，意味着 Windows 包含支持计算机通信的协议。Windows 还支持不同格式的媒体应用。

⑥ 提供丰富的应用程序接口。开发人员可以借助 Windows 提供的功能强大的应用程序接口 API（Application Programming Interface）函数，开发满足不同需求的应用。

⑦ 广泛的硬件支持。Windows 为很多常用的设备提供了即插即用（Plug and Play）功能，如声卡、网卡、USB 等设备，简化了设备的安装、配置和管理，使系统具有更好的可用性。

3. UNIX

UNIX 是一个通用的、多用户、多任务、分时操作系统，支持多种处理器架构。UNIX 在 20 世纪 60 年代由 AT&T(美国电话和电报)公司的贝尔(Bell)实验室开发，被广泛地运行在大型机、中型机、小型机、工作站到微机上。UNIX 是现代操作系统的代表，具有强大的生命力。它的安全性、可靠性及强大的计算能力赢得了广大用户的信赖。

UNIX 系统具有以下特点。

① UNIX 系统是一个多用户、多任务、分时的操作系统。

② 友好的用户接口。UNIX 不仅向用户提供图形接口、命令接口，而且提供系统调用的编程接口。

③ 可装卸的树型结构文件系统，不仅解决了文件重名问题，还提高了文件检索效率。

④ 设备文件化。所有设备都被看成文件并有相应的文件名，对设备的访问就像访问普通文件一样方便。

⑤ 较强的可移植性。UNIX 绝大部分代码和系统应用软件都使用 C 语言编写，具有较高的执行效率和较强的移植性。

4. Linux

Linux 操作系统是类 UNIX 操作系统的一个分支，由于其源代码开放，经过互联网上所有开放人员的共同努力,已经成为能够支持各种体系结构的操作系统。Linux 不仅在高端工作站和服务器上表现出色,在网络环境下更具优势,也适用于桌面操作系统,有着良好的图形用户界面。随着开源软件的深入人心，越来越多的人加入到 Linux 家族中来，推动这个年轻而又富有生命力的操作系统不断发展。

Linux 有各类发行版，通常为 GNU/Linux，如 Debian（及其衍生系统 Ubuntu、Linux Mint）、Fedora、openSUSE 等。Linux 发行版作为个人计算机操作系统或服务器操作系统，在服务器上已成为主流的操作系统。Linux 在嵌入式方面也得到广泛应用，基于 Linux 内核的 Android 操作系统已经成为当今全球最流行的智能手机操作系统之一。

Linux 是一个类 UNIX 的操作系统，除了继承 UNIX 多用户、多任务的基本特征以及其他一些优点外，Linux 系统的突出特点如下：

① 多平台。Linux 的最大优点就是能运行于多种平台，是目前跨平台最广的操作系统。

② 功能完善。Linux 包含了人们期望操作系统所拥有的特性，不仅是 UNIX 的，也吸取了其他操作系统的功能。

③ 内核模块化好。Linux 内核采用模块化设计，非常便于操作系统的扩充，而且 Linux 是自由软件，任何人都可以获得其源代码进行修改、实现自己的功能需求。

④ 强大的通信和网络功能。Linux 支持众多的网络设备和网络协议，提供了丰富的网路服务功能。

⑤ 具有出色的稳定性和速度性能。Linux 系统可以长时间不停机运行，表现出很强的健壮性。

5．Mac OS

Mac OS 是苹果（Apple）公司为其 Macintosh 计算机设计的操作系统，简称 Mac。Mac 系统是苹果机专用系统，苹果公司不但生产 Macintosh 计算机的大部分硬件，连 Macintosh 所用的操作系统都是它自行开发的，正常情况下，在普通 PC 上无法安装 Mac 操作系统。

Mac OS 是首个在商用领域成功的图形用户界面，至今已经推出了 10 代，目前最新的系统版本是 Mac OS X 10.9 版。Mac OS 具有很强的图形处理能力，其性能和功能被公认为是微机或图形工作站等机器上最好的操作系统。

Mac OS 的特点是易用、可靠而且安全性高。在 PC 用户还必须使用命令行操作系统的年代，Macintosh 计算机用户就已经用上图形用户界面了。

Mac OS 操作系统界面非常独特，突出了形象的图标和人机对话。Mac OS 的内核是基于 UNIX 的，而且包括工业级的内存保护功能，使得系统错误或冲突发生的概率变得很低。Mac OS 从 UNIX 继承了很强的安全性，将安全漏洞的数量和黑客通过漏洞侵入系统所造成的损害减少到一个很低的水平。另一个使用 Mac OS 有助于计算机安全的原因是，只有少数病毒是针对 Mac 机用户的，现在疯狂肆虐的计算机病毒几乎都是针对 Windows 的。

6．iOS

iOS 操作系统是由苹果公司开发的手持设备操作系统。苹果公司最早于 2007 年 1 月 9 日的 Macworld 大会上公布这个系统，最初是设计给 iPhone 使用的，后来陆续套用到 iPod touch、iPad 及 Apple TV 等苹果产品上。iOS 与苹果的 Mac OS X 操作系统一样，也是以 Darwin 为基础的，因此同样属于类 UNIX 的商业操作系统。原本这个系统名为 iPhone OS，直到 2010 年 6 月 7 日 WWDC 大会上宣布改名为 iOS。

7．Android

Android（安卓）是一种以 Linux 为基础的开放源代码操作系统，主要使用于便携设备。Android 操作系统最初由 Andy Rubin 开发，主要支持手机，2005 年由 Google 收购注资，并组建开放手机联盟开发改良，逐渐扩展到平板计算机及其他领域上。

8．Chrome OS

Chrome OS 是由谷歌开发的一款基于 Linux 的操作系统，发展出与互联网紧密结合的云操作系统，工作时运行 Web 应用程序。谷歌在 2009 年 7 月 7 日发布 Chrome OS，并在 2009 年 11 月 19 日以 Chromium OS 之名推出相应的开源项目，并将 Chromium OS 代码开源。与开源的 Chromium OS 不同的是，已编译好的 Chrome OS 只能用在与谷歌的合作制造商的特定的硬件上。

Chrome OS 同时支持 Intel x86 及 ARM 处理器，软件结构简单，可以理解为在 Linux 的内核上运行一个使用新的窗口系统的 Chrome 浏览器。对于开发人员来说，Web 就是平台，所有现有的 Web 应用可以完美地在 Chrome OS 中运行，开发者也可以用不同的开发语言为其开发新的 Web 应用。

主题四　计算机软件应用与服务

本主题着重于信息处理的角度来诠释软件，将概要讲解软件在信息处理的作用和特点，以及软件在信息社会中的重要地位。

一、软件与信息处理

1．信息处理的一般过程

数据是能够由计算机处理的字符和符号记录，信息是经过加工、有价值的数据。信息处理总体上可分为 3 个基本环节：信息输入、信息加工和信息输出。

计算机是现代社会中强有力的信息处理工具。数码摄影摄像、数码录音、键盘与手写输入、扫描、传感器等都属于信息采集类操作。这类操作的目的是将信息从现实社会中剥离出来，转换成二进制信息，输入到计算机中。变换、传输、存储、搜索、排序、编辑、压缩、解码、加密、解密等属于信息加工类，这类操作的目的是对信息进行加工和传输。显示、播放、打印等属于信息输出类操作。

2．信息处理各过程的软件实现

软件已渗透到信息处理的各个环节，从信息的采集、输入、存储到信息交换、变换、传输，乃至信息输出，到处都有软件在工作。

在信息的输入过程中，最起码要有一个输入界面，这个界面就要靠软件来实现。在具体的输入过程中，还要用到更复杂的运算。例如汉字的输入，首先我们用输入码（拼音、五笔码等）找到汉字的机内码并存储，再在汉字库中找出字形码，并把它显示在屏幕上，这一切背后都有软件在忙碌；如果是手写输入的话，那就还需要一个字形识别程序。数据采集更离不开软件的作用，将模拟信号转换成数字信号一般都用软件实现。如数码相机通过光线聚焦，景物成像后聚焦在能够借助电子形式记录光的半导体装置中，然后通过软件将这种电子信息分解为数字数据，运行软件时需要硬件平台，因此数码相机上配有自己的微处理器和存储器。

在信息加工的过程中，软件更是发挥了主力军作用。信息加工为信息处理的主要内容，一般是指信息的变换，常见的有编辑（增、删、改）、排序、筛选、搜索、交换、加密解密、统计汇总、归纳推理等。信息加工的范围相当广，涵盖文字处理、图像处理、事务处理、科学计算、自动控制、辅助设计、管理与决策等领域。而实现这一切信息加工工作的靠的是各类的应用软件。

信息输出过程也离不开软件的作用。与信息输入类似，信息输出一般也要用到格式转换、信号转换等运算，软件同样有着重要的应用空间。例如，常见的打印机上就有自己的微处理器和存储器，来运行相应的信息转换程序。软件还大大丰富了信息的输出方式。借助一定的硬件平台，软件可以大大延伸输出设备的功能，如 CD 播放机软件，实际上我们并没有一个"硬"的播放机出现，而是由纯软件实现，借助显示屏我们得到了一个功能完备的"播放机"。

随着社会信息化程序的提高，软件的作用还会越来越大。软件是信息社会的灵魂。

二、软件开发与常用软件开发技术

软件开发是根据用户要求建造出软件系统或者系统中的软件部分的过程。软件开发是一项包括需求捕捉、需求分析、设计、实现和测试的系统工程。

软件一般用某种程序设计语言来实现，通常采用软件开发工具进行开发。

1. 软件开发各阶段

（1）计划

对所要解决的问题进行总体定义，包括：了解用户的要求及现实环境，从技术、经济和社会因素等 3 方面研究并论证本软件项目的可行性，编写可行性研究报告，探讨解决问题的方案，并对可供使用的资源（如计算机硬件、系统软件、人力等）成本、可取得的效益和开发进度做出估计，制订完成开发任务的实施计划。

（2）分析

软件需求分析就是对开发什么样的软件的一个系统的分析与设想，是一个对用户的需求进行去粗取精、去伪存真、正确理解，然后把它用软件工程开发语言（形式功能规约，即需求规格说明书）表达出来的过程。

本阶段的基本任务是和用户一起确定要解决的问题，建立软件的逻辑模型，编写需求规格说明书文档并最终得到用户的认可。

需求分析的主要方法有结构化分析方法、数据流程图和数据字典等方法。

本阶段的工作是根据需求说明书的要求，建立相应的软件系统的体系结构，并将整个系统分解成若干个子系统或模块，定义子系统或模块间的接口关系，对各子系统进行具体设计定义，编写软件概要设计和详细设计说明书、数据库或数据结构设计说明书、组装测试计划。

在任何软件或系统开发的初始阶段必须先完全掌握用户需求，以期能将紧随的系统开发过程中哪些功能应该落实、采取何种规格及设定哪些限制优先加以定位。系统工程师最终将据此完成设计方案，在此基础上对随后的程序开发、系统功能和性能的描述及限制做出定义。

（3）设计

软件设计可以分为概要设计和详细设计两个阶段。

实际上软件设计的主要任务就是将软件分解成模块，模块是指能实现某个功能的数据和程序说明、可执行程序的程序单元。模块可以是一个函数、过程、子程序、一段带有程序说明的独立的程序和数据，也可以是可组合、可分解和可更换的功能单元，然后进行模块设计。

概要设计就是结构设计，其主要目标就是给出软件的模块结构，用软件结构图表示。详细设计的首要任务就是设计模块的程序流程、算法和数据结构，次要任务就是设计数据库，常用方法还是结构化程序设计方法。

（4）编码

软件编码是指把软件设计转换成计算机可以接受的程序，即写成以某一程序设计语言表示的"源程序清单"。充分了解软件开发语言、工具的特性和编程风格，有助于开发工具的选择以及保证软件产品的开发质量。

当前软件开发中除在专用场合，已经很少使用 20 世纪 80 年代的高级语言了，取而代之的是面向对象的开发语言。面向对象的开发语言和开发环境大都合为一体，大大提高了开发的速度。

（5）测试

软件测试的目的是以较小的代价发现尽可能多的错误。要实现这个目标的关键在于设计一套出色的测试用例（测试数据与功能和预期的输出结果组成了测试用例）。

如何才能设计出一套出色的测试用例，关键在于理解测试方法。不同的测试方法有不同的测试用例设计方法。两种常用的测试方法是白盒法和黑盒法。

白盒法测试对象是源程序,依据的是程序内部的逻辑结构来发现软件的编程错误、结构错误和数据错误。结构错误包括逻辑、数据流、初始化等错误。用例设计的关键是以较少的用例覆盖尽可能多的内部程序逻辑结果。

黑盒法用例设计的关键同样也是以较少的用例覆盖模块输出和输入接口。

白盒法和黑盒法依据的是软件的功能或软件行为描述,发现软件的接口、功能和结构错误。其中接口错误包括内部/外部接口、资源管理、集成化以及系统错误。

(6)维护

维护是指在已完成对软件的研制(分析、设计、编码和测试)工作并交付使用以后,对软件产品所进行的一些软件工程的活动。即根据软件运行的情况,对软件进行适当修改,以适应新的要求,以及纠正运行中发现的错误。编写软件问题报告、软件修改报告。

一个中等规模的软件,如果研制阶段需要一年至二年的时间,在它投入使用以后,其运行或工作时间可能持续五年至十年。那么它的维护阶段也是运行的这五年至十年期间。在这段时间,人们几乎需要着手解决研制阶段所遇到的各种问题,同时还要解决某些维护工作本身特有的问题。做好软件维护工作,不仅能排除障碍,使软件能正常工作,而且还可以使它扩展功能,提高性能,为用户带来明显的经济效益。然而遗憾的是,对软件维护工作的重视往往远不如对软件研制工作的重视。而事实上,和软件研制工作相比,软件维护的工作量和成本都要大得多。

在实际开发过程中,软件开发并不是从第一步进行到最后一步,而是在任何阶段,在进入下一阶段前一般都有一步或几步的回溯。在测试过程中的问题可能要求修改设计,用户可能会提出一些需要来修改需求说明书等。

2. 软件开发技术

软件开发技术即涉及的技术,一般包括软件开发方法、软件开发平台和软件开发环境,其中最主要的还是软件开发方法。开法方法包括程序设计方法,如结构化方法、生命周期法、原型法和面向对象方法等。由于软件开发是一项复杂的系统工程,还会用到软件工程技术、数据库技术和网络开发等一系列技术,涉及面很广。软件开发技术更新换代非常快,新技术层出不穷,下面概要介绍几个典型的软件开发技术。

(1)面向对象技术

面向对象技术强调在软件开发过程中面向客观世界或问题域中的事物,采用人类在认识客观世界的过程中普遍运用的思维方法,直观、自然地描述客观世界中的有关事物。面向对象技术的基本特征主要有抽象性、封装性、继承性和多态性。

（2）中间件技术

中间件（Middleware）是处于操作系统和应用程序之间的软件，也有人认为它应该属于操作系统中的一部分。人们在使用中间件时，往往是一组中间件集成在一起，构成一个平台（包括开发平台和运行平台），但在这组中间件中必须有一个通信中间件，即"中间件=平台+通信"。这个定义也限定了只有用于分布式系统中才能被称为中间件，同时可以把它与支撑软件和实用软件区分开。

（3）嵌入式开发技术

嵌入式是当前发展最快、应用最广、最有发展前景的信息技术应用领域之一，以应用为中心，以计算机技术为基础，软件、硬件可裁剪，适应应用系统对功能、体积、功耗等要求的专用计算机系统；与计算机系统有着明显的区别。嵌入式系统由嵌入式处理器、嵌入式软件、嵌入式应用软件组成。随着微电子技术与计算机技术的发展微控制芯片的功能越来越强大，嵌入式设备也逐渐出现在人们的日常生活中。

（4）网格计算与云计算

网格计算即分布式计算，是一门计算机科学，研究如何把一个需要非常巨大的计算能力才能解决的问题分成许多小的部分，然后把这些部分分配给许多计算机进行处理，最后把这些计算结果综合起来得到最终结果。最近的分布式计算项目已经被用于使用世界各地成千上万志愿者的计算机的闲置计算能力，通过因特网，用户可以分析来自外太空的信号，寻找隐蔽的黑洞，并探索可能存在的外星智慧生命；可以寻找超过 1000 万位数字的梅森质数；也可以寻找并发现对抗艾滋病毒更为有效的药物。

云计算是基于互联网的相关服务的增加、使用和交付模式，通常涉及通过互联网来提供动态易扩展且经常是虚拟化的资源。用户通过计算机、笔记本、手机等方式接入数据中心，按自己的需求进行运算。

（5）互联网开发技术

互联网已完全融入人们的工作、生活和学习中，成为信息社会不可或缺的一部分，但这一切离不开提供这种服务的应用软件系统。互联网上的信息管理与服务主要基于 Web 技术，使用 Web 方式进行应用系统的开发是当前的一种发展趋势。

Web 开发技术涉及 HTML、XML、XSLT、CSS、.NET、Java EE、PHP等。其中，.NET 和 Java EE 技术是目前国际上最流行的两大开发技术。

三、常用应用软件

应用软件种类繁多，包括从一般的文字处理到大型的科学计算和各种控制系统的实现，有成千上万种类型。下面按照软件的不同应用，摘选了一些常用的应用软件，如办公自动化软件、图像处理、辅助设计与制造、科学计算及行业管理等软件。

1. 办公自动化软件

办公自动化（Office Automation，OA）是将办公和计算机网络功能结合起来的一种新型的办公方式，是当前新技术革命中一个技术应用领域，属于信息化社会的产物。办公自动化最普遍的应用有文字处理、排版、电子表格、文件收发登录、电子文档管理、办公日程管理、人事管理、财务统计、报表处理、个人数据库等。

这些常用的功能可做成应用软件包，包内的不同应用程序之间可以快捷地共享信息，高效地协同工作。此类软件包最著名的盒子就是微软公司的办公软件——Microsoft Office。

目前，Microsoft Office 最常用的组件有：

① Word：文字处理软件，被认为是 Office 的主要程序。Microsoft Office Word 在文字处理软件市场上拥有统治份额。

② Excel：电子数据表程序，可进行数字和预算运算的软件程序。

③ Outlook：个人信息管理程序和电子邮件通信软件，包括电子邮件客户端、日历、任务管理都和地址本。

④ Access：关系型数据库管理系统，能够存取 Access/Jet、SQL Server、Oracle 或者任何 ODBC 兼容数据库内的资料。熟练的软件工程师常用它来开发应用软件。

⑤ Visio：流程图绘制软件。

⑥ Publisher：一款入门级的桌面出版应用软件，能提供比 Word 更强大的页面元素控制功能。

2. 图像处理软件

图像处理软件是用于处理图像信息的各种应用软件的总称，专业的图像处理软件有 Adobe 的 Photoshop 系列、基于应用的处理管理软件 Picasa 等，非主流软件有美图秀秀，动态图片处理软件有 Ulead GIF Animator、GIF Movie Gear 等。

Photoshop 是著名的图像处理软件，为美国 Adobe 公司出品，在修饰和处理摄影作品和绘画作品时，具有非常强大的功能。PhotoShop 广泛应用于平面设计、广告摄影、影像创意、网页制作、后期修饰、视觉创意、界面设计等领域。

美图秀秀（又称美图大师）是新一代的非主流图片处理软件，可以在短时间内制作出非主流图片、非主流闪图、QQ 头像、QQ 空间图片。

光影魔术手是一个对数码照片画质进行改善及效果处理的软件,能够满足绝大部分照片后期处理的需要,批量处理功能非常强大。

Ulead GIF Animator:动态图片处理软件 Ulead Gif Animator 是一个简单、快速、灵活、功能强大的 GIF 动画编辑软件。同时,也是一款不错的网页设计辅助工具,还可以作为 Photoshop 的插件使用。丰富而强大的内制动画选项,让我们更方便地制作符合要求的 GIF 动画。它是 Ulead(友立)公司最早在 1992 年发布的一个动画 GIF 制作的工具

GIF Movie Gear 是普通用户制作动画 GIF 文件的最佳工具之一,不仅功能强大,而且界面直观,操作简便,相对于庞大的专业的 GIF 动画制作软件而言,GIF Movie Gear 让普通用户觉得更上手容易、使用更方便。

3．三维软件

目前国际上最流行的三维软件主要包括 3DS Max、Maya 等。

3DS Max 是 Discreet 公司开发的(后被 Autodesk 公司合并)基于 PC 系统的三维动画渲染和制作软件。在 3DS Max 出现以前,工业级的 CG 制作被 SGI 图形工作站所垄断。3DS Max 的出现一下子降低了 CG 制作的门槛,首先开始运用在计算机游戏中的动画制作,后更进一步开始参与影视片的特效制作,如 X 战警 II、最后的武士等。

Maya 是美国 Autodesk 公司出品的世界顶级的三维动画软件,应用对象是专业的影视广告、角色动画、电影特技等。Maya 功能完善,工作灵活,易学易用,制作效率极高,渲染真实感极强,是电影级别的高端制作软件。掌握了 Maya,会极大地提高制作效率和品质,调节出仿真的角色动画,渲染出电影一般的真实效果,向世界顶级动画师迈进。Maya 集成了 Alias、Wavefront 最先进的动画及数字效果技术,不但包括一般三维和视觉效果制作的功能,而且与最先进的建模、数字化布料模拟、毛发渲染、运动匹配技术相结合。在目前市场上用来进行数字和三维制作的工具中,Maya 是首选解决方案。

4．辅助设计软件

AutoCAD 软件是由美国 Autodesk 出品的一款自动计算机辅助设计软件,可以用于绘制、二维制图和基本三维设计。用户不需懂得编程,即可自动制图,因此它在全球广泛使用,可以用于土木建筑、装饰装潢、工业制图、工程制图、电子工业、服装加工等领域。

5．科学计算软件

MATLAB 是 MATrix 和 LABoratory 两词的组合,意为矩阵工厂(矩阵实验室),由美国 Mathworks 公司发布,主要面对科学计算、可视化及交互式程序设计的高科技计算环境。

MATLAB 将数值分析、矩阵计算、科学数据可视化及非线性动态系统的

建模和仿真等诸多强大功能集成在一个易于使用的视窗环境中，为科学研究、工程设计和必须进行有效数值计算的众多科学领域提供了一种全面的解决方案，并在很大程度上摆脱了传统非交互式程序设计语言（如 C、Fortran）的编辑模式，代表了当今国际科学计算软件的先进水平。

MATLAB 和 Mathematica、Maple 并称为三大数学软件。MATLAB 在数学类科技应用软件中在数值计算方面首屈一指。MATLAB 可以进行矩阵运算、绘制函数和数据、实现算法、创建用户界面、连接其他编程语言的程序等，主要应用于工程计算、控制设计、信号处理与通信、图像处理、信号检测、金融建模设计与分析等领域。

MATLAB 的基本数据单位是矩阵，它的指令表达式与数学、工程中常用的形式十分相似，故用 MATLAB 来解算问题要比用 C、Fortran 等语言完成相同的事情简捷得多，并且吸收了像 Maple 等软件的优点，成为一个强大的数学软件。在新的版本中，MATLAB 也加入了对 C、Fortran、C++、Java 语言的支持，可以直接调用。用户也可以将自己编写的实用程序导入到 MATLAB 函数库中方便自己以后调用。此外，许多 MATLAB 爱好者编写了一些经典的程序，用户直接进行下载就可以用。

6. 行业管理软件

（1）财务管理软件

财务管理系统分传统财务管理系统和现代财务管理系统。传统财务管理系统主要以会计业务为基础，在此基础上扩充其他一些财务操作，如总账管理、生产财务报表等。现代财务管理系统是在传统的财务管理系统基础之上，再扩充了其他一些财务操作，大部分是关于理财方面的，如个人所得税计算器、财政预算。目前，现代财务管理系统软件主要有 Oracle 电子商务套件、金碟、用友、易飞 ERP 系列等。

（2）进销存管理软件

进销存管理软件是对企业生产经营中物料流、资金流进行全程跟踪管理，从接获订单合同开始，进入物料采购、入库、领用到产品完成入库、交货、回收货款、支付原材料款等，每一步都为用户提供详尽准确的数据，有效辅助企业解决业务管理、分销管理、存货管理、营销计划的执行和监控、统计信息的收集等方面的业务问题。进销存管理软件在公司的经营销售管理中涉及生产管理、产品库存管理、销售管理、资料档案、客户资源信用管理，资金收付、成本利润等方方面面。此类软件在国内较有影响力的有用友、管家婆、金蝶等。

（3）股票证券软件

股票证券软件的实质是通过对市场信息数据的统计，按照一定的分析模型来给出数（报表）、形（指标图形）、文（资讯链接），用户则依照一定的分析理论，来对这些结论进行解释，也有一些傻瓜式的易用软件会直接给出买卖的建议，如同花顺、大智慧等。

主题五　个人计算机——微型计算机系统

微型计算机简称"微型机"、"微机"、"计算机"，也称为 PC (Personal Computer，个人计算机)，是大规模集成电路发展的产物。微型计算机以中央处理器为核心，配以存储器、I/O 接口电路及系统总线。微型计算机以其结构简单、通用性强、可靠性高、体积小、重量轻、耗电省、价格便宜等特点，成为计算机领域中一个必不可少的分支。

微型计算机在系统结构和基本工作原理上与其他计算机没有本质区别(如图 3.18 所示)。根据外观特征及功能的不同，微型计算机可分为主机和外部设备两大部分。主机安装在主机箱内，在主机箱内有主板、CPU、内存条、显卡、声卡、网卡和电源等。外部设备就是用电缆线通过主板与计算机相连的那些设备，包括：键盘、鼠标、扫描仪等输入设备，显示器、打印机、音箱等输出设备。

主机　　耳机与Mic　　键盘　　显示器　　音箱　　鼠标

图 3.18　微型计算机系统

我们把微型计算机系统必需的硬件设备称为计算机的最小配置，应该包括显示器、键盘、鼠标和主机中的机箱、电源、显卡、主板、内存条、硬盘。其他设备，如声卡、网卡、Modem、音箱等，都是为了增加计算机系统某一方面的功能而添加的。

一、主机

主机安装在主机箱内，在主机箱内有主板、微处理器、内存条、硬盘、声卡、显卡、网卡和电源等。

1. 主板

主板也被称为主机板 (Main Board)、系统板 (System Board) 或母板 (Mother Board)，是微机硬件系统中最大的一块电路板，主板上布满各种电子元件、插槽和接口。主板安装在机箱内，是微机最基本也是最重要的部件之一。

　　主板一般为矩形电路板，是整个微机内部结构的基础，为各种磁和光存储设备、打印机和扫描仪、数码相机等 I/O 设备提供接口，为 CPU、内存、显示卡和其他各种功能卡提供安装插槽。

　　微机是通过主板将 CPU 等各种功能部件和外部设备有机结合在一起，而形成的一套完整的系统。主板性能不佳，则其他一切插在它上面的部件的性能将不能充分发挥出来。主板上的主要部件有 BIOS 芯片、芯片组、扩展槽和对外接口，如图 3.19 所示。

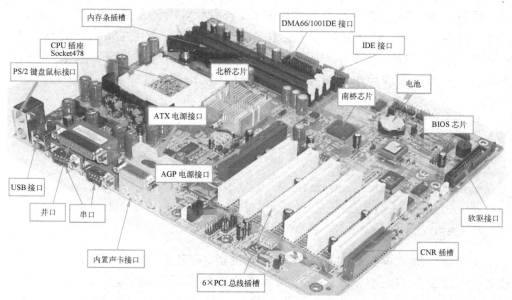

图 3.19　主板

2．微处理器

　　微处理器（如图 3.20 所示）是整个微机硬件系统的核心，负责对信息和数据进行运算和处理，并实现本身运行过程的自动化。其作用相当于人的大脑，控制着整台微机的运行。

图 3.20　常见微机 CPU

3．内存条

微机的内存也就是主存储器，它与 CPU 一起被安装在计算机的主电路板上。内存芯片被做成插件形式，即内存条，可以方便地插到主板上的内存插槽中。可以根据自己的需要组合不同容量的内存空间。图 3.21 是几种常见的内存条。由于内存条设计为非对称结构，因此内存条只有按照唯一的方向才能全部插入内存插槽中，这种设计特点被用于微机系统许多连接装置上，使得非专业人士在扩展自己的系统时非常容易操作而不会导致安装错误。

目前，市场中主要有的内存类型有 SDRAM、DDR SDRAM 和 RDRAM 三种。其中，DDR SDRAM 内存占据了市场的主流，SDRAM 内存规格已不再发展，处于被淘汰的行列。RDRAM 则始终未成为市场的主流，只有部分芯片组支持，而这些芯片组也逐渐退出了市场，RDRAM 前景并不被看好。

DDR　　　　　　　　SDRAM　　　　　　　　RDRAM

图 3.21　内存条

4．硬盘

硬盘是微型计算机最主要的外部存储设备，存放着操作系统、用户程序和数据。硬盘容量的大小就决定着微型计算机存储数据的能力。

微型计算机启动后，操作系统与用户程序就不断地存取其中的内容，所以其性能优劣与微型计算机的性能不能息息相关。早期在微型计算机用的硬盘的接口主要是 IDE 接口，近年来在微型计算机用的硬盘的接口主要是 SATA 接口，并且容量也大大增加，目前单块硬盘容量为 2TB 已经开始在市场上出售。

5．声卡

声卡（Sound Card）是多媒体技术中最基本的组成部分，是实现声波/数字信号相互转换的一种硬件，如图 3.22 所示。声卡的基本功能是把来自话筒、磁带、光盘的原始声音信号加以转换，输出到耳机、扬声器、扩音机、录音机等声响设备，或通过音乐设备数字接口（MIDI）使乐器发出美妙的声音。

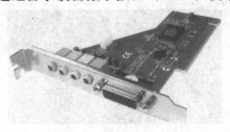

图 3.22　声卡

　　声卡有很多种类型，功能也不完全相同，但有共同的基本功能：能通过话筒录制声音和音乐，并且在录音时可以选择以单声道或多声道录音，还可以控制采样速率。在声卡上有数模转换芯片，用来把数字化的声音转换成模拟信号，也有模数转换芯片，用来把模拟声音信号转换成数字信号。

　　在声卡上一般还有音乐数字接口（MIDI），可以使用 MIDI 乐器，如钢琴、合成器和其他 MIDI 设备。声卡有声音混合功能，允许控制声源和音频信号的大小。高档声卡还能对低音部分和高音部分进行控制，将声音表现得更生动。声卡上一般还有一个或几个 CD 音频输入接口，用以接收 CD-ROM 的声音采集信号。

　　声卡的外部接口有：麦克风插口（Mic）、用来连接音箱或耳机的立体声输出插口（Speaker）、可连接 CD 播放机、单放机合成器等的线性输入插口（Line In）、可连接功放、游戏杆或者 MIDI 设备的输出插口（Line Out）。

　　目前，大多声卡是 PCI 接口的，也有主板上集成的声卡。

6. 显卡

　　显示卡，又叫显示适配器（Display Adapter）或图形加速卡，简称显卡，如图 3.23 所示。显卡的作用是在显示驱动程序的控制下，负责接收 CPU 输出的显示数据，按照显示格式进行变换并存储在显示存储器中，把显示存储器中的数据以显示器所要求的方式输出到显示器。

图 3.23　显卡

　　显卡是连接 CPU 和显示器之间的纽带，通常由显示芯片、显示内存、Flash ROM、VGA 插头及其他外围元件构成。显示卡通常以附加卡的形式安装在计算机主板的扩展槽中，或集成在主板上。

　　显卡的技术指标包括分辨率、显示内存和总线接口。

　　根据采用总线标准的不同，显卡可分为 ISA、VESA、PCI、AGP 等 4 类。目前，PCI 和 AGP 显卡为主，早期微机中使用的 ISA、VESA 显卡现在已经很少见到。显卡的生产厂家与型号繁多，区分显卡的依据是其上的显示芯片，即图形处理器（Graphic Processing Unit，GPU）。目前，主流的 GPU 制造商为美国的 NVIDIA 公司和加拿大的 ATI 公司。

7．网卡

网卡是网络接口卡（Network Interface Card，NIC）的简称，又称为网络适配器。网卡是局域网中最基本的部件之一，是连接计算机与网络的硬件设备，如图 3.24 所示。

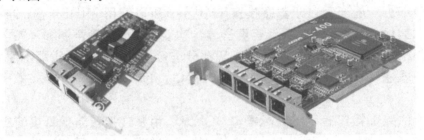

图 3.24　网卡

按其传输速率，网卡可以分为 10M、100M、10M/100M 自适应及 1000M 网卡。按网络接口类型，网卡可分为 PNC、RJ45、光纤接口、无线网卡。按网卡的总线接口类型来分，网卡一般可分为 ISA 接口网卡、PCI 接口网卡、PCI-X 总线接口类型的网卡、PCMCIA 接口类型的网卡。PCI-X 总线接口类型的网卡多用于服务器，PCMCIA 接口类型的网卡多用于笔记本。台式机上常用的为 PCI 接口网卡；ISA 接口网卡基本已经被淘汰。

简单地说，网卡主要完成两大功能：一是读取由网络设备传过来的数据包，经过拆包，将其变成计算机可以识别的数据，并将数据传输到所需设备中；二是将计算机发送的数据，打包后输送到其他网络设备中。

8．电源

电源（如图 3.25 所示）是微机系统的功率部件。计算机中每个部件的电能来源都是依靠电源，是保证计算机硬件正常运作的前提。电源功率的大小、电流和电压是否稳定，将直接影响计算机的工作性能和使用寿命。微机电源主要有 AT 电源和 ATX 电源两种，目前最常用的是 ATX 电源。

图 3.25　电源

9．机箱

机箱作为计算机配件中的一部分，主要作用是放置和固定各计算机配件，起到一个承托和保护作用，还具有电磁辐射的屏蔽的重要作用。

目前，市场上主流机机箱的种类主要有 AT、ATX、MicroATX 三种，如

图 3.26 所示。

AT 机箱　　　　　　ATX 机箱　　　Micro ATX 机箱

图 3.26　机箱

　　AT 机箱主要应用到只能支持安装 AT 主板的早期机器中，目前已经不多见。ATX 机箱是目前常见的机箱，支持现在绝大部分类型的主板。MicroATX 机箱是在 ATX 机箱基础之上，为了进一步节省空间而设计的，所以体积要小一些。

　　机箱按照规格可分为超薄、半高、3/4 高、全高和立式、卧式机箱。

二、外部设备

　　外部设备就是用电缆线通过主板与计算机相连的那些设备，如键盘、鼠标、音箱、耳机、麦克风等。微机中常用的外部设备可分为输入设备和输出设备两大类。常用的外部输入设备有键盘、鼠标、麦克风、扫描仪、光笔、手写输入板、触摸屏、游戏杆、摄像头、数码相机、视频采集卡；常用的外部输出设备有显示器、打印机、音箱、耳机、绘图仪、投影仪等。

1．常用输入设备

　　输入设备（Input Device）是人或外部与计算机进行交互的一种装置，是计算机与用户或其他设备通信的桥梁。

　　（1）键盘

　　键盘（Keyboard）是最常用也是最主要的输入设备，如图 3.27 所示。通过键盘，我们可以将英文字母、数字、标点符号等输入到计算机中，从而向计算机发出命令、输入数据等。键盘由一组按阵列方式装配在一起的按键开关组成，每按下一个键相当于接通了相应的开关电路，把该键的代码通过接口电路送入计算机中。当快速大量输入字符，主机来不及处理时，先将这些字符的代码送往内存的键盘缓冲区，再从该缓冲区中取出进行分析处理。键盘接口电路多采用单片微处理器，由它控制整个键盘的工作，如上电时对键盘的自检、键盘扫描、按键代码的产生、发送及与主机的通信等。

　　目前，键盘与主机连接的接口类型主要有两种：PS/2 和 USB。

图 3.27　键盘

(2) 鼠标

鼠标 (Mouse) 是一种手持式屏幕坐标定位设备，如图 3.28 所示。鼠标是适应菜单操作的软件和图形处理环境而出现的一种输入设备，特别是在现今流行的 Windows 图形操作系统环境下应用鼠标方便快捷。常用的鼠标有两种：机械式和光电式。

图 3.28　鼠标

机械式鼠标的底座上装有一个可以滚动的金属球，当鼠标在桌面上移动时，金属球与桌面摩擦，发生转动。金属球与四个方向的电位器接触，可测量出上下左右四个方向的位移量，用来控制屏幕上光标的移动。光标和鼠标的移动方向是一致的，而且移动的距离成比例。

光电式鼠标的底部装有两个平行放置的小光源。这种鼠标在反射板上移动，光源发出的光经反射板反射后，由鼠标接收，并转换为电移动信号送入计算机，使屏幕的光标随之移动。其他方面与机械式鼠标一样。

鼠标上有两个键的，也有三个键的。最左边的键是拾取键，最右边的键为消除键，中间的键是菜单的选择键。由于鼠标所配的软件系统不同，对上述三个键的定义有所不同。一般情况下，鼠标左键可在屏幕上确定某一位置，该位置在字符输入状态下是当前输入字符的显示点，在图形状态下是绘图的参考点。在菜单选择中，左键（拾取键）可选择菜单项，也可以选择绘图工具和命令，做出选择后系统会自动执行所选择的命令。鼠标能够移动光标，选择各种操作和命令，并可方便地对图形进行编辑和修改，却不能输入字符和数字。

(3) 扫描仪

扫描仪 (Scanner) 是一种高精度的光电一体化的高科技产品，是将各种形式的图像信息输入计算机的重要工具，如图 3.29 所示。图片、照片、胶片到各类图纸图形及各类文稿资为都可以用扫描仪输入到计算机中，进而实现对这些图像形式的信息的处理、管理、使用、存储、输出等。配合文字识别软件，扫描仪还可以将扫描后的文稿转换成文本信息。目前，扫描仪已广泛应用于各类图形图像处理、出版、印刷、广告制作、办公自动化、多媒体、图文数据库、图文通信、工程图纸输入等众多领域。

平板式　　　　　手持式　　　　　滚筒式　　　　　笔式

图 3.29　扫描仪

目前，大多数扫描仪采用的光电转换部件是电荷耦合器件（CCD），可以将照射在其上的光信号转换为对应的电信号，然后由电路部分对这些信号进行 A/D 转换及处理，产生对应的数字信号输送给计算机。机械传动机构在控制电路的控制下带动装有光学系统和 CCD 的扫描头与图稿进行相对运动，将图稿全部扫描一编，一幅完整的图像就输入到计算机中去了。

（4）光笔

光笔（如图 3.30 所示）是依靠计算机内的光笔程序向计算机输入显示屏幕上的字符或光标位置信息的光敏传感器。它的外形像钢笔，上有按钮，以电缆或无线方式与主机相连，常用于交互式计算机图形系统中。在图形系统中光笔将人的干预、显示器和计算机三者有机地结合起来，构成人机通信系统。使用者将光笔指向屏幕，就可以在屏幕上作图改图或进行图形放大、移位等操作，利用光笔能直接在显示屏幕上对所显示的图形进行选择或修改。

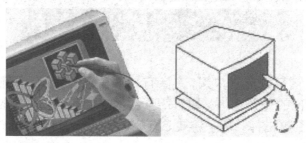

图 3.30　光笔

（5）手写输入板

手写板（如图 3.31 所示）一般是使用一只专用的笔，在特定的区域内书写文字，通过各种方法将笔走过的轨迹记录下来发送给到计算机中，由计算机软件自动完成识别、保存、显示。手写板可用于文本和精确制图，如可用于电路设计、CAD 设计、图形设计、自由绘画等。

图 3.31　手写输入板

(6) 触摸屏

触摸屏（如图 3.32 所示）是一种定位设备，是目前最简单、方便、自然的一种人机交互方式。触摸屏由触摸检测部件和触摸屏控制器组成。触摸检测部件安装在显示器屏幕前面，用于检测用户触摸位置，接受后送触摸屏控制器；而触摸屏控制器的主要作用是从触摸点检测装置上接收触摸信息，并将它转换成触点坐标，再送给 CPU，计算机系统根据触摸的位置做出相应的反应。

按照触摸屏的工作原理和传输信息的介质的不同，触摸屏可分为电阻式、电容感应式、红外线式以及表面声波式 4 种。触摸屏的屏幕类型主要有平面、球面、柱面、液晶 4 种。

图 3.32　触摸屏

触摸屏的应用范围非常广阔，主要有公共信息的查询，如电信局、税务局、银行、电力等部门的业务查询；城市街头的信息查询；还可广泛应用于企业办公、工业控制、军事指挥、电子游戏、点歌点菜、多媒体教学、房地产预售等。

(7) 游戏杆

游戏杆是一种输入设备，由基座和固定在上面作为枢轴的主控制杆组成，作用是向其控制的设备传递角度或方向信号。游戏杆通常有一个或多个按钮，按钮的状态可被计算机识别。

(8) 摄像头

摄像头（Camera）又称为计算机相机、计算机眼等，作为一种视频输入设备，被广泛地运用于视频会议、远程医疗及实时监控等方面。近年来，随着互联网技术的发展，网络速度的不断提高，再加上感光成像器件技术的成熟并大量用于摄像头的制造上，这使得摄像头的价格降到普通人可以承受的水平。普通人也可以彼此通过摄像头在网络进行有影像、有声音的交谈和沟通，还可以将其用于当前各种流行的数码影像、影音处理。

（9）数码相机

数码相机是一种采用数字化格式录制运动或静止图像的相机，它的出现改变了以往将图像传送给计算机的方法。用数码相机拍摄的照片自动存储在相机内部的芯片或存储卡中，然后可以通过 USB 线或者存储卡读卡器输入到计算机中。

数码相机的工作过程就是把光信号转化为数字信号的过程。数码相机就好像普通的照相机和扫描仪的结合体。数码相机的主要部件是称为 CCD 的光敏传感器，光线通过镜头作用到传感器上，再经过芯片将光线转换成数字信号，数字信号经过处理保存在存储器中。

（10）视频采集卡

视频采集卡可以将模拟摄像机、录像机、LD 视盘机、电视机输出的视频信号或者视频与音频的混合信号转化为计算机可以识别的信息后输入计算机中。依据采集图像的质量的高低，视频采集卡可以分为广播级、专业级、民用级三个级别。

2．常用输出设备

输出设备（Output Device）是人与计算机交互的一种部件，用于数据的输出。输出设备把各种计算结果数据或信息以数字、字符、图像、声音等形式表示出来。

（1）显示器

显示器又叫监视器（Monitor），是计算机最主要的输出设备，是人与计算机交流的主要渠道。显示器有两根电缆线，一根是电源线，用于为显示器供电；另一根是信号线，与主机中的显示卡或图形加速卡相连接，用于传输主机送来的信息。目前有 6 种类型的显示器：阴极射线显示器（CRT）、液晶显示器（LCD）、发光二极管显示器（LED）、等离子显示器（PDP）、电致发光显示器（EL）、真空荧光显示器（VFD）。办公或家用主要是前 2 种，如图 3.33 所示。

CRT 显示器　　　　LCD 显示器

图 3.33　显示器

CRT 显示器体积大，比较笨重，且工作时有辐射，但价格相对低廉，色彩还原效果好。LCD 显示器轻巧，没有辐射源，但价格高，色彩还原效果不如 CRT 显示器。

显示器有以下 3 个主要指标。

① 尺寸。显示器的尺寸即显示器屏幕的大小，即屏幕从左上到右下的对角线的长度，常用英寸来表示（1 英寸=2.54cm），有 14、15、17、19、21、23 英寸等。尺寸越大，支持的分辨率通常越高，显示效果也越好。

② 分辨率。显示器的分辨率是指显示器屏幕能够显示的像素数目。分辨率越高，显示的图像越细腻。大部分显示器的分辨已经可支持到 1024×768，有的可以支持到 1920×1080。

③ 点距。点距是两个相邻显示点间的距离。点距越小，画面越精细，但字符越细小；反之，点距越大，字体也越大，目前的显示器的点距大部分为 0.27~0.30 mm。

(2) 打印机

打印机（Printer）是计算机的输出设备之一，用于将计算机处理结果打印在相关介质上。与显示器输出相比，打印输出可产生永久性记录，因此打印设备又称为硬拷贝设备。衡量打印机好坏的指标有 3 项：打印分辨率、打印速度和噪声。按照工作方式，打印机可分为点阵打印机、针式打印机、喷墨式打印机、激光打印机等，如图 3.34 所示。

激光　　　　　喷墨　　　　　针式

图 3.34　打印机

针式打印机在打印机历史占有着重要的地位。针式打印机利用机械传动机构驱动细针陈列打击色带，从而在色带背面的介质上留下打印轨迹。由于价格低廉、打印成本低、易用性，针式打印机曾经在各行各业得到广泛应用，由于打印质量、工作噪声大，也是它无法适应高质量、高速度的商用打印需要，所以现在只有在银行、超市等用于票单打印，其他行业已经很少看到。

喷墨打印机是利用对墨水的不同控制作用，在纸张上打印出不同的文件。因其有良好的打印效果与较低价位的优点因而占领了广大中低端市场。此外，喷墨打印机还具有更灵活的纸张处理能力，在打印介质的选择上，喷墨打印机也具有一定的优势：既可以打印信封、信纸等普通介质，还可以打印各种胶片、照片纸、卷纸、T 恤转印纸等特殊介质。

激光打印机是近年来高科技发展的一种新产物,其核心技术就是所谓的电子成像技术。利用光栅图形处理器产生页面位图,并传到感光鼓上,当纸张经过感光鼓时,就会有不同剂量的着色剂被涂在纸张上,再经过加热器时,着色剂熔化成色。激光打印机为用户提供了更高质量、更快速、更低成本的打印方式。其中,低端黑白激光打印机的价格目前达到了普通用户可以接受的水平。

（3）绘图仪

绘图仪在绘图软件的支持下可以在绘图纸上绘制精确度较高的图形,是各种计算机辅助设计（CAD）和计算机辅助制造（CAM）不缺少的工具。最常用的是 X-Y 绘图仪。现代的绘图仪（如图 3.35 所示）已具有智能化的功能,自身带有微处理器,可以使用绘图命令,具有直线和字符演算处理以及自检测等功能。这种绘图仪一般还可选配多种与计算机连接的标准接口。

绘图仪一般由驱动电机、插补器、控制电路、绘图台、笔架、机械传动等组成。绘图仪除了必要的硬设备之外,还必须配备丰富的绘图软件。只有软件与硬件结合起来,才能实现自动绘图。绘图仪的种类很多,按结构和工作原理可以分为滚筒式和平台式两大类。

图 3.35　绘图仪

滚筒式绘图仪的工作原理如下：当 X 向步进电机通过传动机构驱动滚筒转动时,链轮就带动图纸移动,从而实现 X 方向运动;Y 方向的运动是由 Y 向步进电机驱动笔架来实现的。这种绘图仪结构紧凑,绘图幅面大,但需要使用两侧有链孔的专用绘图纸。

平台式绘图仪的工作原理如下：绘图平台上装有横梁,笔架装在横梁上,绘图纸固定在平台上;X 向步进电机驱动横梁连同笔架,作 X 方向运动;Y 向步进电机驱动笔架沿着横梁导轨,作 Y 方向运动。图纸在平台上的固定方法有三种：真空吸附、静电吸附和磁条压紧。平台式绘图仪绘图精度高,对绘图纸无特殊要求,应用比较广泛。

（4）投影仪

在一些特殊的场合,如展示、教学、学术报告等,使用投影仪作为计算机的显示输出已经非常普遍。投影仪一般有两个接口,一个用于接入计算机的视频信号,另一个为 S 视频接入接口,可以直接接入电视、摄像机、录像机的输出。投影仪的主要技术指标为亮度、色彩数、对比度、画面尺寸、投影距离和均匀度。

投影机自问世以来发展至今已形成三大系列：LCD（Liquid Crystal Display）液晶投影机、DLP（Digital Lighting Process）数字光处理器投影机和 CRT（Cathode Ray Tube）阴极射线管投影机，如图 3.36 所示。

图 3.36　投影仪

LCD 投影机的技术是透射式投影技术，目前最成熟，投影画面色彩还原真实鲜艳，色彩饱和度高，光利用效率很高。LCD 投影机比用相同瓦数光源灯的 DLP 投影机有更高的 ANSI 流明光输出，目前市场高流明的投影机主要以 LCD 投影机为主。LCD 投影机的缺点是黑色层次表现不是很好，对比度一般都在 500:1 左右徘徊，现在有的达到 10000:1 以上。投影画面的像素结构可以明显看到。

DLP 投影机的技术是反射式投影技术，是现在高速发展的投影技术，使投影图像灰度等级、图像信号噪声比大幅度提高，画面质量细腻稳定，尤其在播放动态视频有图像流畅，没有像素结构感，形象自然，数字图像还原真实精确。出于成本和机身体积的考虑，目前 DLP 投影机多半采用单片数字微镜装置（Digital Micromirror Device，DMD）设计，所以在图像颜色的还原上比 LCD 投影机稍逊一筹，色彩不够鲜艳、生动。

CRT 投影机采用的技术与 CRT 显示器类似，是最早的投影技术。CRT 投影机的优点是寿命长，显示的图像色彩丰富，还原性好，具有丰富的几何失真调整能力。由于技术的制约，无法在提高分辨率的同时提高流明，直接影响 CRT 投影机的亮度值。到目前为止，其亮度值始终徘徊在 300 流明以下，加上体积较大和操作复杂，已经被淘汰。

思考题

1. 衡量 CPU 性能的主要技术指标行哪些？
2. 输入/输出设备的常用信息交换方式有哪些？
3. 你知道哪些输入设备、输出设备？
4. 什么是总线？衡量总线性能的重要指标是什么？
5. 系统软件都有哪些？分别起什么作用？
6. 什么是软件？它是由哪几个部分组成的？
7. 手机中的 APP 是不是软件？你经常使用哪些 APP？它们都实现了什么功能？
8. 用 Java 语言编写的程序，计算机能直接执行吗？不能的话，中间又经过了怎样的过程？
9. 什么是操作系统？操作系统都有哪些功能？
10. 目前计算机常见的操作系统有哪些？
11. 你正在使用的智能手机是什么操作系统？有什么特点？
12. 软件开发一般经过哪几个阶段？
13. 微型计算机系统主板上主要有哪些部件？
14. 微型计算机主机有哪些部分组成？
15. 试述 BIOS 和 CMOS 的区别和作用。

第四讲

信息存储
面面观

人类在长期的社会生活、生产和科研过程中积累了大量的信息，信息的保存和传播推动了社会的进步和文化的传承。在计算机出现之前，人们依靠篆刻、抄写或印刷等方式在竹简、石头和纸张等各种介质上保存信息，并藉此进行信息的传递和共享。但是，这种传统的信息存储方式存在的缺陷也是显而易见的，那就是信息存储量有限、信息更新慢、信息检索效率低和信息共享范围小等。

如今，信息在计算机中以二进制的形式存在，利用半导体固态材料、磁性材料、光学材料和其他物理介质进行存储。随着计算机技术的发展和信息量的激增，存储技术和数据管理技术也不断发展，各种信息以不同的编码方式进行表示，计算机系统要对信息进行各种计算（处理和交换），而计算过程中涉及到的原始数据、中间结果和输出结果的保存，都离不开信息的存储。

信息在计算机中究竟是如何存储的？存储器到底有哪些？如何根据信息的处理性质和信息容量来规划存储体系？

在本讲中，我们通过对存储器、分级存储体系、信息在计算机内部处理时的存储以及信息与 CPU 之间的交换方式、需要永久保存的信息存储、大数据时代中信息管理技术等五个主题的介绍，读者将了解和掌握以下内容：

- ✠ 什么是存储器？
- ✠ 存储器都有哪些种类？
- ✠ 衡量存储器性能的指标是什么？
- ✠ 为什么要建立分级存储体系？
- ✠ 内存与外存有什么区别？
- ✠ 什么是数据库系统？
- ✠ 数据库技术的新应用有哪些？

本讲旨在让读者了解各种存储设备，了解分级存储体系如何保证信息在计算机内部的读写速度与硬件处理速度匹配，了解从手工阶段到文件系统阶段再到数据库系统阶段是如何有效保障数据存储的有效性、持久性、安全性和一致性的，从而对贯穿本书的信息与信息计算的方方面面中的重要一环"信息存储"有一定的认识和了解。

主题一　存储器概述

存储器是计算机系统中的记忆设备，是计算机系统的重要组成部分，用来存放程序和数据。存储器的主要功能是存储程序和各种数据，并能在计算机运行过程中高速、自动地完成程序或数据的存取。

现代计算机系统都是以存储器为中心，计算机要开始工作，只有把有关程序和数据装到存储器中，程序才能开始运行。在程序执行过程中，中央处理器所需的指令从存储器中取出，运算器所需的原始数据要通过程序中的访问存储器的读指令从存储器中取出，运算结果在程序执行完成之前必须全部写到存储器中，各种输入/输出设备也直接与存储器交换数据。因此，在计算机运行过程中，存储器是各种信息存储和交换的中心。

存储器是具有"记忆"功能的设备，采用具有两种稳定状态的物理器件来存储信息。计算机中采用只有两个数码"0"和"1"的二进制来表示和存取数据。日常使用的十进制数必须转换成等值的二进制数才能存入存储器中。计算机中处理的各种字符，如英文字母、运算符号等，也要转换成二进制代码才能存储和操作。

计算机中所有的记忆元件有多种，如寄存器、随机存储器（RAM）、只读存储器（ROM）、磁盘、磁带、光盘等，它们各自有不同的存取速率、容量和价格，各类存储器按照层次化方式构成存储器的分层体系结构。

一、存储器的组成

构成存储器的存储介质目前主要采用半导体器件和磁性材料。

存储器中最小的存储单位就是一个双稳态半导体电路或一个 CMOS 晶体管或磁性材料的存储元等，可存储一个二进制代码。这个二进制代码位是存储器中最小的存储单位，称为一个存储位或存储元，由若干个存储位组成一个存储单元，再由许多存储单元组成一个存储器，这些存储单元的集合也称存储体。

根据不同的分类，存储器可以分成不同的种类，不同类别的存储器具有不同的组成结构，下面仅以计算机中的主存储器为例来介绍其组成。主存储器组成如图 4.1 所示。

目前，计算机的主存储器采用半导体器件来存储信息，信息的最小单位称为位（bit），即一个二进制代码 0 或 1。能存储一位二进制代码的器件称为存储元。

通常，中央处理器（CPU）向主存储器送入或从主存储器取出信息时，不能存取单个的"位"，而是用字节（B）和字（W）等较大的信息单位来工作。1 字节由 8 位二进制位组成，而一个字则至少由一个以上的字节组成。而组成一个字的二进制位数叫做字长。

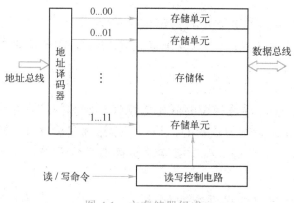

图 4.1 主存储器组成

在主存储器中把保存 1 字节的 8 位存储元称为一个存储单元。存储器是由许多存储单元组成的。每个存储单元对应一个编号，用二进制编码表示，称为存储单元地址。向存储器中存数或者从存储器中取数，都要将给定的地址进行译码，找到相应的存储单元。存储单元的地址只有一个，固定不变，而存储在存储单元中的信息是可以更换的。

存储器是用来存储程序和数据的，程序和数据都是用二进制来表示的。不同的程序和数据对应不同的二进制位串，二进制串的每位（bit）0 或 1 就是由存储器的一个存储位来存储。存储器的容量以字节（Byte，简称"B"）为单位表示，如 640KB、1MB、2GB 等。

二、存储器分类

随着计算机及其器件的发展，存储器也有了很大的发展，存储器类型日益繁多，因而存储器的分类方法也很多。根据不同的分类，存储器可以分成不同的种类。

1. 存储器按与 CPU 的连接和功能分类

① 主存储器。主存储器即 CPU 能够直接访问的存储器，用来存放当前运行的程序及其数据，也称为内存储器。

② 辅助存储器。辅助存储器是为了解决主存储器容量不足而设置的存储器，用来存放当前不参加运行的程序和数据。

③ 高速缓冲存储器。高速缓冲存储器是一种介于主存与 CPU 之间，用来解决 CPU 与主存储器间速度匹配问题的高速小容量存储器。其存取速度接近 CPU 的工作速度，用来存放当前 CPU 经常使用到的指令和数据。

④ 海量后备存储器。磁带存储器和光盘存储器的容量大、速度慢，主要用于信息的备份和脱机存档，因此被用作海量后备存储器。

2. 按存取方式来分类

① 随机存储器（RAM）。RAM 存储器内任何单元的内容均可以随机读取

或写入，而且存取时间与单元的物理位置无关。

② 只读存储器（ROM）。ROM 存储器内的任何单元的内容只能随机的读出，而不能写入新信息。

③ 顺序存取存储器（SAM）。SAM 存储器所存信息的排列、寻址和读写操作均是按顺序进行的，并且存取时间与信息在存储器的位置相关，如磁带存储器。

④ 直接存取存储器（DAM）。DAM 存储器是介于 RAM 与 SAM 之间的一种存储器，即它不能像 RAM 那样随机存取，也不像 SAM 那样完全按顺序存取，如磁盘等。

3．按断电后信息的可保存性分类

按断电后信息的可保存性，存储器可以分为非易失性存储器（Nonvolatile Memory）和易失性存储器（Volatile Memory）。非易失性存储器中存储的信息可一直保留，不需要电源维持，如 ROM、磁表面存储器、光存储器等。易失性存储器中存储的信息在电源关闭时信息自动丢失，如 RAM、Cache 等。

4．按存储介质分类

① 磁芯存储器：采用磁性材料制成环形磁芯，利用它的两个不同剩磁状态存放二进制信息，早期的计算机用它来做主存储器。

② 半导体存储器：用半导体材料组成的存储器，如 RAM、ROM 等。

③ 磁表面存储器：利用涂在基体表面上的一层磁性材料存放二进制代码，如磁盘、磁带等。

④ 光存储器：利用光学原理制成存储器，通过能量高度集中的激光束照在基体表面引起物理的或化学的变化来记忆二进制信息。

存储器的分类如图 4.2 所示。

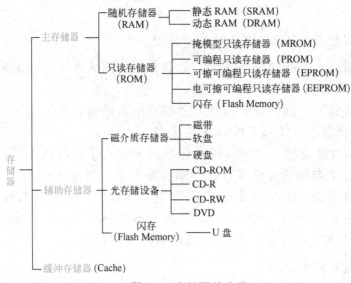

图 4.2　存储器的分类

三、存储设备的性能指标

虽然在计算机出现至今的几十年内,存储器介质和特性已经发生了巨大的变化,衡量其性能的主要技术指标仍然是存储容量、速度、价格和可靠性等。

存储容量是指存储器可以容纳的二进制位数或字(字节)数。多数情况用多少字节来衡量,如一个硬盘的存储容量为 500 GB,某台计算机的内存容量为 4 GB 等。

存储器的速度可以用访问时间、存取周期或带宽来表示。访问时间一般用读出时间及写入时间来描述。读出时间是指从存储器接收到读命令开始至信息被送到数据总线上所需的时间。写入时间是指从存储器接收到写命令开始至信息被写入存储器所需的时间。

存取周期是指存储器进行一次读写操作所需要的全部时间,即存储器进行连续读写操作所允许的最短间隔时间,等于访问时间加上下一次存取开始前所要求的附加时间。存储器的带宽表示存储器被连续访问时可以提供的数据传送速率,通常用每秒钟传送信息的位数(或字节数)来衡量。

存储器的价格可以用总价格或每位价格来衡量,存储器的每位价格等于其总价格除以其存储容量。存储器的总价格应包括存储单元本身的价格以及完成存储器操作所需的外围电路的价格。

存储器的可靠性用平均故障间隔时间(Mean Time Between Failure,MTBF)来衡量。MTBF 越长,表示可靠性越高,即保持正确工作能力越强。

性能价格比是一个综合性指标,对于不同的存储器有不同的要求。对于外存储器,要求容量极大,而对缓冲存储器则要求速度非常快,容量不一定大。

主题二 层次化的信息存储体系

存储器是计算机系统的重要组成部分,用来存放程序和数据。有了存储器,计算机就有了记忆能力,从而能够自动地从存储器中取出保存的指令按序进行各种计算和操作。

计算机中所有的记忆元件有多种,如寄存器、RAM、ROM、磁盘、磁带和光盘等,它们各自有不同的速度、容量和价格,各类存储器按照层次化方式构成存储器的分层体系结构。

一、读写速度、容量和价格的对比

随着现代计算机系统总体技术性能的提高,计算机的应用领域的日益扩大,对存储器的要求也越来越高,既要求存储容量大、存取速度快,又希望成本价格低。这些要求本身是相互矛盾的,也是相互制约的,在目前的技术条件下,这三项指标很难用单一种类的存储器来满足。图 4.3 是几种存储器的容量、价格和速度间的关系。

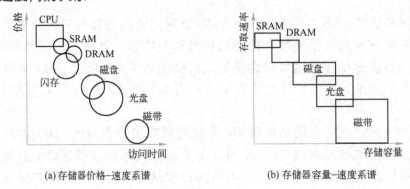

(a) 存储器价格–速度系谱   (b) 存储器容量–速度系谱

图 4.3　存储器价格、容量和速度的关系

从图 4.3 可看出，半导体存储器具有较快的存取速度，但存储容量有限；磁盘和磁带存储容量大，但存取速度慢。为了发挥它们各自的优势，按照一定的体系结构有机地组合起来，即可得到一个分级存储结构的存储系统。

二、分级存储体系

解决计算机中存储器的存储容量、存取速度和成本三者间的矛盾的有效方法是在计算机中采用分级的存储体系，这是把几种存储技术结合起来、互相补充的折中方案，将各种不同容量和不同存取速度的存储器按一定的结构有机地组织在一起，形成分级的层次化的存储器体系结构。程序和数据按不同的层次存放在各级存储器中，整个存储系统在速度、容量和价格等方面具有较好的综合性能指标，图 4.4 是计算机存储系统层次结构示意图。

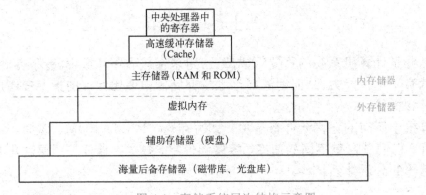

图 4.4　存储系统层次结构示意图

CPU 能直接访问的存储器称为内存储器，包括高速缓冲存储器和主存储器。CPU 不能直接访问的存储器称为外存储器，外存中的信息必须调入内存才能被 CPU 访问和读写。

1．寄存器（Register）

寄存器是中央处理器内在组成部分。寄存器是有限存储容量的高速存储部件，可用来暂存指令、数据和地址。在计算机存储体系架构中，处理器中的寄存器是少量且速度快的计算机存储器，位于存储器层次结构中的顶端，也是系统获得操作数据的最快速途径。

2．高速缓冲存储器（Cache）

高速缓冲存储器是计算机系统中的一个高速、小容量的半导体存储器，位于高速的 CPU 和低速的主存之间，用于匹配这两者的速度，达到高速存取指令和数据的目的。与主存比较，Cache 的存取速度快，但存储容量小。

3．主存储器

主存储器，简称主存，是计算机系统的主要存储器，用来存放计算机正在执行的大量程序和数据，主要由 MOS 半导体存储器组成。

4．外存储器

外存储器，简称外存，是计算机系统的大容量辅助存储器，用于存放系统中的程序、数据文件及数据库。与主存相比，外存的特点是存储容量大，成本低，访问速度慢。目前，外存储器主要有磁盘存储器、磁带存储器和光盘存储器。

5．虚拟内存

虚拟内存是计算机系统内存管理的一种技术，使得应用程序认为自己拥有连续的可用的内存。计算机中所运行的程序均需经由内存执行，若执行的程序占用内存很大或很多，则会导致内存消耗殆尽。为解决该问题，计算机中运用了虚拟内存技术，即匀出一部分硬盘空间来充当内存使用。当内存耗尽时，计算机会自动调用硬盘来充当内存，以缓解内存的紧张。

6．Cache-主存系统

由 Cache 和主存储器构成的 Cache-主存系统的目的是利用与 CPU 速度接近的 Cache 来高速存取指令和数据，以提高存储器的速度。从 CPU 角度看，这个层次的速度接近 Cache，容量和每一位的价格则接近主存。由主存和外存构成的虚拟存储器系统的主要目的是增加存储器的容量。从整体看，其速度接近于主存的速度，其容量接近于外存的容量。计算机存储系统的这种多层次的结构，很好地解决了容量、速度和成本的矛盾。这些不同速度、不同容量、不同价格的存储器，用硬件、软件或软件与硬件相结合的方式连接起来，形成一个系统。

这个存储系统对应用程序员而言是透明的，在应用程序员看来它是一个存储器，其速度接近于最快的那个存储器，存储容量与容量最大的那个存储器相等或接近，其单位容量的价格则接近最便宜的那个存储器。

7. 分级存储体系的工作原理

由于 CPU 能直接访问的存储器为高速缓冲存储器（Cache）和主存，所以 CPU 要使用存放在外存储器中的程序或数据时，就要通过特定算法将需要调入内存储器的内容调入。这时，若当前内存储器的目前剩余容量能够装下要调入的程序或数据时，就直接调入；若内存储器的目前剩余容量不足以装下要调入的程序或数据时，就借用虚拟内存，将需用的程序或数据分批的调入或调出内存储器。

当 CPU 访问主存存储器时，同时访问高速缓冲存储器（Cache）与主存存储器。通过对地址码的分析。可以判断所访问区间的内容是否复制到 Cache 之中。若所需访问区间已经复制在 Cache 中，称为访问 Cache 命中，可以直接从 Cache 中快速读得信息。若访问区间内容不在 Cache 中，称为访问 Cache 未命中，则需从主存中读取信息，并考虑更新 Cache 内容为当前活跃部分。

主题三　信息的舞台——内存储系统

内存是计算机中重要的部件之一，是 CPU 能直接寻址的存储空间。计算机中所有程序的运行都是在内存中进行的，因此内存的性能对计算机的影响非常大。

内存一般采用半导体存储单元，包括随机存储器（RAM）、只读存储器（ROM）。通常情况下，计算机中的各种软件或程序是存放在硬盘等外存储设备上的，要想使其执行起来并发挥作用，必须在 CPU 的控制下，将其从外存储器中调入内存中运行，才能真正使用其功能。

由于技术与成本等原因，目前计算机的内存的容量受到限制，不会特别大。当执行特别大的程序时，计算机的内存将会被就会被"塞满"，甚至会因为内存不够而无法打开文件。另外，现代操作系统基本上是多任务的，需要让多个程序有效而安全地共享主存。

为解决这两个问题，在计算机中采用了虚拟存储技术，即由价格较高、速度较快、容量较小的主存储器和一个价格低廉、速度较慢、容量巨大的辅助存储器组成的存储层次，在系统软件和辅助硬件的管理下就像一个单一的、可直接访问的大容量存储器，以透明方式为用户程序提供一个远大于主存容量的存储空间。

为解决计算机系统 CPU 的运算速度与主存的访问速度极不匹配问题而引入的 Cache，是介于 CPU 和主存之间的小容量存储器，存取速度比主存快，速度接近 CPU，能高速地向 CPU 提供指令和数据，加快程序的执行速度。

一、CPU 与内存

作为控制并执行指令的部件，CPU 对整个计算机系统的运行是极其重要的，不仅要与计算机的其他功能部件进行信息交换，还要控制这些功能部件的操作。

当用计算机解决某个问题时，应当首先编写相应的程序，把程序连同原始数据预先通过输入设备送到存储系统中保存起来。

如图 4.5 所示，当执行这个程序时，在 CPU 的控制下，先将程序与原始数据装载入内存中，由于 CPU 的运算速度快，而主存的访问速度慢，所以在计算机系统中引入与 CPU 运算速度相匹配的高速缓冲存储器（Cache），当 CPU 要执行程序时，就在 CPU 中多个寄存器的配合下，从 Cache 中按顺序逐条取出指令，若该条指令不在 Cache，在 CPU 的控制下，通过某种策略将部分程序从内存中调入 Cache，并将部分当前不用的部分程序调出 Cache，CPU 再分析指令、执行指令，并自动地转入下一条指令。计算机一条一条地执行指令，实现预先设计的程序控制，直到程序规定的任务完成。

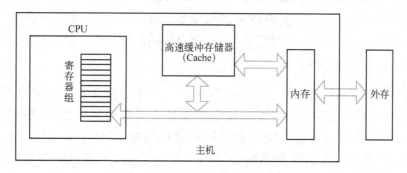

图 4.5 CPU 与存储系统关系示意

CPU 中的寄存器充当临时存储程序与数据的作用。CPU 中至少有 6 类寄存器：指令寄存器（Instruction Register，IR）、程序计数器（Program Counter，PC）、地址寄存器（Address Register，AR）、数据寄存器（Data Register，DR）、累加寄存器（Accumulator，AC）、程序状态字寄存器（Program Status Word，PSW）。

1. 数据寄存器

数据寄存器（Data Register，DR）主要作为 CPU 和主存、外设之间信息传输的中转站，用来弥补 CPU 和主存、外设之间操作速度上的差异。数据寄存器用来暂时存放由主存储器读出的一条指令或一个数据字；反之，当向主存存入一个数据字时，也暂时将它们存放在数据寄存器中。

2. 指令寄存器

指令寄存器（Instruction Register，IR）用来保存当前正在执行的一条指令。当执行一条指令时，先把该指令从主存读取到数据寄存器中，再传送至指令寄存器。

3. 程序计数器

程序计数器（Program Counter，PC）用来指出下一条指令在主存储器中的单元地址。在程序执行之前，必须先将程序的首地址，即程序的第一条指令所在的主存单元地址送入程序计数器。此时，程序计数器的内容即是从主存提取的第一条指令的地址。

4. 地址寄存器

地址寄存器（Address Register，AR）用来保存 CPU 当前所访问的主存单元的地址。由于在主存和 CPU 之间存在操作速度上的差异，所以必须使用地址寄存器来暂时保存主存的地址信息，直到主存的存取操作完成为止。

5. 累加寄存器

累加寄存器通常简称累加器（Accumulator，AC），是一个通用寄存器。累加器的功能是：当运算器的算术逻辑单元（ALU）执行算术或逻辑运算时，为 ALU 提供一个工作区，可以为 ALU 暂时保存一个操作数或运算结果。

6. 程序状态字寄存器

程序状态字（Program Status Word，PSW）用来表征当前运算状态及程序的工作方式。程序状态字寄存器保存由算术指令和逻辑指令运行或测试的结果所建立起来的各种条件码内容，如运算结果进/借位标志（C）、运算结果溢出标志（O）、运算结果为零标志（Z）、运算结果为负标志（N）、运算结果符号标志（S）等，这些标志位通常分别用 1 位触发器保存。

内存是计算机中重要的部件之一，是与 CPU 进行沟通的桥梁，是 CPU 能直接寻址的存储空间。计算机中所有程序的运行都是在内存中进行的，因此内存的性能对计算机的影响非常大。内存也被称为内存储器，用于暂时存放 CPU 中的运算数据，以及与硬盘等外部存储器交换的数据。只要计算机在运行，CPU 就会把需要运算的数据调入内存进行运算，运算完成后 CPU 再将结果传送出来。

我们平常使用的程序，如 Windows 操作系统、打字软件、游戏软件等，一般都是安装在硬盘等外存上的，但仅此是不能使用其功能的，必须把它们调入内存中运行，才能真正使用其功能。我们平时输入一段文字，或玩一个游戏，其实都是在内存中进行的。通常我们把要永久保存的、大量的数据存储在外存上，而把一些临时的或少量的数据和程序放在内存上，当然内存的好坏会直接影响计算机的运行速度。

图 4.6 为目前大多台式计算机所使用的内存条，它由内存芯片、电路板、金手指等部分组成。内存一般采用半导体存储单元，包括 ROM 和 RAM。

图 4.6 常用的台式计算机内存条

二、ROM 和 RAM

主存储器是能由 CPU 直接访问的存储器，存放当前需要执行的程序与需要处理的数据，因此它的性能的高低直接影响着计算机系统的整体性能。主存储器由半导体存储器组成。半导体存储器有随机存储器（Random Access Memory，RAM）和只读存储器（Read Only Memory，ROM）两类。

1. ROM 存储器

ROM 是一种只能读出事先所存数据的固态半导体存储器。在元器件正常工作的情况下，它以非破坏性读出的方式工作。信息一旦写入就永久保存下来，ROM 一般用来存放不需要更改或不需要经常更改的数据或程序，如系统程序、主板上的基本输入/输出系统（BIOS）、字母符号阵列等。

ROM 中存储的信息不容易丢失，但其读取速度比 RAM 慢很多。

从制造工艺及功能上分，ROM 有 5 种：掩模型只读存储器（Mask Programmed ROM，MROM）、可编程只读存储器（Programmable ROM，PROM）、可擦除可编程只读存储器（Erasable Programmable ROM，EPROM）、电可擦除可编程的只读存储器（Electrically Erasable Programmable，EEPROM）、快闪存储器（Flash Memory）。

① MROM。MROM 的特点是只能读出原有的内容，不能人为再写入新内容。原来存储的内容是采用掩膜技术由厂家一次性写入的，并永久保存下来。它一般用来存放专用或固定的程序和数据。

② PROM。与 MROM 一样，PROM 存储的内容在使用过程中不会丢失，也不会被替换。不同的是，PROM 中的内容不是由厂家写入的，而是根据用户的特殊需要把那些不需变更的程序或数据烧制在芯片中，这就是可编程的含义，但它只能写入一次。

③ EPROM。EPROM 具有 PROM 的特点，但存储的内容可以通过紫外

线擦除器擦除，再重新写入新的内容。由于 EPROM 的内容可以反复更改，而运行时又是非易失的，这种灵活性使得它更接近用户。

④ EEPROM。与 EPROM 相同，但是 EEPROM 在擦除与编程方面更加方便。不需要用紫外线照射，也不需取下，就可以用特定的电压，来擦除芯片上的信息，以便写入新的数据。

⑤ Flash Memory。Flash Memory 即闪存，是 EEPROM 改进产品。快闪存储器采用电可擦除技术，其全部内容可以在一至几秒钟内全部被擦除，速度比普通 EEPROM 快得多。另外，快闪存储器还可以用程序控制擦除其内部的某些块，而其他块的内容不受影响。

2．RAM 存储器

RAM 是可读、可写的存储器，故又称为位读写存储器，其特点是可以随时对其中的任意存储单元进行读或写，并且以任意次序读取任意存储单元所用的时间是相同的。通电过程中存储器内的内容可以保持，断电后，存储的内容立即消失。

RAM 是一种集成电路，根据其中元器件的不同，可分为动态 RAM（Dynamic RAM，DRAM）和静态 RAM（Static RAM，SRAM）两大类。

DRAM 是用电容上所充的电荷表示一位二进制信息。因为电容上的电荷会随时间不断释放，所以对 DRAM 必须不断进行读出或写入，以使释放的电荷得到补充，这就是对所存信息进行刷新。DRAM 的优点是所用元件少、功耗低、集成度高、价格便宜，缺点是存取速度较慢并要有刷新电路。由于刷新操作的需要，必须增加相应的电路，而且须解决读写操作和刷新操作的时间冲突。现在的微型计算机中采用 DRAM 作为主存。

SRAM 是用双稳态触发器存放一位二进制信息，只要有电源正常供电，信息就可长时间稳定地保存。SRAM 的优点是存取速度快，不需对所存信息进行刷新，缺点是基本存储电路中包含的管子数目较多、集成度较低、功耗较大。SRAM 通常用于微型计算机的高速缓存。

三、缓存

在计算机系统中，中央处理器（CPU）的运算速度与主存的访问速度极不匹配。例如，主频为 3.2 GHz 的 Intel 酷睿 i7 3930K CPU 的一条指令的执行时间约为 0.3125 ns，市面上大部分生产厂家采用这款 CPU 的计算机中，大多选用 16 GB DDR3 1600 MHz 的内存。这种内存的存取时间为 0.625 ns，若不采用其他技术，让 CPU 运行时直接从内存中读取数据和指令，则 CPU 在 50% 的时间内都处于等待状态，运行效率极低。为了提高 CPU 利用率，现代计算机体系结构中广泛采用高速缓存存储器（Cache）技术。

Cache 的出现主要解决 CPU 不直接访问主存，只与高速 Cache 交换信息。那么，这是否可行呢？通过大量典型程序分析，发现 CPU 从主存取指令或取数据，在一定时间内只是对主存局部地址区域的访问。这是由于指令和数据在主存内都是连续存放的，并且有些指令和数据往往会被多次调用（如子程序、循环程序和一些常数），即指令和数据在主存的地址分布不是随机的，而是相对的簇聚，使得 CPU 在执行程序时，访问的内存具有相对的局部性，这就是程序访问的局部性原理。

根据程序局部性原理，正在使用的主存储器某一单元邻近的那些单元将被用到的可能性很大。因而，当中央处理器存取主存储器某一单元时，计算机硬件就自动将包括该单元在内的那一组单元内容调入高速缓冲存储器，CPU 即将存取的主存储器单元很可能就在刚刚调入到高速缓冲存储器的那一组单元内。于是，中央处理器就可以直接对高速缓冲存储器进行存取。在整个处理过程中，如果 CPU 绝大多数存取主存储器的操作能为存取高速缓冲存储器所代替，计算机系统处理速度就能显著提高。

CPU 与 Cache 之间的数据交换是以字为单位的，而 Cache 与主存之间的数据交换则是以块为单位的。一个块由若干个定长字组成。如图 4.7 所示，当 CPU 读取主存中的一个字时，此字的内存地址发给 Cache 和主存，此时 Cache 控制逻辑依据地址判断此字当前是否在 Cache 中：若在，此字立即从 Cache 传送给 CPU，否则用主存读周期把此字从主存读出送到 CPU，同时把含有这个字的整个数据块从主存读出送到 Cache 中，并采用一定的替换策略，将 Cache 中的某一块替换掉。替换算法由 Cache 管理逻辑电路来实现。

图 4.7 高速缓存的使用

高速缓冲存储器的容量一般只有主存储器的几百分之一，但它的存取速度能与 CPU 相匹配。随着半导体器件集成度的进一步提高，当前有些 Cache 已放到 CPU 中，并且出现了两级以上的多级 Cache 系统。

四、虚拟内存

由于技术与成本等原因，目前计算机的内存的容量受到限制，不会特别大，而对于程序设计人员或计算机使用人员来说，又希望计算机的内存足够大，这样就可以执行非常大的程序或将非常大的文件直接放入内存中进行处理，速度就会比放在硬盘中要快得多。

举例来说，假定一台计算机有 1 GB 内存，假定操作系统与其他一些必须要运行的程序占用了一半的内存，这时如果你想处理一个 600 MB 的图形文件时，计算机的内存将被"塞满"，甚至会因为内存不够而无法打开文件。另外，现代操作系统都支持多道程序运行，如何让多个程序有效而安全地共享主存是需要解决的另一个问题。

为了解决上述两个问题，在计算机中采用了虚拟存储技术，即由操作系统把主存和辅存这两级存储系统管理起来，实现自动覆盖。也就是说，一个大作业在执行时，其一部分地址空间在主存，另一部分在辅存，当所访问的信息不在主存时，则由操作系统而不是程序员安排 I/O 指令把它从辅存调入主存，从效果上来看，好像为用户提供了一个存储容量比实际主存大得多的存储器。我们称这种存储器为虚拟存储器。

虚拟存储器是一种由价格较高、速度较快、容量较小的主存储器和一个价格低廉、速度较慢、容量巨大的辅助存储器组成的存储层次，在系统软件和辅助硬件的管理下就像一个单一的、可直接访问的大容量存储器，以透明方式为用户程序提供一个远大于主存容量的存储空间。如图 4.8 所示，左边为程序 A 在运行时，认为自己申请到的一片连续的存储空间，但实际上得到的存储空间部分是来自物理内存，并且不一定是连续的；右边是通过虚拟内存技术而得到的部分硬盘空间。

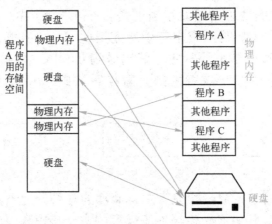

图 4.8　虚拟存储示意

在 Windows 系统中，可以通过"控制面板"中的"系统属性"功能来设置虚拟内存，设置步骤如图 4.9～图 4.11 所示。

在 Windows 操作系统中，虚拟内存其实就是由操作系统管理的一个存储在硬盘的比较大的文件，文件名是 Pagefile.sys，通常状态下是看不到的，必须关闭资源管理器对系统文件的保护功能才能看到这个文件。

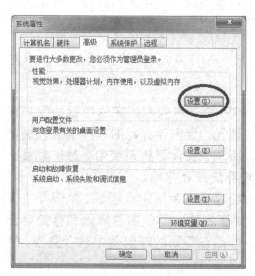

图 4.9 系统属性

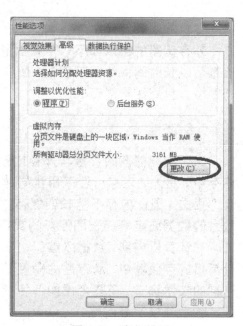

图 4.10 高级设置

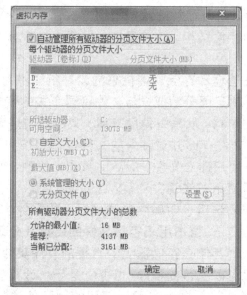

图 4.11 虚拟内存设置

主题四 信息的永久驻扎地——外存储系统

由于主存储器的容量受地址位数、成本、速度等因素制约，其容量不会很大，且不能长期保存数据。在大多数计算机系统中设置一级大容量存储器，如磁盘、磁带、光盘等，作为对主存的补充与后援，来存放暂不使用的程序与数据，如系统软件、应用软件、大型文件、数据库等程序和数据信息。它们位于传统主机的逻辑范畴之外，常称为外存储器或辅助存储器，简称外存。

外存储器的特点如下：存储容量大、可靠性高、每字节价格低；所记录的信息可以长时间保存而不丢失；所存储信息可以非破坏性读出。其缺点是存取速度慢，机械结构复杂。

一、文件与外存

由于主存储器的容量与外存比较相对较小，不可能将所有的数据均保存在内存中；另外，内存一般采用半导体存储单元，当内存失电时，其中的数据将全部丢失，因此内存不能长期保存数据。所以，在计算机系统中，对于数量比较大的数据或者需要长期保存的数据必须存放在外存中。

在计算机内部，数据以编码的形式并经过技术手段进行组织，以便存放在计算机的存储器中。从存储的角度看，对数据的处理不仅需要地址和存储单元这样的技术细节，还要考虑如何将程序和数据在不同的存储器中进行交换、组织、管理和控制等问题。

对普通计算机用户而言，这种处理很难，表达也不容易，因此需要建立一种抽象的、概念化的、易于理解的数据组织方式，并为计算机所运用，使一般用户可不关心具体的存储结构。这种概念化的表达方式就是文件与组织、管理文件的文件系统。

操作系统中负责管理和存储文件信息的软件机构称为文件管理系统，简称文件系统。文件系统由三部分组成：与文件管理有关的软件，被管理文件，实施文件管理所需数据结构。从系统角度来看，文件系统是对文件存储器空间进行组织和分配，负责文件存储并对存入的文件进行保护和检索的系统。具体地说，操作系统负责为用户建立文件，存入、读出、修改、转储文件，控制文件的存取，当用户不再使用时撤销文件等。

文件系统是操作系统用于明确磁盘或分区上的文件的方法和数据结构，即在磁盘上组织文件的方法，也指用于存储文件的磁盘或分区，或文件系统种类。

计算机文件是一个存储在存储器上的数据的有序集合并标记一个名字。文件可以是一个计算机可以执行的程序，也可以是一个计算机程序执行时所需要的数据。如我们使用计算机撰写文章，使用的"字处理"软件（如 Word、WPS）是一个可执行文件；用字处理软件输入、编辑、修改得到是文章，将这个文章以自己喜欢的名字保存到磁盘上，这个被保存的文件是文档文件（DOC 或 WPS 文档）。

文件名是字母与数字的组合，唯一标志一个文件。表 4.1 给出了几种常见的操作系统环境下的文件命名规则。中文操作系统也支持用汉字作为文件名。

表 4.1　常见的操作系统环境下的文件命名规则

	DOS 和 Windows3.1	Windows 9X/2000/NT/XP/7/8	Mac OS	UNIX/Linux
文件名长度	1～8 个字符	1～255 个字符	1～31 个字符	14～256 个字符
扩展名长度	0～3 个字符	文件名长度与扩展名长度不超过 255 个字符	无	无
允许空格	否	是	是	否
允许数字	是	是	是	是
不允许的字符	/ [ ] ; = "" \ : ,	* ? <>			
不允许的文件名	Aux,Com1,Com2,Com3,Com4,Lpt1,Lpt2,Lpt3,Lpt4,Prn,Nul	无		取决于版本

　　不同的操作系统文件命名规则有所不同。在 Windows 操作系统中，还使用扩展名来指示文件的基本属性。如"exe"表示可执行文件，"xls"表示批处理文件等。表 4.2 给出了常见的扩展名及其含义。

表 4.2　常见文件扩展名

扩展名	文件类型	扩展名	文件类型
exe	可执行（程序）文件	docx	Word 文档（Word 2007 后）
com	命令（程序）文件	xls	Excel 文档
bat	批（处理）文件	xlsx	Excel 文档（Excel 2007 后）
sys	系统文件	ppt	PowerPoint 演示文稿
dll	动态链接库文件	pptx	PowerPoint 演示文稿（PowerPoint 2007 后）
bak	备份文件	c	C 语言源程序文件
vxd	虚拟设备驱动程序	lib	库文件
txt	文本文件	h	头文件
doc	Word 文档	obj	目标文件

　　资源管理器窗口（如图 4.12 所示）展示了 Windows 系统管理文件的基本思想，在这个窗口中，地址栏中显示的是文件夹，地址栏下方左边为文件夹结构图，地址栏下方右边为该文件夹下的文件或文件夹。

图 4.12　Windows 资源管理器

可以看出，文件夹结构是"树型"结构，像一棵倒置的树，根在上，枝叶在下。树的根是某个"本地磁盘"，树的枝就是包含文件夹的文件夹，树的叶为不包含文件夹的文件夹。每个文件夹可以包含多个文件夹或文件，也可以什么都没有。

二、硬盘

硬盘（Hard Disk Drive，HDD）是计算机上使用坚硬的旋转盘片为基础的非易失性存储设备，如图 4.13 所示。硬盘在平整磁性表面存储和检索数字数据。信息通过离磁性表面很近的写头，由电磁流来改变极性方式被电磁流写到磁盘上。信息可以通过相反的方式回读。

图 4.13　硬盘

硬盘是计算机非常重要的外部存储器，具有可靠性高、精密度高、存储容量大、存取速度快等特点。一般的计算机均配有硬盘，有的还有多块。系统和用户的程序、数据等信息通常保存在硬盘上。

1. 硬盘的结构

如图 4.14 左图所示，硬盘是以铝合金或玻璃圆盘为基片，上下两面涂有磁性材料而制成的磁盘为基础，将多个磁盘固定在一根轴上，以组成一个盘组。硬盘上的读/写磁头大多是浮动的，可沿盘面的径向移动。硬盘就是将磁盘片、读/写磁头、伺服电机及驱动部件全部封装在一个密封的盒子里而制成的。

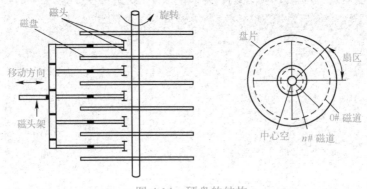

图 4.14　硬盘的结构

磁盘片是存储信息的媒体，每个磁盘片有上下两个盘面。每个盘面有一个读写头，用于读出或写入盘面上的信息。磁盘片表面的信息存放格式如图 4.14

右图所示，每个盘面上有几十条到几百条同心圆，即磁道，由外向里分别为 0 磁道、1 磁道、……、N 磁道。

由一组盘片的同一磁道在纵向上所形成的同心圆柱面称为柱面。每条磁道又分为若干个扇区，每个扇区可存放若干字节的信息。磁盘上的信息以块作为存取单位，一个信息块可以是一个扇区或是多个扇区。当主机访问磁盘存储器时，先给出磁盘的盘面号、磁道号、扇区及存储信息块的长度，这些参数实际上是访问硬盘存储器的"地址"。根据给定的盘面号，启动该盘面上的读/写头处于读/写状态，然后由磁头步进电机将磁头移动到给定的磁道号的磁道上，磁盘在驱动电机的驱动下旋转。当给定扇区进入磁头下时，便可以从磁头中存取信息，直到给定长的信息块全部存取完毕为止。

2. 硬盘的主要技术参数

硬盘主要技术参数为存储容量、硬盘转速、存取时间、传输速率、缓存及接口类型等。

① 存储容量。存储容量是用来衡量硬盘存储能力大小的参数。硬盘的容量以兆字节（MB）或吉字节（GB）为单位。硬盘的标称容量通常比实际容量要小一点，这是因为硬盘厂商习惯按 1 GB 为 1000 MB 来生产，而不是我们通常所说的 1 GB=1024 MB。对于用户而言，硬盘的容量当然是越大越好，目前市场上出售的硬盘的容量已经达到 2 TB。

② 转速。转速是硬盘内电机主轴的旋转速度，也是硬盘盘片在一分钟内所能完成的最大转数。硬盘转速以每分钟多少转来表示，单位为转/每分钟（Revolutions Per Minute，RPM）。转速决定硬盘内部数据传输速率，在很大程度上决定了硬盘的速度。硬盘的转速越快，硬盘寻找文件的速度也越快，相应地提高了硬盘的传输速度。

普通硬盘的转速一般有 5400 rpm、7200 rpm，服务器中使用的 SCSI 硬盘转速基本采用 10000 rpm 甚至 15000 rpm。笔记本硬盘则以 4200 rpm、5400 rpm 为主。

③ 平均寻道时间。平均寻道时间是指硬盘磁头移动到数据所在磁道所花的平均时间，单位为 ms（毫秒），是影响硬盘内部数据传输率的重要参数。一般来说，转速越高的硬盘寻道时间越短，而且内部传输速率越高。不过，内部传输速率还受硬盘控制器的缓存影响。

④ 传输速率。传输速率是指硬盘读写数据的速度，单位为兆字节每秒（MB/s）。硬盘数据传输率又包括内部数据传输率和外部数据传输率。

内部传输率（Internal Transfer Rate）也称为持续传输率（Sustained Transfer Rate），反映了硬盘缓冲区未用时的性能。内部传输率主要依赖于硬盘的旋转速度。

外部传输率（External Transfer Rate）也称为突发数据传输率（Burst

Data Transfer Rate) 或接口传输率，标称的是系统总线与硬盘缓冲区之间的数据传输率。外部数据传输率与硬盘接口类型和硬盘缓存的大小有关。

⑤ 缓存。缓存（Cache）是硬盘控制器上的一块内存芯片，具有极快的存取速度，是硬盘内部存储和外界接口之间的缓冲器。由于硬盘的内部数据传输速度和外界介面传输速率不同，缓存在其中起到一个缓冲的作用。缓存的大小和速率是直接关系到硬盘的传输速率的重要因素，大幅影响硬盘整体性能。

⑥ 接口类型。接口类型是硬盘与主机之间的连接部件的类型，直接影响着硬盘的最大外部数据传输速率。目前主要的接口类型有 IDE、SATA、SCSI、SAS、光纤通道等。

IDE 即集成设备电路（Integrated Device Electronics），也叫 ATA（Advanced Technology Attachment，高级技术附件）接口，是用传统的 40 并口数据线连接主板与硬盘的，外部接口速度最大为 133 MB/s，因为并口线的抗干扰性太差，且排线占空间，不利计算机散热，将逐渐被 SATA 所取代。

SATA 全称 Serial ATA，即使用串口的 ATA 接口，因抗干扰性强且对数据线的长度要求比 ATA 低很多、支持热插拔等功能，已越来越为人接受。SATA-I 的外部接口速度为 150 MB/s，SATA-II 更达 300 MB/s，SATA 的前景很广阔。SATA 的传输线比 ATA 的细得多，有利于机壳内的空气流通。SATA 接口硬盘是目前主流微机上使用最多的硬盘。

SCSI（Small Computer System Interface，小型机系统接口）历经多代的发展，从早期的 SCSI-II，到目前的 Ultra320 SCSI 和 Fiber-Channel（光纤通道），接头类型也有多种。SCSI 硬盘广为工作站级个人计算机以及服务器所使用。数据传输时占用 CPU 计算资源较低，但是单价也比同样容量的 ATA 及 SATA 硬盘昂贵。

SAS（Serial Attached SCSI，串行连接 SCSI）是新一代的 SCSI 技术，与 SATA 硬盘相同，都是采取序列式技术以获得更高的传输速度，可达到 3 GB/s，并透过缩小连接线改善系统内部空间等。SAS 硬盘比 SATA 硬盘昂贵，可以与 SATA 硬盘共享同样的背板，所以有时可以用 SATA 硬盘代替 SAS 硬盘。

光纤通道最初不是为硬盘设计开发的接口技术，是专门为网络系统设计的，但随着存储系统对速度的需求，才逐渐应用到硬盘系统中。光纤通道硬盘是为提高多硬盘存储系统的速度和灵活性才开发的，它的出现大大提高了多硬盘系统的通信速度。光纤通道的主要特性位：热插拔性、高速带宽、远程连接、连接设备数量大等。

三、软盘、光盘和 U 盘

外存大多采用磁性或光学材料制成。常用的外存储器，除了硬盘，还有磁带、软盘、各种光存储设备、U 盘等。

1. 软盘

软盘（Floppy Disk）曾经是微机不可缺少的部件。软盘中的信息的读写是通过软盘驱动器来完成的。目前，市场上出售的微机基本已经不再配置软盘。图 4.15 为常见的容量为 1.44 MB 的 3.5 英寸软盘。

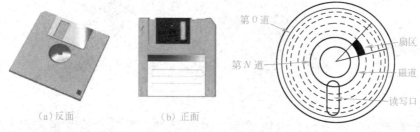

(a) 反面　　　　　(b) 正面

图 4.15　软盘

2. 光存储设备

光存储设备是利用光学原理使用激光技术存储和读取高密度信息的新型存储装置，统称为高密度光盘（Compact Disc），简称光盘。光盘利用激光束在光盘表面上存储信息，并根据激光束反射光的强弱来读取信息。由于光盘具有记录密度高、存储容量大、信息保存寿命长、工作稳定可靠等特点，已受到人们的高度重视，广泛应用于存储各种数字信息。

光盘盘面上有一层可塑材料。当写入数据时，用高能激光束照射光盘盘片，若要记录的信息是二进制数字"0"，在可塑层上灼出一个极小的坑；若要记录的信息是二进制数字"1"，则可塑层上的当前点位保持原样。当读出数据时，用低能激光束射入光盘，利用光盘表面的"小坑"与"空白"处对激光的不同反射来区分二进数字"0"和"1"。

光盘由光盘驱动器（简称光驱）读写。光驱是一个集光学、机械和电子技术于一体的产品。不同厂家制造的光驱的外形基本相同，如图 4.16 所示。光盘在光驱中高速转运，光驱中的激光头在伺服电机的控制下前后移动来读取或写入数据。

根据性能和用途的不同，光盘可分为只读型光盘（Compact Disc-Read Only Memory，CD-ROM）、可记录光盘（Compact Disc-Recordable，CD-R）、可重写光盘（Compact Disc Read/Write，CD-R/W）和数字多功能光盘（Digital Versatile Disk，DVD）。

保护层
铝反射层
可塑层
刻槽
聚碳酸脂衬垫

（a）光驱　　　　　　　　　　　　　　（b）光盘结构

图 4.16　光驱与光盘结构

3. U盘

U盘是具有通用串行总线接口（USB）的外存储设备，有时也被称为"优盘"，如图 4.17 所示。U盘采用的存储介质为闪存（Flash Memory）。

图 4.17　U盘

U盘体积小、容量大、价格便宜、方便携带，非常适合文件及数据的交换等应用，特别是各大计算机厂商迅速支持 U盘作为外设，使 U盘迅速成为个人移动存储的主流产品。目前大多数手机、MP3、MP4 也具有 USB 接口，它们相当于一个 U盘。

U盘获得全球多个国家的发明专利，发明专利持有者之一为朗科科技有限公司总裁邓正彬。U盘是中国在计算机存储领域几十年来唯一属于中国人的原创性发明专利。

四、云存储

云存储是在云计算概念上延伸和发展出来的一个新的概念,是指通过集群应用、网格技术或分布式文件系统等功能,将网络中大量各种不同类型的存储设备通过应用软件集合起来协同工作,共同对外提供数据存储和业务访问功能的一个系统。当云计算系统运算和处理的核心是大量数据的存储和管理时,云计算系统中就需要配置大量的存储设备,那么云计算系统就转变成为一个云存储系统,所以云存储是一个以数据存储和管理为核心的云计算系统。简单来说,云存储就是将储存资源放到云上供人存取的一种新兴方案。使用者可以在任何时间、任何地方,透过任何可联网的装置连接到云上方便地存取数据。

图 4.18 为云存储结构示意图。这个存储系统由多个存储设备组成,通过集群功能、分布式文件系统或类似网格计算等功能联合起来,协同工作,并通过一定的应用软件或应用接口,对用户提供一定类型的存储服务和访问服务。虽然其中包含了许许多多的交换机、路由器、防火墙和服务器,但对具体的广

域网、互联网用户来讲，这些都是不需要知道的，即云存储系统中的所有设备对使用者来说都是完全透明的，任何地方的任何一个经过授权的使用者都可以通过网络与云存储连接，对云存储进行数据访问。

图 4.18　云存储结构示意

如同云状的广域网和互联网一样，云存储对使用者来讲不是指某一个具体的设备，而是指一个由许许多多个存储设备和服务器所构成的集合体。用户使用云存储，并不是使用某个存储设备，而是使用整个云存储系统带来的一种数据访问服务。所以严格来讲，云存储不是存储，而是一种服务。云存储的核心是应用软件与存储设备相结合，通过应用软件来实现存储设备向存储服务的转变。云存储系统的结构模型如图 4.19 所示。

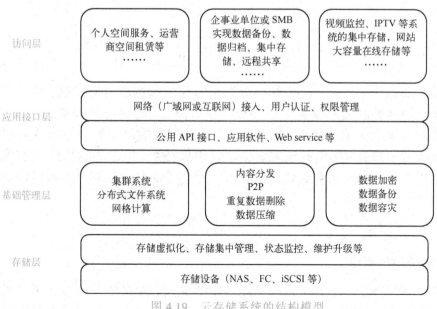

图 4.19　云存储系统的结构模型

与传统的存储设备相比，云存储不仅仅是一个硬件，而是一个网络设备、存储设备、服务器、应用软件、公用访问接口、接入网和客户端程序等多部分组成的复杂系统。各部分以存储设备为核心，通过应用软件来对外提供数据存储和业务访问服务。

云存储可分为以下 3 类。

① 公共云存储。例如，Amazon 公司的 Simple Storage Service（S3）和 Nutanix 公司提供的存储服务可以低成本提供大量的文件存储。供应商可以保持每个客户的存储、应用都是独立的，私有的。以 Dropbox 为代表的个人云存储服务是公共云存储发展较为突出的代表，国内比较突出的代表的有搜狐企业网盘、百度云盘、移动彩云、金山快盘、坚果云、酷盘、115 网盘、华为网盘、360 云盘、新浪微盘、腾讯微云、Cstor 云存储等。

公共云存储可以划出一部分作为私有云存储。一个公司可以拥有或控制基础架构及应用的部署，私有云存储可以部署在企业数据中心或相同地点的设施上。私有云可以由公司自己的 IT 部门管理，也可以由服务供应商管理。

② 内部云存储。内部云存储与私有云存储比较类似，唯一的不同是它仍然位于企业防火墙内部。至 2014 年，可以提供私有云的平台有 Eucalyptus、3A Cloud、Minicloud 安全办公私有云、联想网盘等。

③ 混合云存储。混合云存储是把公共云和私有云/内部云结合在一起，主要用于按客户要求的访问，特别是需要临时配置容量的时候，从公共云上划出一部分容量，配置一种私有或内部云，帮助公司面对迅速增长的负载波动或高峰时很有帮助。尽管如此，混合云存储带来了跨公共云和私有云分配应用的复杂性。

主题五　高效的信息仓储中心——数据库系统

通过前面的介绍，我们对各种存储设备的作用和特点有所了解，也知道了对于需要长期保存的信息要保存在外部存储设备上。随着信息规模的增大，计算机要处理的信息量越来越大、越来越复杂，如何有效地组织和存储信息是一个十分重要的研究课题，由此而来诞生了数据库技术，数据库系统作为高效的信息存储中心，对信息的有效性、一致性、安全性提供了保障，能够支持高效地检索数据和处理数据。

一、数据管理技术

1. 身边的数据库

随着计算机技术、通信技术和网络技术的发展，人类社会已进入了信息化时代，信息资源成为当下最重要和最宝贵的资源之一，信息处理已是最重要的计算机应用。建立一个满足各行业各部门信息处理要求的行之有效的信息系统也成为各企事业单位事业发展的重要保障。作为信息系统核心和基础的数据库技术也得到越来越广泛的应用，我们的学习、工作、生活也与数据库密切相关，以下列举若干个大学生身边常用的数据库。

❖ 学籍管理系统：提供注册、选课、成绩查询等功能，数据库中存储了学生、课程、成绩、教师、教室等大量信息。

❖ 图书借阅系统：提供书籍检索、借书、还书等功能，数据库中存储了读者、书籍等大量信息。

❖ 食堂就餐系统：提供充值、就餐结算等功能，数据库中存储了用户、食物等大量信息。

❖ 火车订票系统：提供火车时刻查询、火车票购买、改签、退票等功能，数据库中存储了用户、车次等大量信息。

我们身边的数据库还可以举出很多很多，包括我们平时用到的 QQ、微信、淘宝等都运用到了数据库技术。

2. 数据库技术概述

数据库技术产生于 20 世纪 60 年代末 70 年代初，其主要目的是有效地管理和存取大量的数据资源。数据库技术主要研究如何存储、使用和管理数据。近年来，数据库技术和计算机网络技术的发展相互渗透和相互促进，已成为当今计算机领域发展迅速、应用广泛的两大领域。数据库技术不仅应用于事务处理，并且在情报检索、人工智能、专家系统和计算机辅助设计等领域得到应用。

数据库技术是研究、管理和应用数据库的一门软件科学。数据库技术是通过研究数据库的结构、存储、设计、管理及应用的基本理论和实现方法，并利用这些理论来实现对数据库中的数据进行处理、分析和理解的技术。

数据库技术研究和管理的对象是数据，所涉及的具体内容主要包括：① 通过对数据的统一组织和管理，按照指定的结构建立相应的数据库；② 利用数据库管理系统和数据挖掘系统，设计出能够实现对数据库中的数据进行添加、修改、删除、处理、分析、理解、报表和打印等多种功能的数据管理和数据挖掘应用系统；③ 利用应用管理系统，最终实现对数据的处理、分析和理解。

数据库技术是现代信息科学与技术的重要组成部分，是计算机数据处理与信息管理系统的核心。数据库技术研究和解决了计算机信息处理过程中大量数据有效地组织和存储的问题，在数据库系统中减少数据存储冗余、实现数据共享、保障数据安全、高效地检索数据和处理数据。

目前，数据库技术已成为计算机领域最主要的技术之一。随着计算机技术和网络技术的日渐成熟，数据库技术也呈现出多元化、多层面和多形态的并存现状，朝着面向对象数据库、分布式数据库、并行数据库、主动数据库、移动数据库、模糊数据库、知识库系统、多媒体数据库、工程数据库、空间数据库等方向发展。目前的数据仓库和数据挖掘技术的发展，大大推动了数据库向智能化和大容量化的发展趋势，充分发挥了数据库的作用。

3．数据、信息与数据处理

数据库技术涉及许多基本概念，主要包括信息、数据、数据处理、数据库、数据库管理系统以及数据库系统等。下面来介绍数据、信息和数据处理的相关概念。

数据与信息是不可分离又有一定区别的两个概念。描述事物的符号称为数据，数据有多种表现形式，有数字、文本、图形、图像、声音、影像等，如"2013327110051"、"计算机基础"、"87"等。数据的表示形式不能完全表达其含义，必须给予解释，如 87 可以是分数也可以是人数。

数据赋予一定意义并给予关联后成为信息。如数据"2013327110051"、"计算机基础"和 87，这 3 个数据如果不赋予含义和关联，它们只是离散的数据，没有任何意义。如果它们被分别解释为学号、课程和成绩，在数据库中，它们可以组成一条有意义的信息，表示学号为"2013327110051"的同学修读的"计算机基础"课程获得 87 分的成绩。

数据库中的数据是指可以通过特定设备输入计算机中，按照一定的数据结构进行存储并进行处理和传输的各种数字、字母、文字、声音、图片和视频等的总称。

数据库中的信息是有关客观世界的可表示的真知，向人或计算机提供有关事务的事实和知识。它是经过加工处理，对人类客观行为产生影响并具有一定价值的数据的表现形式。信息具有可感知、可存储、可加工、可传递和可再生等自然属性，信息的价值体现在准确性、及时性、完整性和可靠性等方面。

数据处理是指将数据转换为信息的过程。广义地讲，数据处理包括对数据的收集、存储、加工、分类、检索和传播等一系列活动。狭义地讲，数据处理是指对所输入的数据进行加工处理。数据、信息和数据处理三者的关系也可以用一个公式来表示：信息＝数据＋数据处理。

4．数据管理技术的发展

如何对数据与信息进行快速有效的分析、加工和提炼，以获取所需知识并发挥其作用，向计算机与信息技术领域提出了新的挑战。数据库技术是应数据管理任务的需要而产生的。数据处理的一个重要方面就是数据管理，包括对数据进行分类、组织、编码、存储、检索和维护。随着计算机硬件和软件技术的不断发展，数据管理技术经历了人工管理、文件系统和数据库系统三个阶段。

（1）人工管理阶段

在 20 世纪 50 年代中期以前，计算机主要应用于科学计算，受到计算机硬件和软件技术发展水平的限制，硬件中的外存只有纸带、卡片、磁带，没有磁盘等直接存取的存储设备；软件没有操作系统及数据管理软件。数据量小，数据无结构，由用户直接管理，数据间缺乏逻辑组织，数据依赖于特定的应用程序，缺乏独立性。数据管理任务包括存储结构、存取方法、输入输出方式等都是针对每个具体应用，由编程人员单独设计解决，数据与程序是一个整体，数据无独立性，不能共享。

（2）文件系统阶段

在 20 世纪 50 年代后期到 60 年代中期，硬件出现了磁鼓、磁盘等数据存储设备，软件出现了高级语言和操作系统。操作系统中有了专门的数据管理模块，即文件系统。文件系统把计算机中的数据组织成相互独立的数据文件，并通过文件的名称对其进行访问，对文件中的记录进行存取，并可以实现对文件的修改，插入和删除。文件系统实现了记录内的结构化，给出了记录内各种数据间的关系。但是，文件从整体来看却是无结构的。程序和数据之间由文件系统提供存取方法进行转换，使应用程序和数据之间有了一定的独立性。但是数据仍然面向特定的应用程序，数据共享性差，冗余度大，数据易产生不一致性，数据间联系弱，数据的管理和维护的代价也很大。

（3）数据库系统阶段

在 20 世纪 60 年代后期，计算机用于数据管理的规模迅速扩大，对数据共享的需求日益增强。为了解决数据的独立性问题，实现数据的统一管理，达到数据共享的目的，发展了数据库技术。数据库技术的特点是数据不再只针对某一特定应用，而是面向全组织，具有整体的结构性，共享性高，冗余度小，具有一定的程序与数据间的独立性，并且实现了对数据进行统一的控制。

数据管理三个阶段的比较如表 4.3 所示。

表 4.3　数据管理三个阶段的比较

		人工管理阶段	文件系统阶段	数据库系统阶段
背景	硬件	无直接存取存储设备	磁盘、磁鼓	大容量磁盘、磁盘阵列
	软件	没有操作系统	操作系统、文件系统	数据库管理系统
	应用	科学计算	科学计算、数据管理	大规模数据管理
特点	数据管理者	用户（程序员）	文件系统	数据库管理系统
	数据面向的对象	某一应用程序	某一应用	现实世界（部门、企业、跨国组织等）
	数据的共享性	无共享，冗余度极大	共享性差，冗余度大	共享性高，冗余度小
	数据的独立性	不独立，完全依赖于程序	独立性差	具有高度的物理独立性和一定的逻辑独立性
	数据的结构化	无结构	记录内部有结构、整体无结构	整体结构化、用数据模型描述
	数据控制能力	应用程序自己控制	应用程序自己控制	数据库管理系统提供数据的安全性、完整性、并发控制和恢复能力

二、数据库系统

1. 数据库

数据库（DataBase，DB），顾名思义，是数据的仓库，是存储在计算机内有组织可共享的大量数据的集合。对于大量的数据，使用数据库进行存储和管理，比使用文件来存储和管理更具优势。

数据库中的数据按一定的数据模型组织、描述和存储，数据库中的数据不再针对一个特定的应用，而是面向全组织，具有较小的冗余、较高的数据独立性、共享性好，实现了对数据的统一管理。

2. 数据库管理系统

数据库管理系统（DataBase Management System，DBMS）是在操作系统支持下的操纵和管理数据库的系统软件，用于建立、使用和维护数据库。数据库管理系统对数据库进行统一的管理和控制，以保证数据库的安全性和完整性。用户通过数据库管理系统访问数据库中的数据，数据库管理员也通过数据库管理系统进行数据库的维护工作。数据库管理系统提供多种功能，可使多个应用程序和用户用不同的方法在同时或不同时刻去建立、修改和访问数据库，主要功能可概括为以下几方面。

- ❖ 数据的定义：对数据库中的数据对象进行定义，数据定义通过数据库管理系统提供的数据定义语言（Data Definition Language，DDL）进行。
- ❖ 数据的组织、存储和管理：数据库管理系统要分类组织、存储和管理各种数据，包括数据字典、用户数据、数据的存取路径等，提供多种存取方法来提高存取效率。
- ❖ 数据的操纵：提供数据操纵语言（Data Manipulation Language，DDL）实现数据的操纵，进行增、删、查、改的操作。
- ❖ 数据库的建立：建立数据库，数据库原始数据的输入、转换等。
- ❖ 数据库的事务运行管理：提供事务运行管理及运行日志，事务运行的安全性监控和数据完整性检查，事务的并发控制及系统恢复等功能。
- ❖ 数据库的维护：为数据库管理员提供软件支持，包括数据安全控制、完整性保障、数据库备份、数据库重组以及性能监控等维护工具。

3. 数据库系统

数据库系统（DataBase System，DBS）是一个引入数据库后的计算机系统，由计算机硬件系统、相关软件（包括操作系统）、数据库、数据库管理系统、数据库应用系统、数据库管理员和用户组成，如图 4.20 所示。

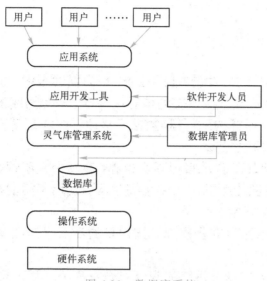

图 4.20　数据库系统

数据库系统的组成可以归纳为数据库、硬件、软件和人员四大部分。

数据库是长期存储在计算机内的有组织可共享的数据的集合。

硬件提供数据库系统的支撑，包括存储所需的外部设备。硬件的配置应满足整个数据库系统的需要。硬件可以是一台个人计算机，也可以是大、中型计算机，甚至是网络环境下的多台计算机。

软件包括操作系统、数据库管理系统、作为应用程序的编程语言和编译系统，以及根据应用开发设计的应用程序和应用系统。

人员主要有 4 类：

❖ 系统分析员和数据库设计人员。系统分析员负责应用系统的需求分析和规范说明，他们和用户及数据库管理员一起确定系统的硬件配置，并参与数据库系统的概要设计。数据库设计人员负责数据库中数据的确定、数据库各级模式的设计。

❖ 应用程序员：负责编写使用数据库的应用程序。这些应用程序可对数据进行检索、建立、删除或修改。

❖ 最终用户：利用系统的接口或查询语言访问数据库。

❖ 数据库管理员（DataBase Administrator，DBA）：负责数据库的总体信息控制，具体职责包括：具体数据库中的信息内容和结构，决定数据库的存储结构和存取策略，定义数据库的安全性要求和完整性约束条件，监控数据库的使用和运行，负责数据库的性能改进、数据库的重组和重构，以提高系统的性能。

三、关系数据库

1．关系数据库概述

（1）数据模型

数据模型是现实世界数据特征的抽象，用来描述数据、组织数据和对数据进行操作。数据模型是数据库系统的核心和基础，是数据库系统中用来提供信息表示和操作手段的形式构架。各种数据库管理系统均是基于某种数据模型或者说是支持某种数据模型的。

数据模型要能比较真实地模拟现实世界，容易为人所理解，还要便于在计算机上实现。在开发实施数据库应用系统时需要使用不同的数据模型：概念模型、逻辑模型和物理模型。

❖ 概念模型：也称为信息模型，按用户的观点来对数据和信息建模，用于数据库设计。

❖ 逻辑模型：按计算机系统的观点对数据建模，用于数据库管理系统的实现。

❖ 物理模型：对数据底层的抽象，描述了数据在系统内部的表示方式和存取方法，是面向计算机系统的。

从现实世界到概念模型的转换由数据库设计人员完成，从概念模型到逻辑模型的转换由数据库设计人员直接或借助数据库设计工具完成，从逻辑模型到物理模型的转换一般是由 DBMS 完成。

数据模型包含数据结构、数据操作和数据约束条件三要素。

❖ 数据结构用于描述系统的静态特性，由一组创建数据库的规则组成，描述数据的类型、内容、性质及数据间的联系等。

❖ 数据操作用于描述系统的动态特性，定义在相应的数据结构上的操作类型和操作方式，是数据库中各种操作规则的集合。

❖ 数据约束条件是一种完整性规则的集合，描述数据结构内数据间的语法、词义联系、他们之间的制约和依存关系及数据动态变化的规则，以保证数据的正确、有效和相容。

在数据库系统中，人们通常按其数据结构的类型来命名数据模型，数据结构有层次结构、网状结构和关系结构，相对应的数据模型分别称为层次模型、网状模型和关系模型。层次模型和网状模型采用格式化的结构，在这类结构中实体用记录型表示，记录型抽象为图的顶点。记录型之间的联系抽象为顶点间的连接弧。整个数据结构与图相对应。对应于树形图的数据模型为层次模型，对应于网状图的数据模型为网状模型。关系模型为非格式化的结构，用单一的二维表的结构表示实体及实体之间的联系。满足一定条件的二维表被称为一个关系。

（2）关系数据库

关系模型是目前最重要的一种数据模型,由关系数据模型组成的数据库称为关系数据库。管理关系数据库的数据库管理系统称为关系数据库管理系统。1970 年,美国 IBM 公司 San Jose 研究室的研究员 E.F. Codd 首次提出了数据库系统的关系模型,开创了数据库的关系方法和关系数据理论的研究,为数据库技术奠定了理论基础。由于 E.F. Codd 的杰出工作,他于 1981 年获得 ACM 图灵奖。20 世纪 80 年代以来,计算机厂商新推出的数据库管理系统几乎都支持关系模型,非关系系统的产品也大都加上了关系接口。

关系数据模型是建立在严格的数学概念基础上的,由关系数据结构、关系操作集合和关系完整性约束三部分组成。关系模型把一些复杂的数据结构归结为简单的二元关系,每个关系结构是一张规范化二维表格,由行和列组成。表 4.4 所示的学生基本信息表就是一个学生关系。

表 4.4　学生基本信息表

学号	姓名	性别	出生年月	专业	年级	电话	生源地
2013327110051	黄蓉	女	1989-1-3	会计	2013	13312345678	上海
2013327120051	郭靖	男	1988-9-5	国贸	2013	13301234567	北京
2013327110002	张无忌	男	1989-11-1	会计	2013	13323456781	杭州
2014127110001	周芷若	女	1989-12-25	计算机	2014	13334567812	广州

在这个学生关系中,表中的每列称为一个字段（属性）,每个字段都有一个字段名（属性名称）,相当于表格标题栏的标题;表中的每行是一个元组（记录）,每个元组包含了 8 个属性。这个学生关系模型可以表示为:

学生(学号, 姓名, 性别, 出生年月, 专业, 年级, 电话, 生源地)

作为一个关系的二维表,必须满足以下条件:

❖ 表中的每一列必须是不可分的基本数据项。
❖ 表中的每一列必须具有相同的数据类型。
❖ 表中的每一列的名字必须是唯一的。
❖ 表中不能有内容完全相同的行。
❖ 行的顺序和列的顺序不影响表格中数据所表示的信息的含义。

关系数据模型的操作主要包括查询、插入、删除和更新数据,这些操作必须满足关系完整性约束条件。关系模型的操作属于集合操作,即操作的对象和结果都是关系。

选择、投影和连接是关系的 3 个基本操作。选择操作是指在一定条件下在指定的条件中选取若干条记录;投影操作是指在指定的关系中选取若干个字段;连接操作是指按一定条件将若各个关系的记录进行连接。

例如,在学生关系中查询 2013 年级男学生的学号、姓名、专业和电话等信息,是在学生关系中同时进行了选择投影操作,得到的结果仍是一张二维表。

查询结果如表 4.5 所示。

表 4.5 2013 年级男生信息表

学号	姓名	专业	电话
2013327120051	郭靖	国贸	13301234567
2013327110002	张无忌	会计	13323456781

关系模型把存取路径完全向用户隐藏，用户只要指出“干什么”或“找什么”，不必说明“怎么干”或“怎么找”，使从而大大提高了数据的独立性，提高了用户生产率。

在关系数据模型中，实体用表来表示，实体和实体间的联系也用表来表示。实体之间的联系有一对一（1:1）、一对多（1:n）和多对多（m:n）三种。

例如，在某学籍管理系统的数据库中有 4 个实体：学生、成绩、专业和课程，可分别建立学生、成绩、专业和课程 4 个表。4 个表之间的关联如图 4.21 所示，成绩表中的学号和课程号分别对应学生表中的学号和课程表中的课程号，学生表中的专业对应专业表中的专业。

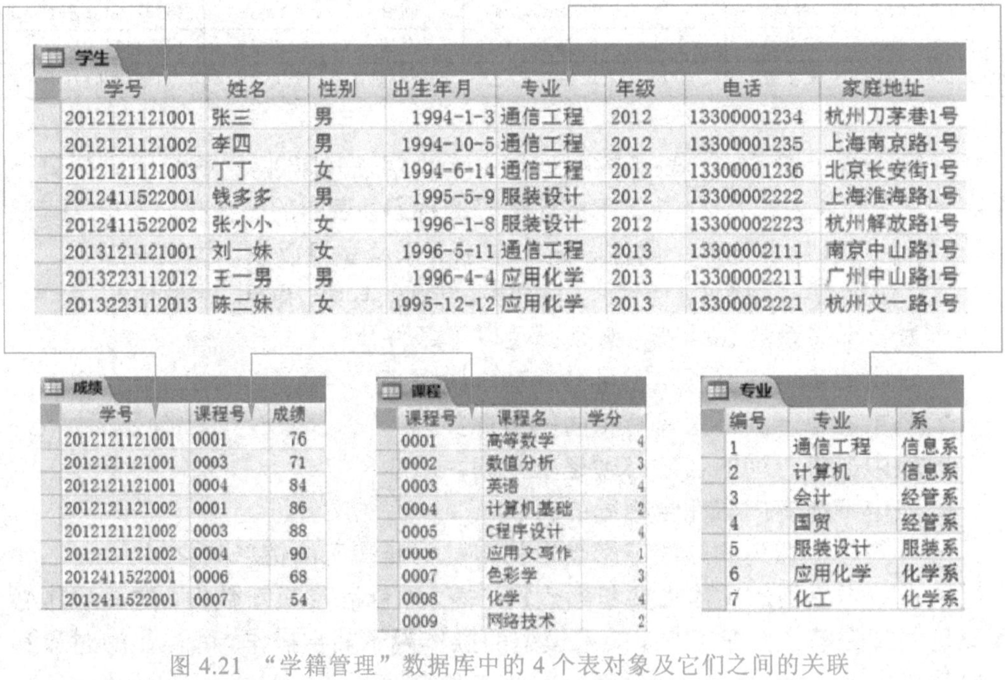

学生

学号	姓名	性别	出生年月	专业	年级	电话	家庭地址
2012121121001	张三	男	1994-1-3	通信工程	2012	13300001234	杭州刀茅巷1号
2012121121002	李四	男	1994-10-5	通信工程	2012	13300001235	上海南京路1号
2012121121003	丁丁	女	1994-6-14	通信工程	2012	13300001236	北京长安街1号
2012411522001	钱多多	男	1995-5-9	服装设计	2012	13300002222	上海淮海路1号
2012411522002	张小小	女	1996-1-8	服装设计	2012	13300002223	杭州解放路1号
2013121121001	刘一妹	女	1996-5-11	通信工程	2013	13300002111	南京中山路1号
2013223112012	王一男	男	1996-4-4	应用化学	2013	13300002211	广州中山路1号
2013223112013	陈二妹	女	1995-12-12	应用化学	2013	13300002221	杭州文一路1号

成绩

学号	课程号	成绩
2012121121001	0001	76
2012121121001	0003	71
2012121121001	0004	84
2012121121002	0001	86
2012121121002	0003	88
2012121121002	0004	90
2012411522001	0006	68
2012411522001	0007	54

课程

课程号	课程名	学分
0001	高等数学	4
0002	数值分析	3
0003	英语	4
0004	计算机基础	2
0005	C程序设计	4
0006	应用文写作	1
0007	色彩学	3
0008	化学	4
0009	网络技术	2

专业

编号	专业	系
1	通信工程	信息系
2	计算机	信息系
3	会计	经管系
4	国贸	经管系
5	服装设计	服装系
6	应用化学	化学系
7	化工	化学系

图 4.21 “学籍管理”数据库中的 4 个表对象及它们之间的关联

其中，学生和专业之间存在一对多的关系：一个学生就读一个专业，一个专业有多个学生，通过在学生表中增加一个专业字段来表示它们之间的一对多关系。学生和课程之间则是多对多的关系：一个学生可以修读多门课程，一门课程有多个学生修读，学生修读课程后需要记录成绩，通过建立成绩表来记录每个学生修读的每门课程的成绩，成绩表表示学生与课程之间的多对多关系。

关系数据模型的完整性即关系数据库完整性,是指各表及表之间的数据的有效性、一致性和兼容性。关系数据库完整性包括实体完整性、参照完整性和用户自定义完整性 3 部分。

实体完整性是指每张表中应选取一个属性或一组属性作为关键字,来唯一标志表中的记录。这个关键字的取值必须唯一且不能为空。例如,学生表中的学号属性必须是唯一的而且不能为空;成绩表中的关键字则为(学号+课程号),它们的组合取值是唯一的而且不能为空。

参照完整性是指表与表之间数据的一致性和兼容性。例如,成绩表中的学号的取值必须是学生表中已经存在的学号,成绩表中的课程号的取值必须是课程表中已经存在的课程号。而且,在进行学生表中记录删除或课程表中记录删除时,必须先删除成绩表中与之对应的记录后才能进行删除,以保证数据的一致性和完整性。

用户自定义完整性则是根据实际应用来确定表中某个字段的取值限制或多个字段直接取值的条件约束等。例如,课程表中的成绩字段约束取值范围为 $0 \sim 100$。

2. 常用主流关系数据库

目前有许多关系数据库管理系统产品,如 DB2、Oracle、Microsoft Access、SQL Server、Sybase、Informix、MySQL 等,适合不同级别的系统和不同需求的用户,在数据库市场上各自占有一席之地。

(1) Access

Microsoft Access 是微软公司推出的关系型数据库管理系统,是 Microsoft Office 套件的重要组成部分,适用于小型商务活动,用来存储和管理商务活动所需要的数据。Access 不仅是一个数据库,而且具有强大的数据管理功能,可以方便地利用各种数据源,生成窗体(表单)、查询、报表和应用程序等。其主要特点如下。

① 存储方式单一: Access 管理的对象有表、查询、窗体、报表、页、宏和模块,以上对象都存放在后缀为(.mdb)的数据库文件种,便于用户的操作和管理。

② 面向对象: Access 是一个面向对象的开发工具,利用面向对象的方式将数据库系统中的各种功能封装在各类对象中。Access 将一个应用系统当成由一系列对象组成的,对每个对象它都定义一组方法和属性,用户还可以按需要给对象扩展方法和属性,通过对象的方法、属性完成数据库的操作和管理,极大地简化了用户的开发工作。

③ 界面友好易操作: Access 是一个可视化工具,风格与 Windows 完全一样,用户想要生成对象并应用,只要使用鼠标进行拖放即可,非常直观方便,容易使用和掌握。

④ 集成开发环境：Access 集成了数据库向导、表向导、查询向导、窗体向导、报表向导等工具，极大地提高了开发人员的工作效率，使得建立数据库、创建表、设计用户界面、设计数据查询、报表打印等可以方便有序地进行。

Access 支持 ODBC（开发数据库互连，Open Data Base Connectivity），利用 Access 强大的 DDE（动态数据交换）和 OLE（对象的联接和嵌入）特性，可以在一个数据表中嵌入位图、声音、Excel 表格、Word 文档，还可以建立动态的数据库报表和窗体等。Access 还可以将程序应用于网络，并与网络上的动态数据相联。利用数据库访问页对象生成 HTML 文件，轻松构建 Internet/Intranet 的应用。

(2) Oracle

Oracle 是美国 Oracle（甲骨文）公司推出的以分布式数据库为核心的关系型数据库管理系统，是目前世界上使用最广泛的数据库管理系统。Oracle 跨平台，支持多种硬件和操作系统，同时支持对称多处理器、群集多处理器、大规模处理器等，提供广泛的国际语言支持。作为一个通用的数据库系统，Oracle 具有完整的数据管理功能；作为一个关系数据库，Oracle 是一个完备关系的产品；作为分布式数据库，Oracle 实现了分布式处理功能。

Oracle 数据库最新版本为 Oracle Database 12c。Oracle 数据库 12c 引入了一个新的多承租方架构，使用该架构可轻松部署和管理数据库云。此外，一些创新特性可最大限度地提高资源使用率和灵活性，如 Oracle Multitenant 可快速整合多个数据库，Automatic Data Optimization 和 Heat Map 能以更高的密度压缩数据和对数据分层。这些技术进步加上在可用性、安全性和大数据支持方面的主要增强，使得 Oracle 数据库 12c 成为私有云和公有云部署的理想平台。

(3) SQL Server

SQL Server 是美国微软公司推出的一种关系型数据库管理系统。SQL Server 是一个可扩展的、高性能的、为分布式客户机—服务器（C/S）计算所设计的数据库管理系统，实现了与 Windows NT 的有机结合，提供了基于事务的企业级信息管理系统方案。其主要特点如下：

① 高性能设计，可充分利用 Windows NT 的优势。

② 系统管理先进，支持 Windows 图形化管理工具，支持本地和远程的系统管理和配置。

③ 强壮的事务处理功能，采用各种方法保证数据的完整性。

④ 支持对称多处理器结构、存储过程、ODBC，并具有自主的 SQL 语言。

⑤ SQL Server 以其内置的数据复制功能、强大的管理工具、与 Internet 的紧密集成和开放的系统结构为广大的用户、开发人员和系统集成商提供了一个出众的数据库平台。

（4）DB2

DB2 是美国 IBM 公司研制的一种关系型数据库管理系统，主要应用于大型应用系统，具有较好的可伸缩性，可支持从大型机到单用户环境，应用于 OS/2、Windows 等平台下。

DB2 提供了高层次的数据利用性、完整性、安全性、可恢复性，以及小规模到大规模应用程序的执行能力，具有与平台无关的基本功能和 SQL 命令。DB2 采用了数据分级技术，使大型机数据能很方便地下载到 LAN 数据库服务器，使得客户机—服务器用户和基于 LAN 的应用程序可以访问大型机数据，并使数据库本地化及远程连接透明化。它以拥有一个非常完备的查询优化器而著称，其外部连接改善了查询性能，并支持多任务并行查询。DB2 具有很好的网络支持能力，每个子系统可以连接十几万个分布式用户，可同时激活上千个活动线程，对大型分布式应用系统尤为适用。

（5）Informix

Informix 是美国 Informix 软件公司出品的关系型数据库管理系统（2001年被 IBM 收购），最早是为 UNIX 等开放操作系统提供专业的关系型数据库产品。Informix 的意思就是 INFORMation on unIX。Informix 最早推出的产品是 Informix-SE（Standard Engine），其特点是简单、轻便、适应性强，完全基于 UNIX 操作系统，主要针对非多媒体的较少用户数的应用。它的装机量非常大，尤其是在当时的微机 UNIX 环境下，成为主要的数据库产品。Informix 也是第一个被移植到 Linux 上的商业数据库产品。在 20 世纪 90 年代初，联机事务处理成为关系数据库越来越主要的应用，为了满足基于 C/S 环境下联机事务处理的需要，Informix 在其数据库产品中引入了 C/S 概念，将应用对数据库的请求与数据库对请求的处理分割开来，推出了 Informix-OnLine。Informix-OnLine 的一个特点是数据的管理的重大改变，即数据表不再是单个的文件，而是数据库空间和逻辑设备。逻辑设备不仅可以建立在文件系统之上，还可以是硬盘的分区和裸设备，由此提高了数据的安全性。Informix-OnLine 主要针对大量用户的联机事务处理和多媒体应用环境。

Informix 数据库技术作为世界三大主流大型数据库技术之一，在金融、电信等行业有着广泛的应用。

（6）Sybase

Sybase 是美国 Sybase 公司推出的关系型数据库管理系统。Sybase 有 3 种版本，分别运行在 UNIX、Novell Netware 和 Windows NT 环境下。

Sybase 是基于 C/S 体系结构的数据库产品，支持共享资源且在多台设备间平衡负载，允许容纳多个主机的环境，充分利用了企业已有的各种系统。

Sybase 是真正开放的数据库，不只是简单地提供了预编译，还公开了应用程序接口 DB-LIB，允许在不同的平台使用完全相同的调用，因而使得访问

DB-LIB 的应用程序很容易从一个平台向另一个平台移植。

Sybase 是一种高性能的数据库,通过提供存储过程,创建了一个可编程数据库;通过触发器可以启动另一个存储过程,从而确保数据库的完整性。Sybase 数据库的体系结构的另一个创新之处就是多线索化。一般的数据库都依靠操作系统来管理与数据库的连接,当有多个用户连接时,系统的性能会大幅度下降。Sybase 数据库不让操作系统来管理进程,把与数据库的连接当作自己的一部分来管理。此外,Sybase 的数据库引擎还代替操作系统来管理一部分硬件资源,如端口、内存、硬盘,绕过了操作系统,提高了性能。

(7) MySQL

MySQL 是瑞典 MySQL AB 公司开发的一个关系型数据库管理系统,是在 Web 应用方面最好的关系数据库管理系统之一。由于其体积小、速度快、总体拥有成本低,尤其是开放源码这一特点,许多中小型网站为了降低网站总体拥有成本而选择了 MySQL 作为网站数据库。

MySQL 软件采用了双授权政策,分为社区版和商业版,虽然与 Oracle、DB2、SQL Server 等数据库产品相比规模小功能有限,但丝毫没有减少它受欢迎的程度。目前,Internet 上流行的网站架构方式是 LAMP (Linux+ Apache+ MySQL+ PHP),即使用 Linux 作为操作系统,Apache 作为 Web 服务器,MySQL 作为数据库,PHP 作为服务器脚本解释器。由于这 4 个软件都是开源软件,通过 LAMP 架构方式可以建立起一个稳定、免费的网站。

四、数据库技术应用的新趋势

除了我们所了解的身边的数据库和数据库技术的应用外,目前数据库技术的发展呈现出学科交叉趋势,凡是有数据产生的领域就有可能需要数据库技术的支持,它们的有机结合,使数据库领域中的新内容、新技术和新应用层出不穷,不断壮大数据库家族,形成了各种新型的数据库系统,如面向对象数据库系统、分布式数据库系统、知识数据库系统、模糊数据库系统、并行数据库系统、多媒体数据库系统等。数据库技术被应用到特定的应用领域中,又出现了工程数据库、演绎数据库、时态数据库、统计数据库、空间数据库、科学数据库、文献数据库等,它们都继承了传统的数据库理论和技术,但已不是传统意义上的数据库了。以下介绍几个数据库技术的新应用。

1. 空间数据库

空间数据库是一种应用于地理空间数据处理与信息分析领域的具有工程性质的数据库,是地理信息系统在计算机物理存储介质上存储的与应用相关的地理空间数据的总和,一般是以一系列特定结构的文件的形式组织在存储介质之上的。

空间数据库的研究始于20世纪70年代的地图制图与遥感图像处理领域，其目的是为了有效地利用卫星遥感资源迅速绘制出各种经济专题地图。由于传统的关系数据库在空间数据的表示、存储、管理、检索上存在许多缺陷，从而形成了空间数据库这一数据库研究领域。而传统数据库系统只针对简单对象，无法有效地支持复杂对象（如图形、图像）。

2．工程数据库

工程数据库是将数据库技术应用于工程设计过程中进行数据处理的产物，工程数据库管理系统是一个以数据库为核心，以工程数据的处理和维护为主要任务，将多种软件、硬件技术与实际系统有机地结合起来，支持和实现以工程决策为目标的综合应用支持系统。

工程数据库管理系统支持复杂数据的存储和管理，支持数据库模式的动态修改和扩充，根据工程设计过程的探索性、反复性和继承性，工程数据库管理系统还应支持多版本管理和多库操作，支持工程性的事务处理，支持交互的用户接口和多用户工作，满足大规模工程中多用户协作设计和并行作业。

3．数据仓库

数据仓库（Data Warehouse，可简写为 DW 或 DWH）由 W.H. Inmon 于 1990 年提出。数据仓库是决策支持系统（Decision Support System，DSS）和联机分析应用数据源的结构化数据环境。数据仓库研究和解决从数据库中获取信息的问题。

数据仓库提供用户用于决策支持的当前和历史数据，这些数据在传统的操作型数据库中很难或不能得到。数据仓库技术是为了有效地把操作型数据集成到统一的环境中以提供决策型数据访问的各种技术和模块的总称。所做的一切都是为了让用户更快更方便查询所需要的信息，提供决策支持，帮助建构商业智能。

数据仓库的特点是面向主题、集成性、稳定性和时变性。数据仓库中的数据是面向主题的，是按照一定的主题域进行组织的。数据仓库中的数据是集成的，是在对原有分散的数据库数据抽取、清理的基础上经过系统加工、汇总和整理得到的，以保证数据仓库内的信息是关于整个企业的一致的全局信息。

数据仓库的数据是相对稳定的，主要供企业决策分析之用，所涉及的数据操作主要是数据查询，一旦某个数据进入数据仓库以后，一般情况下将被长期保留，即数据仓库中一般有大量的查询操作，但修改和删除操作很少，通常只需要定期的加载、刷新。数据仓库中的数据要反映历史变化，通常包含历史信息，系统记录了企业从过去某一时点（如开始应用数据仓库的时点）到目前的各个阶段的信息，通过这些信息，可以对企业的发展历程和未来趋势做出定量分析和预测。

4. 联机分析处理

联机分析处理（On-Line Analysis Processing，OLAP）的概念最早由关系数据库之父爱德华·库德（E.F.·Codd）于 1993 年提出，是一种用于组织大型商务数据库和支持商务智能的技术。

随着数据库技术的发展和应用，数据库存储的数据量越来越大，用户的查询需求也越来越复杂，涉及的已不仅是查询或操纵一张关系表中的一条或几条记录，还要对多张表中千万条记录的数据进行数据分析和信息综合，关系数据库系统已不能全部满足这一要求。OLAP 数据库分为一个或多个多维数据集，每个多维数据集都由多维数据集管理员组织和设计以适应用户检索和分析数据的方式，从而更易于创建和使用所需的数据透视表和数据透视图。

联机分析处理（OLAP）是共享多维信息的、针对特定问题的联机数据访问和分析的快速软件技术。OLAP 通过对信息的多种可能的观察形式进行快速、稳定一致和交互性的存取，允许管理决策人员对数据进行深入观察。决策数据是多维数据，多维数据就是决策的主要内容。OLAP 专门设计用于支持复杂的分析操作，侧重对决策人员和高层管理人员的决策支持，可以根据分析人员的要求快速、灵活地进行大数据量的复杂查询处理，并且以一种直观而易懂的形式将查询结果提供给决策人员，以便他们准确掌握企业（公司）的经营状况，了解对象的需求，制定正确的方案。

5. 数据挖掘

数据挖掘（Data Mining，DM）又译为资料探勘、数据采矿。数据挖掘是数据库知识发现（Knowledge-Discovery in Databases，KDD）中的一个步骤。数据挖掘一般是指从大量的数据中自动搜索隐藏于其中的有着特殊关系性的信息的过程。在大数据时代，数据挖掘是最关键的工作。大数据的挖掘是从海量、不完全的、有噪声的、模糊的、随机的大型数据库中发现隐含在其中有价值的、潜在有用的信息和知识的过程，也是一种决策支持过程。

数据挖掘通常与计算机科学有关，并通过统计、在线分析处理、情报检索、机器学习、专家系统和模式识别等诸多方法来实现上述目标。通过对大数据高度自动化地分析，数据挖掘技术可以做出归纳性的推理，从中挖掘出潜在的模式，帮助企业、商家、用户调整市场政策、减少风险、理性面对市场，并做出正确的决策。目前，在很多领域，尤其是在商业领域如银行、电信、电商等领域，数据挖掘可以解决很多问题，包括市场营销策略制定、背景分析、企业管理危机等。

思考题

1. 存储器有哪些分类方法？各分为哪些类别？

2. 衡量存储器性能的主要技术指标有哪些?

3. 计算机内部为什么要采用层次化存储体系。

4. 为什么要在内存与 CPU 间引入 Cache?

5. 常见的外存储器有哪些?各有什么特点?内存与外存有什么区别?

6. 内存与外存各有什么作用?

7. 试述虚拟内存的作用。

8. 某存储区首地址为 3000H,末地址为 63FFH,求该存储区内存容量。

9. 某台计算机的内存为 4GB,请写出该计算机的最大寻址空间。

10. 数据库系统的组成如何? 简述数据库管理系统的功能。

11. 数据库领域常用的逻辑数据模型有哪些? 简要叙述关系数据库的特点。

12. 列举身边的数据库以及数据库对我们工作、学习和生活的影响。

第五讲

网络世界之
信息共享和计算

　　计算机对信息的表示、存储及信息处理技术的飞速发展对信息共享与交换提出了新的要求，并推动了网络计算模式的发展。

　　计算机网络技术的发展，特别是 Internet 的飞速发展，大大拓展了计算机的应用领域，网络技术平台的支撑和服务使得无处不在的计算如虎添翼。计算机网络改变了人们的工作、学习和生活方式，促进了全球信息产业的发展，并在经济、文化、科研、军事、教育等领域正发挥着越来越重要的作用，计算机网络技术因而引起人们高度的重视。

生活在这个网络社会的人们，要适应网络化、信息化的工作、学习和生活环境，掌握计算机网络和 Internet 应用技术是必备的基本技能之一。

本讲通过对计算机网络的基本概念、互联网、网络信息安全、物联网、云计算等五个主题的介绍，读者将了解和掌握：

* 什么是计算机网络？

* 什么是互联网？

* 如何接入互联网？

* 互联网可提供什么样服务？

* 什么是网络信息安全？

* 网络信息有哪些主要技术？

* 什么是物联网？

* 物联网和互联网有何关系？

* 什么是云计算？

* 云计算可以提供什么样的服务？

通过本讲介绍，读者可以了解网络介质、网络设备与网络协议，了解互联网接入方式以及 Web 浏览、电子邮件、文件传输等信息服务，了解信息安全的各种危险以及加密、访问控制、防火墙、入侵检测等网络安全技术，了解物联网的关键技术及应用，了解云计算的含义及其应用，从而对网络信息交换与共享有一定的认识和了解。

主题一　信息传输平台——网络

计算机网络已成为人们社会生活中不可缺少的重要组成部分。从某种意义上讲，计算机网络的发展水平不仅反映了一个国家的计算机科学和通信技术的水平，也是衡量国力及现代化程度的重要标志之一。

一、什么是网络

1. 网络的产生和发展

所谓计算机网络，是指利用网络连接设备和通信介质将地理位置分散、独立功能的多个计算机连接起来，并在网络软件的支持下实现数据通信、资源共享的系统。计算机网络诞生于 20 世纪 50 年代中期。计算机网络的发展经历了如下几个主要阶段。

① 面向终端的计算机网络。20 世纪 50 年代，计算机世界被巨型机时代所统治，这些巨型机非常稀缺、昂贵。为了共享计算机主机资源，人们开始将分散在各地的终端通过通信线路连接到中心计算机上。这些终端没有 CPU、内存和硬盘，也就没有任何运算能力。用户在终端上输入程序，程序通过通信线路送入中心计算机，处理和运算结果再通过通信线路送回到用户的终端上显示。在这种面向终端的计算机网络系统中，并不存在各计算机间的资源共享或信息交流。

② 面向资源共享的计算机网络。第二代计算机网络由多台主计算机通过通信线路互连起来，相互共享资源。第二代计算机网络与第一代计算机网络的显著区别在于：第二代计算机网络的多台主计算机都具有自主处理能力，它们之间不存在主从关系。

③ 标准化的计算机网络。20 世纪 80 年代初，许多计算机生产商纷纷开发出自己的计算机网络系统并形成各种不同的网络体系结构，这些网络体系结构有很大差异，无法实现不同网络之间的互连，因此网络体系结构和网络协议的国际标准化成了迫切需要解决的问题。国际标准化组织 ISO 在 1984 年正式颁布了著名的开放系统互连参考模型（OSI/RM），使计算机网络体系结构实现了标准化，对计算机网络技术的发展产生了极其重要的影响。

第三代计算机网络是开放式标准化的网络，具有统一的网络体系结构、遵循国际标准化的协议。标准化将使得不同的计算机能方便地互连在一起。

④ 全球化的计算机网络。进入 20 世纪 90 年代，计算机技术、通信技术以及建立在计算机和通信技术基础上的计算机网络技术得到了迅猛的发展，计算机网络发展成为全球化的互联网。计算机网络将社会的各行各业甚至家庭连接起来，以期达到资源共享、相互通信的目的。计算机网络已经在深刻影响着科研、教育、经济发展和社会生活的各个层面，成为未来社会中赖以生存、发

展的重要保障。全球化的网络必然引起应用需求快速增长，从而推动计算机网络向高速、多媒体、智能化方向发展。

2．网络的功能

资源共享和数据通信是计算机网络最基本的功能。在资源共享和数据通信的基础上，人们已经开发了计算机网络许许多多新的功能和应用。

① 资源共享。充分共享、利用资源是组建计算机网络的基本目的。资源包含软件、硬件和数据资源，网络中的用户都能够部分或全部地享受这些资源。有了计算机网络，我们可以共享一些昂贵的硬件资源，如高速打印机、大容量存储器，也可以共享软件和数据资源。

② 数据通信。利用计算机网络，人们可实现各计算机用户之间快速可靠的数据通信，数据通信是计算机网络各种功能的基础。这里的数据是指数值、文字、声音、图像、视频等各种媒体信息的计算机表示。

③ 分布式处理。利用计算机网络技术，人们可以将一个大型复杂的计算问题分配给网络中的多台计算机，由多个计算机分工协作来完成。此时的网络就像是一个具有高性能的大中型计算机系统，完成复杂的处理。这种协同工作、并行处理要比单独购置高性能的大型计算机便宜得多。

④ 提高计算机系统的可靠性。当一台计算机出现故障无法工作时，可以调度网络中的另一台计算机接替它来完成处理任务。相比单机系统，整个系统的可靠性大为提高。当一台计算机的工作任务过重时，可以将部分任务转交给其他计算机处理，从而使整个网络各计算机负担比较均衡。

⑤ 综合信息服务。通过计算机网络可以向全球用户提供各类社会、经济、情报和商业信息，有了计算机网络，才有了现在风靡全球的电子邮件、网络电话、网络会议，给人们的学习、生活和娱乐带来极大方便。

3．局域网、城域网与广域网

从网络分布地域范围角度来看，计算机网络有局域网、城域网和广域网等。

① 局域网。局域网（Local Area Network，LAN）是计算机网络发展的一个重要分支，是在较小范围内将计算机及各种设备互连的计算机网络，一般是为了满足一个单位或部门使用的需求，覆盖一个办公室、一幢大楼、一所学校等。早期，一个局域网的地理范围仅为 1 km，后来由于光纤的使用，局域网的范围逐渐扩大，目前可达 10 km，由于局域网分布范围较小，因此容易管理和配置，也容易构成比较简洁的拓扑结构。

随着局域网技术的发展，逐步出现了快速网、千兆网和万兆网的概念，每种组网模式都是与更高带宽技术的应用紧密联系，同时每种新的组网模式又都不仅是带宽的扩充，伴随着带宽的提升往往会出现更多的新型技术与应用。

② 广域网。广域网（Wide Area Network，WAN）覆盖范围大，一般跨城市、地区或国家。广域网可以将多个局域网互联后产生范围更大的网络，

如一家大型公司在各地的分公司的内部网络互相连接组成一个网络。广域网的网络结构比较复杂，传输速率一般低于局域网。在连接方式上，广域网通常是租用一些公用的通信服务设施连接起来的，如公用的无线电通信设备、微波通信线路、光纤通信线路和卫星通信线路等，这些设备可以突破距离的局限性。

③ 城域网。城域网（Metropolitan Area Network，MAN）介于局域网和广域网之间，其范围通常覆盖一个城市或地区。在一个较大的城市及周边地区建设数据通信设施，通常都是通过一组光纤的铺设作为城域网的主干，带宽非常高，以满足城市建设和居民对数据、语音、视频传输服务的需求。

4. 拓扑结构

网络的拓扑结构是指网络中各设备之间的连接方式。常用的网络拓扑结构有总线型拓扑结构、星型拓扑结构、环型拓扑结构和树型拓扑结构等。

① 总线型拓扑结构。总线型拓扑结构采用一条单根的通信线路（总线）作为公共的传输通道，所有节点都通过相应的硬件接口直接连接到总线上，如图 5.1(a)所示。总线上的所有节点都可以发送数据到总线上，数据沿总线传播。由于所有节点共享总线，所以任何时候只允许一个节点发送数据。

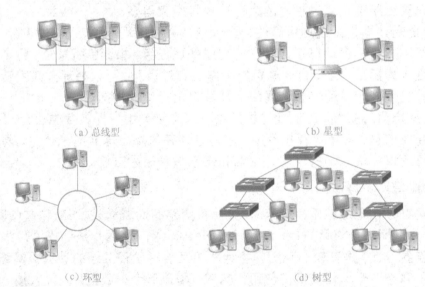

（a）总线型　　　　　　　　　　　　（b）星型

（c）环型　　　　　　　　　　　　（d）树型

图 5.1　网络拓扑结构

总线型网络的优点是结构简单、灵活，易于扩展，节点故障不影响整个网络。其缺点是总线中任一处发生故障将导致整个网络的瘫痪，且故障诊断困难；此外，当网络负载重时，传输性能迅速下降。

② 星型拓扑结构。星型拓扑结构是继总线型结构后兴起的网络结构，所有节点都连接到中央节点上，这种结构是中心向外成放射状，因此称为星型网络，如图 5.1(b)所示。

星型拓扑结构具有连接方便、故障诊断容易、可靠性较高等优点，若一个节点（终于节点除外）出现故障不会影响网络的运行；其缺点是对中心节点依赖性较高，中心节点故障将导致整个网络瘫痪。

③ 环型拓扑结构。在环型网络中，所有节点连接成一个封闭的"环"。由于多个节点共享一个环路，为防止冲突，在环网上设置了一个令牌，只有获得令牌的节点才能发送信息，所以也叫做令牌网，如图 5.1(c)所示。环型拓扑结构的优点是具有较高的信息传输的确定性，早期用于光纤网，传输速率高，不会因为节点故障而引起全网故障，但扩充和关闭节点都比较复杂。

④ 树型拓扑结构。树型网络可以看成是由多个星型网络按层次方式排列构成的，如图 5.1(d)所示。在实际组建一个较大型网络时，往往采用多级星型网络。树型网扩大了网络的覆盖区域，具有组网灵活、成本低、扩充方便等优点，目前较大规模的局域网多采用这种拓扑结构。

二、网络介质

1. 双绞线

双绞线是目前网络中最常用的传输介质。双绞线采用了一对互相绝缘的金属导线互相绞合的方式来抵御一部分外界电磁波干扰。常用的双绞线网络电缆由 4 对双绞线组成（如图 5.2 所示）。双绞线又可分为屏蔽双绞线（Shielded Twisted Pair，STP）和无屏蔽双绞线（Unshielded Twisted Pair，UTP）。目前常见的双绞线有 6 类、超 5 类、5 类双绞线等。常用的 5 类双绞线的传输速率一般为 100 Mbps，超 5 类双绞线在信号传输时比 5 类双绞线的衰减更小，抗干扰能力更强，传输速率可达 1000 Mbps。6 类双绞线传输性能又远远高于超 5 类双绞线，适用于传输速率高于 1 Gbps 的应用。双绞线两端安装 RJ45 接头，如图 5.2 所示，分别连接计算机的网卡和网络设备。

图 5.2　双绞线

2. 光纤

光导纤维是一种传送光信号的介质，它的内层是具有较高光波折射率的光导玻璃纤维，外层包裹着一层折射率较低的材料，利用光波的全反射原理来传送编码后的光信号。根据光波的传输模式，光纤主要分为两种：多模光纤和单模光纤（如图 5.3 所示）。

多模光纤通过多角度反射光波实现光信号的传输。由于多模光纤中有多个传输路径，每个路径的长度不同，通过光纤的时间也不同，这会导致光信号在时间上出现扩散和失真，限制了它的传输距离和传输速率。

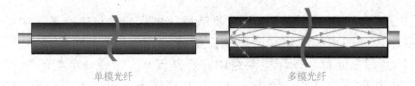

单模光纤　　　　　　　　　　多模光纤

图 5.3　光纤示意图

单模光纤中只有一个轴向角度来传输光信号，或者说光波沿着轴向无反射地直线传输，光纤起着波导作用。单模光纤只有一个传输路径，不会出现信号传输失真现象，因此在相同传输速率情况下，单模光纤比多模光纤的传输距离长得多。通常，单模光纤传输系统的价格要高于多模光纤传输系统。

光纤系统主要由三部分组成：光发送器、光纤介质和光接收器。发送端的光发送器利用电信号对光源进行光强控制，从而将电信号转换为光信号。光信号经过光纤介质传输到接收端。光接收器通过光电二极管再把光信号还原成电信号。

光纤是一种不易受电磁干扰和噪声影响的传输介质，具有传输速率高、传输距离远、抗干扰能力强、保密性好等特点，特别适合用来构造高速远程网或广域网，如现代广域网、城域网、园区网以及高速局域网等主要采用光纤为传输介质。因此，光纤已经成为高速远程网首选的传输介质。

3. 无线介质

根据距离的远近和通信速率的要求，网络可以选用不同的有线介质。如果铺设线路困难而且成本非常高时，可以考虑无线介质。无线传输介质主要有微波、卫星、红外线。

① 微波。微波是一种频率在 1 GHz 以上的电磁波。微波通信在长途大容量的数据通信中占有重要地位。由于频率高，传输受到距离的限制，微波信号在长途通信时必须建立多个中继站。微波通信有两种主要方式：即地面微波接力通信和卫星通信。

② 卫星通信利用人造地球同步卫星作为微波中继站。卫星通信可以克服地面微波通信的距离限制，其最大的特点就是通信距离远、覆盖面广，传输的质量和可靠性也很高，卫星通信的缺点是传播时延过长。

③ 红外线传输。红外线传输使用可见光谱以下的频率范围进行数据通信，广泛用于短距离通信。如家用电器的遥控器就是红外设备，能在一定距离内控制电视、空调、音响等设备的操作。大多数便携式计算机中，红外接口曾是标准配置，能够在便携式计算机之间或和红外接口打印机等外设实现数据传输。红外线传输对短距离、中低数据传输非常实用。由于信号不能穿透墙壁等固体物体，不同房间内的红外系统互不干扰，防窃听安全性比无线电系统好。

三、网络设备

1．网络接口卡

网络接口卡（Network Interface Card，NIC）简称网卡，是计算机与网络相连的硬件设备（如图 5.4 所示），插在计算机主板的扩展槽中，通过网线与网络相连。网卡主要用于处理网络传输介质上的信号，在网络传输介质和计算机之间交换数据。局域网的计算机，无论是服务器还是工作站，都必须配置网卡。

图 5.4　网络接口卡

每个网卡都有一个唯一、固定的物理地址（48 个二进制位，或 12 个十六进制位），通常称为 MAC 地址，如 "00-00-E8-51-0E-7C"，由一个国际组织进行分配，其中前 6 位代表生产厂商，后 6 位为该厂商自行分配给网卡的唯一号码。

2．中继器

中继器（Repeater）的主要作用是用来放大信号。信号传输一定距离后一定会衰减、失真，中继器用来加强信号，使得传输距离可以延伸，避免受到距离的限制。

3．集线器

集线器（Hub）能够提供更多的端口，可以优化网络布线结构、简化。由于集线器属于共享型设备，导致在规模大且数据通信繁重的网络中的效率大大降低，一般用于构建小型局域网。

4．交换机

交换机（Switch）一般用来将多个局域网网段连接到一个大型网络上。从带宽来看，集线器上的所有端口争用一个共享信道的带宽，因此随着网络节点数量的增加，数据传输量的增大，每节点的可用带宽将随之减少。交换机上的所有端口均有独享的信道带宽，以保证每个端口上数据的快速有效传输。交换机为用户提供独占的、点对点连接，数据包只被发送到目的端口，不会向所有端口发送，如图 5.5 所示。

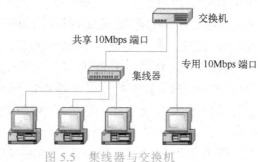

图 5.5　集线器与交换机

5．路由器

路由器（Router）是网络层的互连设备，把多个不同网络连接成更大的网络。互联网之所以会发展成如此庞大和整体运作的超级网络，是与路由器的作用分不开的（如图 5.6 所示）。

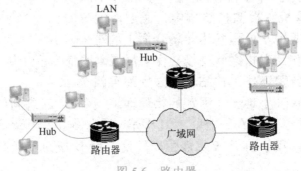

图 5.6　路由器

路由器的主要任务是实现路径选择、协议转换，当数据从一个子网传输到另一个子网时，路由器检查网络地址并决定数据是应在本网络中传输还是应传输至其他网络，并能选择从源网络到目的网络之间的一系列数据链路中的最佳路由。路由器还能在多网络互连环境下建立灵活的连接，可用完全不同的数据分组和介质访问方法连接各种子网。一般说，异种网络互连或多个网络互连采用路由器。

6．网关

除具有路由器的全部功能外，网关（Gateway）还能为互连的网络双方提供高层协议的转换服务，即能够连接两个高层协议完全不同的网络。

网关可以由计算机作为硬件平台，通过运行相应的网关软件来实现特定的网关功能，也可以设计专门的硬件和软件，成为专门的网关产品。

四、网络协议与体系结构

1．网络协议

网络协议即网络中传递、管理信息的一些规则和标准。人与人之间相互交流是需要遵循一定的规矩，如我们交流的语言有一定的语法规则，如果两个人使用同一种语言进行沟通，那绝对没有问题。但是如果两个人使用不同的语言，彼此要沟通，有时候会词不达意，甚至于会理解错误。

计算机之间的相互通信同样需要共同遵守一定的规则，这些规则就称为网络协议。网络协议大多数是在网络技术发展过程中由网络设备或网络软件公司定义开发的。协议对网络是十分重要的，它是网络赖以工作的保证。有网络必有通信，有通信必有协议。如果通信双方无任何协议，则对所传输的信息就无法理解，更谈不上正确的处理和执行。网络中有各种类型的协议，针对不同的问题,可以制定出不同的协议。例如,文件传输协议(File Transfer Protocol, FTP)是一个用于在两台装有不同操作系统的计算机中传输计算机文件的软件标准。

2. 体系结构

计算机网络所要解决的问题纷繁复杂,所以采取了分层结构来实现。整个网络的体系结构分割为若干相对独立的层,每层都只负责所规定的部分任务。

分层结构的优点如下:

❖ 通过每一层实现一种相对独立的功能来使复杂问题简单化,每个层次都可以使用最适宜的技术来实现。

❖ 每一层的设计都是独立的,不必关心上下层是如何实现的,只需关心下层为本层提供的服务,以及本层必须为上一层提供哪些服务。

❖ 由于技术的变化使某层的实现需要变化时,不会影响其他层的实现。

(1) OSI 网络模型

层次化的网络体系结构需要模型来定义各层次间的关系和功能。

OSI 参考模型(Open System Interconnect Reference Model, OSI/RM)是国际标准化组织 ISO 于 1983 公布的。"开放"表示这个标准允许网络间的互连。如图 5.7 所示,OSI/RM 将网络体系结构分为 7 层,每层都有各自负责的功能,而且各层次息息相关,互相提供服务,环环相扣。

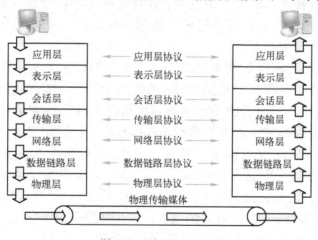

图 5.7 OSI/RM

下面简要叙述 OSI 模型中各层的功能。

① 物理层。物理层负责通过通信介质实现比特流(二进制数据流)的透明传输。传输介质可以是同轴电缆、光缆、卫星链路及普通的电话线,物理层协议的设计要屏蔽这些传输介质的差异,对其上的数据链路层来说,物理层就是一个传输比特流的物理连接,而不需要关心传输介质的差异。

物理层协议关心的典型问题是使用什么样的物理信号来表示二进制数据

0和1，数据传输是否可同时在两个方向上进行，连接如何建立，以及完成通信后连接如何终止、插头和插座的几何尺寸、物理接口有多少引脚和各引脚的功能等。

② 数据链路层。尽管物理层采取了一些必要的措施来减少信号传输过程中的噪声，但是数据在物理传输过程中仍然可能损坏或丢失。

数据链路层提供网络中节点之间的可靠传输，将本质上不可靠的传输媒介变成可靠的传输通路提供给网络层。为此，在数据链路层上，发送方将数据分装为几百到几千字的数据帧，接收方要对接收到的数据帧进行校验和确认，发送在超时或接收到否定性确认后要重发。

③ 网络层。一台计算机与另一台计算机要通过网络进行通信，中间往往必须经过若干中间节点，可能存在多条通路，网络层的任务之一就是要选择合适的路径，使发送方的传输层发下来的信息分组能够正确无误地按照地址找到目的站，并交付接收方的传输层。

④ 传输层。传输层的主要功能是向发送方和接受方提供可靠的端—端服务，处理数据包错误、数据包次序，以及其他一些关键传输问题，以使两个端系统之间透明地传输报文。传输层屏蔽了会话层，使会话层看不见传输层以下的数据通信的细节。

⑤ 会话层。会话层的主要功能是使用传输层提供的可靠的端—端连接，在两个应用进程之间建立会话连接，并对会话进行管理和控制，保证会话数据可靠传送。"会话"的意思是指两个应用进程之间为交换信息而按一定规则建立起来的一个暂时联系。

⑥ 表示层。表示层的主要功能是用于处理在两个通信系统中交换信息的表示，主要包括数据格式转换、数据加密与解密、数据压缩与恢复等功能。

⑦ 应用层。应用层为特定的网络应用提供数据传输服务。应用层协议仍属于网络体系结构的一部分，并不是应用程序。在实现方式上，可以由网络系统实现，也可以在应用程序中实现，主要取决于具体的网络应用。例如，Internet 中的 WWW 应用系统采用 C/S 模式，客户端是浏览器，服务器端是 Web 服务器，它们之间采用 HTTP（HyperText Transfer Protocol）进行通信。HTTP 就是一种应用层协议，由应用程序来实现，在客户端由 Web 浏览器来实现，在服务器端由 Web 服务器来实现。

主题二　天涯若比邻——互联网

互联网大大缩小了人们的空间距离感，使全球实现信息交流和共享。我们的生活、工作、学习、思维等方式都发生了深刻变化。"海内存知己，天涯若比邻"，这一古人的美好愿望而今正通过互联网得以实现。

一、什么是互联网

1．互联网的定义

简单地说，互联网 Internet 是一个由各种类型和规模的、独立运行和管理的计算机网络组成的世界范围的巨大计算机网络——全球性计算机网络。

从网络通信技术的角度看，互联网是一个以 TCP/IP 网络协议连接各国家、各地区及各机构的计算机网络的数据通信网。从信息资源的角度看，互联网是一个将各部门、各领域的各种信息资源汇聚为一体，供网上用户共享的信息资源网。今天的互联网已远远超过了网络的涵义，它是一个社会。虽然至今还没有一个准确的定义概括互联网，但是这个定义应从通信协议、物理连接、资源共享、相互联系、相互通信的角度综合考虑。

一般认为，互联网的定义应包含三方面的内容：互联网是一个基于 TCP/IP 协议的网络；互联网是一个网络用户的集合，用户使用网络资源，同时为网络的发展壮大贡献力量；互联网是所有可被访问和利用的信息资源的集合。

2．互联网的产生和发展

（1）20 世纪 60 年代，ARPANET 诞生

20 世纪 60 年代，美国国防部高级计划研究署（ARPA）支持研制这样一种系统：当美国遭到核武器袭击时，如果某个或多个指挥控制中心被摧毁，其他点仍能正常的工作，而这些分散的点又能通过某种形式的通信网相互取得联系。最初，ARPANET 只连接了 4 台计算机，分别位于美国的犹他大学、加州大学圣地巴巴拉分校、加州大学洛杉矶分校和斯坦福国际研究学院，如图 5.8 所示。

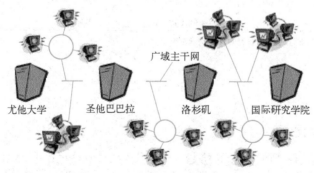

图 5.8　ARPANET 初期组成示意

（2）20 世纪 70 年代，TCP/IP 协议研制成功

由于各种计算机之间不能互相兼容，加上各种不同的操作系统，因而把这些计算机连接到一起是有相当难度的。为了连接方便，也为了数据传输更可靠，

ARPANET 的研究人员于 70 年代开发了网络协议 TCP/IP。该协议已成为当今 Internet 的通行标准。在整个 70 年代，ARPANET 连接了约 200 台计算机。到了 80 年代初期，几乎所有网络都采用了 TCP/IP。ARPANET 也成为当时 Internet 的主干。换句话说，当时的互联网就是由连接到 ARPANET 上的基于 TCP/IP 的所有网络组成的。

（3）20 世纪 90 年代，互联网进入高速发展时期

1991 年，科学家提姆·伯纳斯李开发出了万维网及简单的浏览器，互联网开始向社会大众普及

（4）互联网在中国

1987 年 9 月 20 日，钱天白教授发出我国第一封电子邮件 "Across the Great Wall we can reach every corner in the world.（越过长城走向世界）"，揭开了中国人使用 Internet 的序幕。

1994 年 4 月，中科院计算机网络信息中心通过 64 kbps 的国际线路连到美国，开通路由器，我国开始正式接入 Internet。

2000 年，中国三大门户网站搜狐、新浪、网易在美国纳斯达克挂牌上市。

中国网民规模及互联网普及率，多年来飞速发展。截至 2013 年 12 月，中国网民规模达 6.18 亿，手机网民规模达 5 亿。国际出口宽带数 3 406 824 Mbps，如图 5.9 所示。

图 5.9　中国网民规模及互联网普及率

二、网络协议 TCP/IP

1. 什么是 TCP/IP

TCP/IP 是互联网的基本协议，是 Transmission Control Protocol / Internet Protocol（传输控制协议/互联网协议）的简称。事实上，TCP/IP 是由一系列支持网络通信的协议组成的集合。

TCP/IP 于 20 世纪 70 年代开始被研究和开发，经过不断的应用和发展，目前已被广泛用于各种网络中，既可用于组建局域网，也可用于构造广域网环

境。可以说，TCP/IP 的逐步发展为互联网的形成奠定了基础，互联网今天的成功，应归功于 TCP/IP。互联网是基于网络协议 TCP/IP 之上的，互联网中的许多概念都来自 TCP/IP。

　　TCP/IP 在计算机网络体系中占有非常重要的地位。由于互联网盛行，使得越来越多的网络产品生产商都必须考虑让自己的产品支持 TCP/IP，否则就会失去市场，因此 TCP/IP 成为既成事实的网络工业标准。支持互联网的操作系统需要使用 TCP/IP，常用的操作系统如 Windows、Linux 和 UNIX 都在系统内部嵌入了 TCP/IP 和附加的实用子程序，在安装网络时供用户选择。

　　图 5.10 给出了 OSI 和 TCP/IP 两种模型的相互关系以及在相应层次上的典型协议。当 OSI 标准化结构开始出现的时候，TCP/IP 就已经在开发之中了。不过，这两种模型的设计目的是相似的，由于它们的设计者之间进行过许多沟通和相互学习，从而使得 OSI 参考模型与 TCP/IP 模型之间具有一定的联系。

OSI/ISO 模型	TCP/IP 协议					TCP/IP 模型
应用层	文件传输协议 FTP	远程登录协议 Telnet	电子邮件协议 SMTP	网络文件服务协议 NFS	网络协议 SNMP	应用层
表示层						
会话层						
传输层	TCP		UDP			传输层
网络层	IP	ICMP	ARP RARP			网际层
数据链路层	Ethernet IEEE 802.3	FDDI	Token-Ring/ IEEE.802.5	ARCnet	PPP/SLIP	网络接口层
物理层						硬件层

图 5.10　TCP/IP 模型与 OSI 参考模型的比较

　　网络接口层与 OSI 参考模型的物理层和数据链路层相对应，TCP/IP 本身并未定义该层的协议，而由参与互连的各网络使用自己的物理层和数据链路层协议，然后与 TCP/IP 的网络接口层进行连接。网际层对应于 OSI 参考模型的网络层，主要解决主机到主机的通信问题。传输层对应于 OSI 参考模型的传输层，为应用层实体提供端到端的通信功能。应用层对应于 OSI 参考模型的应用层、表示层和会话层，为用户提供所需要的各种服务。

　　2. IP 地址

　　(1) 什么是 IP 地址

　　在互联网上有数以亿计的个人计算机、服务器，这些计算机间每时每刻都可能在传递各种信息，在互联网上传递信息就好比是邮递员投递信件，我们必须在信封上正确地填写收信人的通信地址，这样邮政系统就可以根据这个地址把信送到收信人的手中。同样，人们给每台计算机都分配一个全世界范围唯一的 IP 地址，作为其在互联网上的唯一标志，以方便计算机间的通信。

按照 TCP/IP 规定，IP 地址是 4 字节、32 位的二进制串。例如，百度的 Web 服务器的 IP 地址是 11001010 01101100 00010110 00000101。互联网上正是使用这样的二进制串，进行快速、准确地信息传递。人们为了读写方面，通常采用更直观的"点分十进制"来表示 IP 地址，即 8 位二进制串对应一个十进制数，二进制形式 IP 地址的 32 位对应 4 个十进制数，每个十进制数间用"."隔开。可以看出，IP 地址二进制形式和点分十进制形式间的对应关系，百度的 Web 服务器的 IP 地址的点分十进制形式是 202.108.22.5。

(2) IP 地址的分类

互联网是把全世界无数个大大小小的网络连接而成一个庞大网络，IP 地址逻辑上相应由两部分组成：网络地址和主机地址。网络地址用来标志主机所在的物理网络，主机地址是主机在物理网络中的编号。这与日常生活中的电话号码很像，例如，电话号码 086-571-87051234 的前 6 位 086-571 表示中国杭州的区域编号，87051234 则为杭州市话网上的电话号码。

IP 地址中的网络地址长度决定互联网上网络的数量，主机地址的长度决定每个网络上可以容纳的主机数。网络中包含的计算机有可能不一样多，有的网络可能含有较多的计算机，有的网络包含较少的计算机，为此人们将 IP 地址分成 A、B、C、D 等 4 类。一般来说，人们可以根据自己的网络规模来选择申请不同类型的 IP 地址，IP 地址的前 5 位反映了其类型。

A 类 IP 地址由 1 字节的网络地址和 3 字节主机地址组成，其二进制形式的最高位为"0"。A 类 IP 地址首字节可以是 00000001～0111110，即 1～126，可用的 A 类网络地址有 126 个。A 类网络地址用于拥有大量主机的超大型的网络，每个 A 类网络最多可有 $2^{24}-2$ 台计算机。麻省理工学院拥有 A 类网络地址 18.0.0.0，美国 IBM 公司拥有 A 类网络地址 9.0.0.0。

B 类 IP 地址由 2 字节的网络地址和 2 字节主机地址组成，其二进制形式的最高 2 位为"10"。每个 B 类网络可有 $2^{16}-2$ 台计算机，B 类地址用于中等规模的网络。B 类 IP 地址前 2 字节可以是 10000000 00000000～10111111 11111110，即点分十进制形式 128.0～191.254，可用的 B 类网络地址有 16382 个。

C 类 IP 地址由 3 字节的网络地址和 1 字节的主机地址组成，其二进制形式的最高 3 位为"110"。C 类地址用于小型网络，每个网络能容纳 254 个主机。C 类 IP 地址前 3 字节可以是 11000000 00000000 00000000～11011111 11111111 11111110，即点分十进制形式 192.0.0～223.255.255，C 类网络可达 209 万余个。

(3) 子网掩码

子网掩码是 32 位二进制串，用于指明 IP 地址的哪一部分代表网络号，哪一部分代表主机号。若子网掩码中的某位为 1，则对应 IP 地址中的某位为网络地址中的一位；若子网掩码中的某位为 0，则对应 IP 地址中的某位为主机地址中的一位。例如，掩码 255.255.255.0 中，前 3 字节全 1，代表对应 IP 地址中最高的 3 字节为网络地址；后 1 字节全 0，代表对应 IP 地址中最后的 1 字节为主机地址。

可以看出，A 类 IP 地址的默认子网掩码是 255.0.0.0，B 类地址子网默认掩码 255.255.0.0，而 C 类地址的子网默认掩码是 255.255.255.0。

在许多单位，一个规模较大的网络往往被划分为若干个子网络，并通过路由器连接起来。这样，一方面可以对不同的子网络采用不同结构，便于网络管理，另一方面可以减轻网络数据传输拥挤，提高访问速度。因为子网内计算机间传输的信息，会被路由器隔离在子网内部，不会被转发到其他子网上。

IP 地址结构中的网络地址用于标志该地址所从属的网络，主机地址用于指明该网络上某个特定主机。然而，有限的 IP 网络地址资源无法保证每个子网都有一个网络号。子网掩码可以让若干子网络共享同一网络地址。也就是从主机地址的最高位开始，将其中若干位作为子网号，剩余的部分则仍为主机位。这使得地址的结构分为三部分：网络位、子网位和主机位。

(4) IPv6

随着互联网用户的迅猛增加，尽管已经采取了地址分类等技术，现有的网络地址不足危机日益明显，并影响到了网络的进一步发展。IETF 根据 20 年来对 IPv4 的运用经验进行了大幅度的功能扩充和改进，并在继承 IPv4 优点的基础上，于 1998 年发布了 IPv6 草案标准。

除解决了地址空间的短缺问题外，IPv6 比 IPv4 处理性能更加强大、高效，还全面地考虑了其他在 IPv4 中难以解决的问题，包括完善处理安全性、多播、移动性等技术问题。因此，IPv6 以在地址数量、安全性及移动性等方面的巨大优势，将对未来网络演进和业务发展产生巨大影响。

三、如何接入互联网

1. ISP

ISP 是 Internet Service Provider 的缩写，即互联网服务供应商。如同用户安装一部电话要找电信局一样，用户如果要接入互联网，则要去找 ISP。ISP 是用户接入互联网的入口。通常，个人用户的计算机或集团用户的计算机网络先通过某种通信线路连接到 ISP 的主机，再通过 ISP 的连接通道接入互联网。ISP 的作用主要有两方面，一是为用户提供互联网接入服务，二是为用户提供各类信息服务，如电子邮件服务、信息发布代理服务等。

中国电信、中国联通和中国移动都提供互联网接入服务。用户可以根据 ISP 所提供的网络带宽、入网方式、服务项目、收费标准以及管理措施等选择适合自己的 ISP。包括学校在内的许多单位的局域网通过路由器与互联网连接，成为互联网的一部分。我们可以通过连接局域网来接入互联网。

2. 有线接入

① ADSL。ADSL（Asymmetric Digital Subscriber Line，不对称数字用户环路）是一种通过普通电话线提供宽带接入的技术。如图 5.11 所示，用户只需一条普通的电话线，再安装一台 ADSL Modem，就可以得到 1～8 Mbps 的高速下行速率和上行速率 640 kbps～1 Mbps，同时不干扰在同一条线上进行的常规话音服务。也就是说，用户可以在上网的同时打电话或发送传真，而不会影响通话质量和网络传输速度。

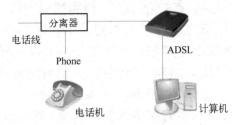

图 5.11　ADSL Modem 接入示意

② FTTX+LAN。ISP 的城域网光纤接入到小区节点或楼道，用户从楼宇交换机，采用双绞线方式接入到桌面计算机。该方式的特点是速率高、抗干扰能力强，适用于家庭或各类企事业团体，可以实现各类高速率的互联网应用。用户既可以选择专线接入，拥有固定的 IP 地址，成为互联网中相对稳定的组成部分，也可以通过 PPPoE 虚拟拨号获得动态 IP 地址的方式接入互联网。

3. 无线接入

① WLAN。WLAN（Wireless LAN，无线局域网）采用无线电波作为传输介质，提供传统有线局域网的所有功能。WLAN 使得用户可以在无线信号覆盖区域内的任何一个位置接入局域网络（如图 5.12 所示）。WLAN 的重要优点是使得用户可以在移动中保持与网络连接。如果局域网已经接入了互联网，那么 WLAN 为笔记本等移动智能设备接入互联网提供方便。

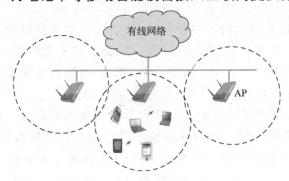

图 5.12　基于 WLAN 的无线上网

电信服务商已经在人群密集的公共场所如机场、车站、商场设置一些无线访问点（Access Point，AP），为需要随时上网的人提供接入服务。

② 基于移动通信网络的无线上网。通信公司开展的 Internet 增值服务也是一个热点。手机上网已早为人熟知，但由于手机网络带宽受限，一直不被看好。为此，通信公司提供和固定电话服务类似的服务，为用户提供专用的移动网卡，插入便携式计算机就可以实现上网。

通过覆盖面极广的蜂窝无线网，通信公司为用户数据服务，因此只要手机有信号的地方就能上网，这对用户很有吸引力。

四、互联网的应用

1．Web 浏览

（1）网页与主页

在 Web 服务中，信息资源以绚丽多彩的网页形式提供，各网页之间又可通过超链接组织起来。网页实际是一个文件，被存放在世界某个角落的某一台计算机中，这台计算机必须是与互联网相连的。网页经由网址来识别和存取，浏览器与 Web 服务器之间以页为单位来传输信息。在浏览器输入网址后，经过一段复杂而又快速的程序，网页文件会被传输到你的计算机，然后通过浏览器解释网页的内容，再展示到屏幕上。

如果将 Web（World Wide Web，WWW）视为互联网上一个大型图书馆，则每个 Web 站点就像图书馆中的一本本书，网页则是书中的某一页。多个网页合在一起便组成了一个 Web 站点。主页是某个 Web 站点的起始页，就像一本书的封面或者目录。

（2）统一资源定位器 URL

Web 采用了统一资源定位符 URL（Uniform Resource locator）来标志网络的各种类型的信息资源，使每个资源在互联网的范围内都具有唯一的标识。用户通过 URL 可以定位互联网上的任何可访问资源。

资源可以是互联网上任何可被访问的对象，包括文件目录、文本文件、图像文件、声音文件、电子邮件等。URL 不仅要表示资源的位置，也要明确 Web 浏览器访问资源时采用的方式。URL 由三部分组成，其一般格式为：

协议类型://主机域名/[路径]/文件名

协议类型有 HTTP、FTP、Telnet 等；若资源是在本地计算机中，则协议名为 File。例如，http://www.hdu.edu.cn/introduce/default.htm 中的 www.hdu.edu.cn 是杭州电子科技大学 Web 服务器的域名，/introduce/default.htm 表示该服务器中 default.htm 文档所在的位置，"http" 表示浏览器访问该资源时使用的协议。

（3）Web 浏览器

Web 页面一般通过浏览器来查看。浏览器主要通过 HTTP 与 Web 服务器交互并获取网页，这些网页由 URL 指定。通过浏览器，用户可以浏览网页上的多媒体信息，包括文本、图形、图像等，通过安装插件，用户还可以浏览网页上嵌入的动画、视频、声音、流媒体等。

（4）搜索引擎

随着互联网飞速的发展，网络上的信息越来越多，普通用户想找到所需的资料如同大海捞针。为满足用户信息检索的需求，专业搜索网站应运而生。搜索引擎就是这些专业网站提供的搜索工具。搜索引擎根据一定的策略、运用特定的计算机程序搜集互联网上的信息，在对信息进行组织和处理后，并将处理后的信息列表显示出来，为用户提供检索服务。

各种搜索引擎的主要任务都包括信息搜集、信息处理、信息查询三方面。搜索引擎通过"网页搜索软件"访问网络中每个站点并记录其网址，进行分类整理，建立搜索引擎数据库，并定时更新数据库内容。用户只要把想要查找的关键词或短语输入查询框中，并按相应搜索按钮，搜索引擎就会在索引数据库中查找相应的词语，进行必要的逻辑运算，最后给出查询的命中结果。用户通过搜索引擎提供的链接，可以立刻访问到相关信息。

竞价排名是搜索引擎的主要盈利途径。所谓竞价排名，就是关键词搜索结果的位置拍卖。搜索引擎对某一个关键词进行拍卖，根据某网站出价的高低排定其在搜索结果中的位置，出价高的网站会出现在搜索结果的前列。

2．电子邮件

电子邮件（Electric mail，E-mail）是互联网上最早出现的服务之一。随着互联网的快速发展，电子邮件的使用日益广泛，已经成为人们交流的重要工具。电子邮件之所以会受到广大用户的普遍喜爱，是因为与传统通信方式相比，其具有成本低、速度快、可达到范围广、内容表达形式多样等优点。

（1）电子邮箱地址

用户接收和发送电子邮件，必须拥有一个电子邮箱（E-mail Box），用户可以向新浪、网易等提供电子邮件服务的机构申请电子信箱。每个电子信箱都有相应的用户名和密码，一般将提供电子邮箱和邮件收发服务的计算机称为邮件服务器，如新浪邮件服务器的域名为 mail.sina.com，浙江大学邮件服务器的域名为 mail.zju.edu.cn。邮件服务器就相对于一个邮局，发送给用户的邮件都先存放在用户的邮箱里，用户可以凭邮箱的用户名和密码从电子邮箱中取得电子邮件。

邮箱的用户名和所在邮件服务器的域名，共同构成用户的电子邮箱地址。其格式为：用户名@邮件服务器域名。例如，某用户在新浪网上申请了电子邮箱，用户名为 wang，那么该用户的 E-mail 地址为 wang@sina.com。

（2）电子邮件传递

电子邮件的传输是由 ISP 的邮件服务器完成的。ISP 的邮件服务器 24 小时连续运行，用户因此可以随时发送和接收邮件，而不必考虑收件人的计算机是否打开。ISP 的电子邮件服务器起到"网上邮局"的作用。

电子邮件在发送和接收过程中，要遵循一些基本协议和标准，这些协议和标准保证电子邮件在各种不同系统之间进行传输。常见的电子邮件协议有SMTP (Simple Mail Transfer Protocol，简单邮件传输协议)、POP3 (Post Office Protocol 3，邮局协议第 3 版)、IMAP (Internet Message Access Protocol，互联网消息访问协议)。

在互联网上发送和接收邮件的过程，与普通邮政信件的传递与接收过程十分相似。如图 5.13 所示，邮件并不是从发送方的计算机上直接发送到接收方的计算机上，而是通过互联网上的邮件服务器中转。

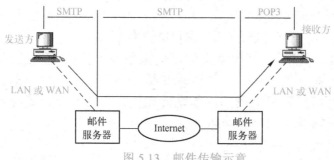

图 5.13　邮件传输示意

SMTP 是一组用于由源地址到目的地址传送邮件的规则，由它来控制信件的中转方式。SMTP 属于 TCP/IP 协议族，帮助每台计算机在发送或中转信件时找到下一个目的地。通过 SMTP 所指定的服务器，就可以把 E-mail 寄到收信人的服务器上了，整个过程只要几分钟。SMTP 服务器则是遵循 SMTP 的发送邮件服务器，用来发送或中转发出的电子邮件。

POP3 规定个人计算机如何连接到互联网上的邮件服务器进行收发邮件。POP3 允许用户从服务器上把邮件存储到本地主机（即自己的计算机）上，同时根据客户端的操作删除或保存在邮件服务器上的邮件。

IMAP（以前称为交互邮件访问协议 Interactive Mail Access Protocol）是斯坦福大学在 1986 年开发的一种邮件获取协议。IMAP 的主要作用是邮件客户端（如 Outlook）可以通过这种协议从邮件服务器上获取邮件的信息、下载邮件等。当前的权威定义是 RFC3501。IMAP 运行在 TCP/IP 之上，使用的端口是 143。IMAP 与 POP3 协议的主要区别是，用户可以不用把所有的邮件全部下载，可以通过客户端直接对服务器上的邮件进行操作。

IMAP 是 POP3 的一种替代协议，提供了邮件检索和处理的新功能，这样用户可以完全不必下载邮件正文就可以看到邮件的标题摘要，通过邮件客户端软件可以对服务器上的邮件和文件夹目录等进行操作。IMAP 增强了电子邮件的灵活性，同时减少了垃圾邮件对本地系统的直接危害，也相对节省了用户查看电子邮件的时间。

（3）邮件收发

大部分电子邮件服务器都提供了 Web 方式的邮件处理，例如，新浪信箱可以在浏览器中打开 mail.sina.com，登录即可收发邮件。

电子邮件也可以用客户端软件来收发，其优势在于能同时管理多个电子邮件账户，可以自动登录、自动收信，免去手动查收邮件的麻烦。常用电子邮件客户端软件有 Outlook Express、Foxmail 等。

3. 文件传输

文件传输是 Internet 上最早出现的应用，直到今天仍然是重要和基本的应用之一。不管两台计算机在地理位置上相距多远，也不管它们是否使用同一种操作系统，只要两者都支持 FTP(File Transfer Protocol，文件传输协议)，并与 Internet 相连，便可通过 FTP 来传输文件。

FTP 服务器是依照 FTP 提供文件传输服务的计算机，这台计算机需安装 Serv-U 等 FTP 服务器软件，文件传输包括文件上传和文件下载。文件下载是从 FTP 服务器将文件复制到用户本地计算机上。文件上传是指将文件从用户本地计算机中传输到 FTP 服务器上。

（1）文件传输的用户权限

使用 FTP 进行文件传输，首先必须在 FTP 服务器上使用正确的账号和密码登录，以获得相应的权限，常见的权限有列表、读取、写入、修改、删除等，这些权限由 FTP 服务器的管理者在为用户建立账号时设置。一个用户可以设置一项或多项权限，如拥有读取、列表权限的用户就可以下载文件和显示文件目录，拥有写入权限的用户可以上传文件。

（2）注册用户与匿名用户

用户登录 FTP 时使用的账号和密码必须首先由服务器的系统管理员为用户建立，同时为该用户设置使用权限，这样用户使用该账号和密码登录到服务器后，就可以在管理员所分配的权限范围内操作。注册的过程就是用户通过提供账号和密码，与 FTP 服务器建立连接。使用 FTP 应用软件进行注册时，通常要指定登录的 FTP 服务器地址、账号名、密码等信息。

由于 Internet 上的用户成千上万，服务器管理者不可能为每个用户都开设一个账号，对于可以提供给任何用户的服务，FTP 服务器通常开设一个匿名账号，任何用户都可以通过匿名账号登录，匿名账号的统一规定是"anonymous"，密码可以是电子邮件地址，也可能不设密码。使用匿名身份登录的用户一般只允许从服务上"下载"软件。

匿名 FTP 是 Internet 上应用广泛的服务之一，在 Internet 上有成千上万的匿名 FTP 站点提供各种免费软件。

（3）FTP 客户端软件

许多工具软件被开发出来用于实现方便、高效的文件下载，如 NetAnts、CuteFTP、FlashGet 等，这些软件的共同特点是采用直观的图形界面，通常还实现了文件传输过程中的断点续传和多路传输功能。多路传输就是把一个文件分块并同时下载，从而达到对下载的加速。断点续传是指在文件上传或下载时，如果碰到网络故障，可以从中断的地方继续处理或下载尚未完成的部分，而不必重新开始上传或下载，从而可以节省时间，提高速度，大大减少了用户的烦恼。

主题三　网络有风险——网络安全

"在互联网上，没人知道你是一条狗。"这句出自 1993 年 7 月《纽约客》刊登的一则漫画标题曾经流行一时（如图 5.14 所示）。但过了不到 20 年，这句话已经彻头彻尾地破灭。伴随着互联网的飞速发展，网络信息安全问题日益突出，越来越受到社会各界的高度关注。

"On the Internet, nobody knows you're a dog."

图 5.14　《纽约客》的一则漫画

一、什么是网络安全

1. 网络安全的定义

网络安全的发展历史伴随着互联网络的发展历史，从网络诞生之初，网络安全问题就同步存在，并共生共存于互联网发展的各个阶段，随着网络功能的日益增强和应用的日益广泛，安全问题也越来越复杂化、专业化。

网络安全是指网络系统的硬件、软件及其系统中的数据受到保护，不因偶然的或者恶意的原因而遭受到破坏、更改、泄露，系统连续可靠正常地运行，网络服务不中断。网络安全从其实质上是指网络上的信息安全。从技术角度来说，网络安全的基本需求主要有可用性、完整性、保密性、不可抵赖性等方面。

① 可用性。可用性是网络信息可被授权实体访问并按需求使用的特性，即网络信息服务在需要时，允许授权用户或实体使用的特性，或者在网络部分受损或需要降级使用时，仍能为授权用户提供有效服务的特性。可用性是网络信息系统面向用户的安全性能。网络信息系统最基本的功能是向用户提供服务，而用户的需求是随机的、多方面的，有时还有时间要求。可用性一般用系统正常使用时间和整个工作时间之比来度量。

② 完整性。完整性是网络信息未经授权不能进行改变的特性，即网络信息在存储或传输过程中保持不被偶然或蓄意地删除、修改、伪造、乱序、重放、插入等破坏和丢失的特性。完整性是一种面向信息的安全性，要求保持信息的原样，即信息的正确生成和正确存储和传输。

③ 保密性。保密性是网络信息不被泄露给非授权的用户、实体或过程，或供其利用的特性，即：防止信息泄漏给非授权个人或实体，信息只为授权用户使用的特性。保密性是在可靠性和可用性基础之上，保障网络信息安全的重要手段。

保密性要求信息不被泄露给未授权的人，完整性则要求信息不致受到各种原因的破坏。

④ 不可抵赖性。不可抵赖性也称为不可否认性，在网络信息系统的信息交互过程中，确信参与者的真实同一性，即：所有参与者都不可能否认或抵赖曾经完成的操作和承诺。利用信息源证据可以防止发信方不真实地否认已发送信息，利用递交接收证据可以防止收信方事后否认已经接收的信息。

2．网络安全面临的威胁

① 无意失误。由于操作人员安全配置不当造成的安全漏洞，用户安全意识不强，用户口令选择不慎，用户将自己的账号随意转借他人或与别人共享等都会给网络安全带来威胁。

② 恶意攻击。恶意攻击是网络所面临的最大威胁，大致存在中断攻击、窃取攻击、劫持攻击、假冒攻击等 4 类网络攻击。

❖ 中断攻击主要破坏网络服务的有效性，导致网络不可访问，主要攻击方法有中断网络线路、缓冲区溢出、单消息攻击等。

❖ 窃取攻击主要破坏网络服务的保密性，导致未授权用户获取了网络信息资源，主要攻击方法有搭线窃听、口令攻击等。

❖ 劫持攻击主要破坏网络服务的完整性，导致未授权用户窃取网络会话，并假冒信源发送网络信息，主要攻击方法有数据文件修改、消息篡改等。

❖ 假冒攻击主要破坏网络验证，导致未授权用户假冒信源发送网络信息，主要攻击方法有消息假冒等。

根据传输信息是否遭篡改，恶意攻击可以分为主动攻击和被动攻击。主动攻击以各种方式有选择地破坏信息的有效性、完整性。被动攻击是在不影响网络正常工作的情况下，进行截获、窃取、破译以获得重要机密信息。

二、网络安全技术

1. 数据加密技术

许多计算机系统采用口令机制来控制对系统资源的访问，当用户想要访问受保护的资源时，就会被要求输入口令。在传统的计算机系统中，简单的口令机制就能取得很好的效果。而在网络系统中，这样的口令就很容易被窃听。比如，某用户从网络登录到一台远程计算机上，如果数据是以明码的形式传输的，就很容易在网络传输线路上被窃取，即在线窃听。在线窃听在局域网上更容易实现，因为大多数局域网都是总线结构，从理论上讲，任何一台计算机都可以截取网络上所有的数据帧。为了保证数据的保密性，必须对数据进行加密。

所谓数据加密，是指将一个明文经过加密钥匙及加密函数转换，变成无意义的密文，而接收方则将此密文经过解密函数、解密钥匙还原成明文。数据加密技术是网络安全技术的基石，由加密和解密两个过程组成，基本过程如图5.15所示。

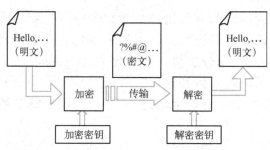

图 5.15　数据加密技术

2. 网络访问控制

访问控制是网络安全防范和保护的主要策略，其主要任务是保证网络资源不被非法使用和非法访问。访问控制也是维护网络系统安全、保护网络资源的重要手段。各种安全策略必须相互配合才能真正起到保护作用，访问控制是保证网络安全最重要的核心策略之一。

访问控制技术涉及的领域较广，根据控制策略的不同，访问控制技术可以划分为自主访问控制、强制访问控制和角色访问控制三种策略。

① 自主访问控制。自主访问控制是针对访问资源的用户或者应用设置访问控制权限，这种技术的安全性最低，但灵活性很高。在很多操作系统和数据库系统中通常采用自主访问控制，来规定访问资源的用户或应用的权限。

② 强制访问控制。强制访问控制在自主访问控制的基础上，增加了对网

络资源的属性划分，规定了不同属性的访问权限，引入了安全管理员机制，增加了安全保护层，可防止用户无意或有意使用自主访问的权利。

③ 角色访问控制。角色访问控制与访问者的身份认证密切相关，通过确定该合法访问者的身份来确定访问者在系统中对哪类信息有什么样的访问权限。访问者可以充当多个角色，一个角色也可由多个访问者担任。角色访问控制具有以下优点：便于授权管理、便于赋予最小特权、便于根据工作需要分级、便于任务分担、便于文件分级管理、便于大规模实现。

3. 防火墙

防火墙是一种形象的说法，是一种由计算机硬件和软件的组合，使互联网与内部网之间建立起一个屏障，从而保护内部网免受非法用户的侵入（如图5.16所示）。

图 5.16　防火墙

防火墙的主要功能如下：

① 过滤不安全服务和非法用户，禁止未授权的用户访问受保护网络。

② 控制对特殊站点的访问。防火墙可以允许受保护网的一部分主机被外部网访问，而保护另一部分主机，防止外网用户访问。

③ 提供监视互联网安全和预警的端点。

防火墙只是网络安全防范策略的一部分，而不是解决所有网络安全问题的灵丹妙药。

防火墙并非万能，影响网络安全的因素很多，对于以下情况它无能为力：

① 不能防范绕过防火墙的攻击。例如，如果允许从受保护的 Intranet 内部不受限制向外拨号，则某些用户可以形成与互联网的直接 SLIP 或 PPP 连接，从而绕过防火墙，形成潜在受攻击渠道。

② 一般的防火墙不能防止受到病毒感染的软件和文件的传输。因为现在存在各种类型病毒、操作系统以及加密和压缩二进制文件的种类太多，以至于不能指望防火墙逐个扫描每个文件查找病毒。

③ 不能防止数据驱动式攻击。当有些表面无害的数据被邮寄或复制到互联网主机上并被执行而发生攻击时，就会发生数据驱动式攻击。

④ 难以避免来自内部的攻击。

4. 入侵检测

入侵检测系统（Intrusion Detection Systems，IDS）可以被比喻为大楼里的监视系统，依照一定的安全策略，对网络、系统的运行状况进行监视，发现网络系统中是否有违反安全策略的行为和遭到攻击的迹象。在发现入侵后，入侵检测系统会及时做出响应，包括切断网络连接、记录事件和报警等。入侵检测系统的主要功能包括：

① 监督并分析用户和系统的活动。

② 检查系统配置和漏洞。

③ 检查关键系统和数据文件的完整性。

④ 识别代表已知攻击的活动模式。

⑤ 对反常行为模式的统计分析。一个成功的入侵检测系统不仅可使系统管理员时刻了解网络系统的任何变更，还能给网络安全策略的制订提供指南。

入侵检测系统被认为是防火墙之后的第二道安全闸门，在不影响网络性能的情况下，能对网络进行监测，从而提供对内部攻击、外部攻击和误操作的实时保护。

主题四　物联世界、感知天下——物联网

国际电信联盟(International Telecommunication Union,ITU)于 2005年的报告曾描绘"物联网"时代的图景：汽车在自动监控下运行，司机出现误操作，汽车将及时报警甚至紧急停止；出门再也不用担心落下什么重要物品，您的公文包会自动提醒您忘记哪些物品；洗衣机能智能判别出各类衣服需要的揉洗力度和水温……

一、什么是物联网

1. 物联网的产生

1999 年，美国麻省理工学院 Auto-ID 研究中心提出了物联网的概念，并在美国召开的移动计算和网络国际会议上提出"传感网是下一个世纪人类面临的又一个发展机遇"。2003 年，美国《技术评论》提出，传感网络技术将是未来改变人们生活的十大技术之首。2005 年，在突尼斯举行的信息社会世界峰会上，国际电信联盟发布了《ITU 互联网报告 2005：物联网》，正式提出了"物联网"的概念。

2009 年，美国提出"智慧地球"战略，掀起了全球对物联网的关注浪潮。该战略认为，物联网产业下一阶段的任务是把感应器嵌入和装备到各种物体中，并且广泛连接，形成所谓"物联网"，然后与现有的互联网整合，实现人类社会与物理系统的整合。这个整合的网络中存在能力超级强大的中心计算机群，能够对整合网络内的人员、机器、设备和基础设施实施实时管理和控制。在此基础上，人类可以以更加精细和动态的方式管理生产和生活，达到"智慧"状态，提高资源利用率和生产力水平，改善人与自然间的关系。

"智慧地球"战略被不少美国人认为与当年的"信息高速公路"有许多相似之处，同样被认为是振兴经济、确立竞争优势的关键战略。该战略能否掀起如当年互联网革命一样的科技和经济浪潮，不仅为美国关注，更为世界所关注。

2009年8月，时任温家宝总理在视察中科院无锡物联网产业研究所，对于物联网应用提出了一些看法，要求"在国家重大科技专项中，加快推进传感网发展"。此后，物联网被正式列为国家五大新兴战略性产业之一，写入"政府工作报告"。物联网在中国受到了全社会极大的关注，其受关注程度是美国、欧盟、其他各国不可比拟的。

我国物联网发展较快，已广泛应用于基础设施及公共管理服务领域的建设，如智慧政务、智慧交通、智慧管网、智慧环保、智慧安全、智慧水利、智慧能源、智慧食品药品安全管理、智能电网、智能楼宇，以及智慧社会保障、智慧健康保障、智慧教育文化、智慧社区服务等。

2．物联网的定义

物联网的英文名为"Internet of things"，简而言之，物联网就是"物物相连的互联网"。这有两层含义（如图5.17所示）：第一，物联网的核心和基础仍然是互联网，是在互联网基础上的延伸和扩展的网络；第二，其用户端延伸和扩展到了任何物品与物品之间，进行信息交换和通信。

图5.17　物联网示意

严格而言，物联网的定义是：通过RFID（Radio Frequency IDentification，射频识别）、红外感应器、全球定位系统、激光扫描器等信息传感设备，按约定的协议，把任何物品与互联网连接起来，进行信息交换和通信，以实现智能化识别、定位、跟踪、监控和管理的一种网络。

全面感知、可靠传递和智能处理是目前较公认的物联网三大特征。从技术上来说，分别对应物联网的感知层、网络层和应用层（如图5.18所示）。

全面感知能力主要是感知层的作用，是利用各种传感设备随时随地地全面感知各种物体的信息，实时搜集、获取、记录数据。

图 5.18　物联网的三层结构

网络层通过对每件物品的识别和通信，将数据化的虚拟事物联入网络，将物体的信息实时准确地传送与交互。

应用层利用各种智能计算技术，对海量的数据和信息进行分析和处理，提升对物质世界、经济社会各种活动和变化的洞察力，对物体实现智能化的决策和控制。

二、无线传感网、物联网与互联网

1. 无线传感网与物联网

无线传感网（Wireless Sensor Networks，WSN）最早是出自于业界专家对于无线传感器网络的简称，由若干具有无线通信能力的传感器节点自组织构成的网络。

一些专家认为，物联网是从产业和应用角度，传感网是从技术角度对同一事物的不同表述，但其实质是完全相同的。也有学者认为，无线传感网不等于物联网，真正意义上的物联网的出现还需要假以时日。从网络架构和协议上看，物联网与无线传感网完全不同。从目标特征上看，物联网感知的一定是已知物品，而无线传感网感知和判断的更多是未知的人或物。

科学家打了一个通俗的比方：人的眼睛、耳朵、鼻子好比单个的"传感器"，一杯牛奶摆在面前，眼睛看到的是杯子，杯子里有白色的液体，鼻子闻闻有股奶香味，嘴巴尝一下有一丝淡淡的甜味，用手再摸一下，感觉有温度，这些感官的感知综合在一起，人便得出关于这一杯牛奶的判断。

把牛奶的感知信息传上互联网，坐在办公室的人通过网络随时能了解家中牛奶的情况，这就是"传感网"。如果家中设置的传感器节点与互联网连接，经过授权的人通过网络了解家里是否平安、老人是否健康等信息，并利用传感器技术及时处理解决，这就是"物联网"。

2．物联网与互联网

物联网和互联网的最大区别在于前者是把互联网的触角延伸到物理世界。互联网是以人为本，是人在操作互联网的运作，信息的制造、传递、编辑都是人完成的。而物联网不同，物联网需要以物为核心，让物来完成信息的制造、传递、编辑。人只能是配角而不是主角，大到房子、汽车，小到牙刷、纸巾，都是物联网的参与者。

物联网和互联网的业务是不同的。互联网是全球化的，只要计算机接入互联网就与全球相连。物联网建设在互联网之上，但是并不是任何人都能接入。

图 5.19 表示了物联网与传感网、互联网之间的关系。

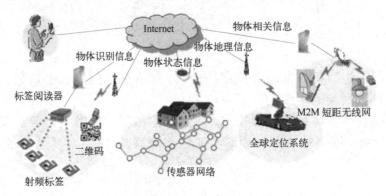

图 5.19　物联网、传感网与互联网

物联网离不开传感网，同样离不开互联网，离开了传感网和互联网中任意一部分，都不能叫做完整的物联网。同样，我们也不能就把传感网看成物联网，也不能把互联网就看成物联网，因为它们各自都不是物联网的全部。

三、物联网的关键技术

物联网涉及的新技术很多，其中的关键技术主要有射频识别技术、传感器技术、网络通信技术。

1．射频识别技术

RFID（Radio Frequency IDentification，射频识别）是一种非接触式的自动识别技术，可通过无线电信号识别特定目标并读写相关数据，不需识别系统与特定目标之间建立机械或光学接触。RFID 由标签、阅读器和天线三部分组成（如图 5.20 所示）。标签由耦合元件及芯片组成，具有存储和计算功能，可附着或植入手机、护照、身份证、人体、动物、物品、票据中，每个标签具有唯一的电子编码。

图 5.20　RFID 组成

　　阅读器通过发射天线发送一定频率的射频信号；当电子标签进入发射天线工作区域时产生感应电流，它获得能量被激活，并将自身编码等信息通过卡内置发送天线发送出去；系统接收天线接收到从电子标签发送来的载波信号，经天线调节器传送到阅读器，阅读器对接收的信号进行解调和解码然后送到后台主系统进行相关处理。

2．传感技术

　　传感器是机器感知物质世界的"感觉器官"，能感知规定的被测量信息，并按照一定的规律转换成可用信号的器件或装置，通常由敏感元件和转换元件组成。传感器可以感知热、力、光、电、声、位移等信号，为物联网系统的处理、传输、分析和反馈提供最原始的信息。随着电子技术的不断进步，传统的传感器正逐步实现微型化、智能化、信息化、网络化；同时，也正经历着一个从传统传感器到智能传感器再到嵌入式 Web 传感器不断发展的过程。

3．网络通信技术

　　传感器必须依托网络和通信技术来实现感知信息的传递和协同。传感器网络可分为两类：近距离通信和广域网络通信技术。近距离通信的核心技术以 IEEE 802.15.4 规范为准；广域网通信的核心技术是 IP 互联网、2G/3G 移动通信、卫星通信和以 IPv6 为核心的下一代互联网技术。

四、物联网的典型应用

1．物联网在物流领域的应用

　　智能物流是将物联网技术应用在物流配送系统中，帮助实现物品跟踪与信息共享，提高物流企业的运行效率，实现可视化供应链管理，提升物流信息化程度。

　　将 RFID 标签放置在货柜、集装箱、车辆等物流基础设施内，在物流企业仓库内部、出入库口、物流关卡等安装 RFID 读写器，可以实现物品自动化出入库、盘点、交接环节中的 RFID 信息采集，达到对物品库存的透明化管理（如

图 5.21 所示）。RFID 技术与物流运输设备的结合，可以进行物流基础设施信息化的升级，提高其信息化和自动化水平。

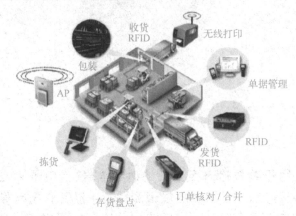

图 5.21　智能物流

2. 物联网在交通领域的应用

智能交通（如图 5.22 所示）是以互联网、物联网等信息技术为基础，通过感知化、互联化、智能化的方式，形成以交通信息网络完善、运输装备智能、运输效率和服务水平高为主要特征的现代交通发展新模式。智能交通平台涉及行业广泛，涵盖城市公交、出租车、长途客运、物流货运以及金融、保险、公安、环卫等其他政企行业客户车队的车辆管理需求。

图 5.22　智能交通

车联网（Internet of Vehicles）是以车内网、车际网和车载移动互联网为基础，按照约定的通信协议和数据交互标准，在车-X（X：车、路、行人及互联网等）之间，进行无线通信和信息交换的大系统网络，是能够实现智能化交通管理、智能动态信息服务和车辆智能化控制的一体化网络，是物联网技术在交通系统领域的典型应用。

3. 物联网在环境监测领域的应用

环境监测领域应用是通过对实施地表水水质的自动监测,可以实现水质的实时连续监测和远程监控,及时掌握主要流域重点断面水体的水质状况,预警预报重大或流域性水质污染事故,解决跨行政区域的水污染事故纠纷,监督总量控制制度落实情况。

例如,太湖环境监控项目通过安装在环太湖地区的各个监控的环保和监控传感器,将太湖的水文、水质等环境状态提供给环保部门,实时监控太湖流域水质等情况,通过互联网将监测点的数据报送至相关管理部门。

4. 物联网在医疗领域的应用

在医疗领域,物联网在病人身份管理、移动医嘱,诊疗体征录入、药物管理、检验标本管理、病案管理数据保存及调用、护理流程、临床路径等管理中,均能发挥重要作用。

通过物联网技术,可以将药品名称、品种、产地、批次及生产、加工、运输、存储、销售等环节的信息,都存于电子标签中,当出现问题时,可以追溯全过程。同时还可以把信息传送到公共数据库中,患者或医院可以将标签的内容和数据库中的记录进行对比,从而有效地识别假冒药品。在公共卫生方面,通过射频识别技术建立医疗卫生的监督和追溯体系,可以实现检疫检验过程中病源追踪的功能,并能对病菌携带者进行管理,为患者提供更加安全的医疗卫生服务。

主题五　风起云涌的网络计算——云计算

拧开水龙头,水流立刻倾泻而下;轻拨开关,明亮的灯光令满堂生辉。这时,你可能不会再问水从何处来,电由何处生。其实,计算就是一种资源,它可以像水和电一样随取随用。作为一种基于互联网的计算模式,云计算被认为是继互联网之后的下一次信息产业革命。

一、什么是云计算

1. 云计算的由来

在 20 世纪末,分布式处理、并行处理和网格计算已相当成熟,它们是云计算发展的技术基础。云计算的概念源于公用计算和 SaaS,现在云计算不只包括这两种形式,还包括网络服务、平台即服务以及管理服务提供商等形式。

（1）网格计算

当世界上第一台计算机出现,计算机就与解决数据处理问题紧密联系在了一起。而数据处理随着生产力的发展,要求越来越高,于是人们想到了将大量数据分成几部分来加快数据处理能力,这就诞生了网格计算、分布式计算和并行计算等概念。

1999 年 5 月 17 日，一项由美国加州大学伯克利分校开展的寻找外星生命迹象的科学项目 SETI@home（在家寻找外星文明）启动。参与者可以通过下载并运行屏幕保护程序的方式，来让自己的计算机分析世界上最大的射电望远镜获得的数据，以帮助科学家探索外星生物，这种计算模式的实质就是网格计算。显然，参与网格计算的一定不只是一台计算机，而是一个计算机网络，这种"蚂蚁搬山"的方式具有很强的数据处理能力。从 1999 年 5 月到 2004 年 6 月，有 500 万人参加此项计算，贡献了 197 万年的计算机处理时间，虽然没有找到外星人，但是 SETI@home 项目却有力地证明：网格计算是行之有效的。

（2）SaaS

1999 年，原 Oracle 公司高级副总裁贝尼奥夫成立了 Salesforce 公司，向传统软件宣战，声称要成为传统软件时代的"掘墓人"。这家公司开始将一种客户关系管理软件作为服务提供给用户。很多用户在使用这项服务后，提出购买软件的意向，但该公司一直坚持只作为服务提供。这是云计算的一种典型模式，即 SaaS（Software as a Service，软件即服务）。

目前，SaaS 是最成熟、最知名也是应用最广的一种云计算模式。SaaS 是指提供商通过互联网为用户提供应用软件服务，用户以按需付费的方式从提供商那里订购并获取应用软件服务，不需购买软件及相关基础设施，也不需对软件进行升级维护。提供商将应用软件统一部署在自己的服务器上，用户可以根据自己的实际需求，通过互联网向提供商订购所需的应用软件服务，根据并发用户数量、所用功能类型、数据存储容量、使用时间长短等因素的不同组合按需支付服务费用，并通过互联网获得提供商提供的服务。

（3）云计算构想的正式提出

云计算并不是一个陌生的模式，而是逐渐演化而来，也并不是空中浮云，而是很实在的应用。2006 年，Google、Amazon 等公司提出了"云计算"的构想。通过云计算，用户可以根据其业务负载快速申请或释放资源，并以按需支付的方式对所使用的资源付费，在提高服务质量的同时降低运维成本。

各国政府纷纷将云计算列为国家战略，投入了相当大的财力和物力。其中，美国政府利用云计算技术建立联邦政府网站，以降低政府信息化运行成本。英国政府建立国家级云计算平台（G-Cloud），超过 2/3 的英国企业开始使用云计算服务。

在我国，北京、上海、深圳、杭州、无锡等城市开展了云计算服务创新发展试点示范工作；电信、石油石化、交通运输等行业也启动了相应的云计算发展计划，以促进产业信息化。

2．云计算的定义

云计算由并行计算、分布式计算和网络存储发展而来，是一种基于互联网的计算模式。好比是从古老的单台发电机模式转向了电厂集中供电的模式，意味着计算能力也可以作为一种商品进行流通，就像煤气、水电一样，取用方便，费用低廉。最大的不同在于，云计算是通过互联网进行传输的，让用户通过高速互联网租用计算资源，而不再需要自己进行大量的软硬件投资（如图 5.23 所示）。

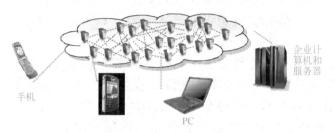

图 5.23　云计算示意

　　许多专家、研究组织以及相关厂家从不同的研究视角给出了云计算的定义。维基百科对云计算的定义一直在不断更新，2014 年给出的最新定义是"云计算是一种基于互联网的计算方式，通过这种方式，共享的软硬件资源和信息可以按需求提供给计算机和其他设备。"云是一种形象的说法，是对网状分布的大量计算机资源的比喻。

　　从用户的角度来看，云计算系统将各种数据通过网络保存到云存储平台上，减小了用户对于数据管理的负担。同时，云计算系统也将处理数据的服务程序通过大规模云计算平台进行处理，能够负担大量数据的处理工作。

　　从平台技术构建来看，云计算系统建立在大规模的廉价服务器集群之上，通过基础设施与上层应用程序的协同，达到最大效率利用硬件资源的目的，通过软件的方法容忍多个节点的错误。正像图 5.24 表现的一样，云计算包含海量存储、按需服务、虚拟化、高可靠性等多方面特征，如果将某方面的特征当成云计算机的全部，那就是云计算时代的盲人摸象了。

图 5.24　云计算时代的盲人摸象

二、云计算的关键技术

云计算的关键技术主要有虚拟化技术、海量分布式存储技术、并行编程模式、数据管理技术、分布式资源管理技术、云计算平台管理技术。

① 虚拟化技术。虚拟化技术呈现给用户的是一个与物理资源有相同功能和接口的虚拟资源，可能是建立在一个实际的物理资源上，也可能是跨多个物理资源，用户不需要了解底层的物理细节。虚拟化技术目前主要应用在 CPU、操作系统、服务器等方面，是提高服务效率的最佳解决方案。

② 海量数据分布存储技术。云计算以互联网为基础，将数据以分布式存储的方式在线存储。用户无需考虑存储容量、数据存储位置以及数据的安全性和可靠性等问题。云计算的数据存储技术的主要代表是 Google 的 GFS。

③ 并行编程模式。云计算提供了分布式的计算模式，客观上要求必须有分布式的编程模式。目前，云计算中广泛使用的编程方式为 Map-Reduce。Map-Reduce 是一种编程模型和任务调度模型。主要用于数据集的并行运算和并行任务的调度处理。在该模式下，用户只需要编写 Map 函数和 Reduce 函数即可实现分布式并行计算。

④ 海量数据管理技术。云计算系统对大数据集进行处理分析，向用户提供高效的服务，所以数据管理技术必须能够高效的管理大数据集。云计算系统的数据管理往往采用列存储的数据管理模式，保证海量数据存储和分析性能。云计算的数据管理技术最著名的是 Google 的 BigTable 数据管理技术。

⑤ 云计算平台管理技术。云计算资源规模庞大，一个系统的服务器数量可能会高达十万台并跨越几个位于不同地点的数据中心，同时包含成百上千种应用，如何有效地管理这些服务器是一个巨大的挑战。云计算系统管理技术是云计算的"大脑"，通过这些技术能够使大量的服务器协同工作，方便地进行业务部署和开通，快速发现和恢复系统故障，通过自动化、智能化的手段实现大规模系统的运营与管理。

三、云计算的应用

1. 基于云计算的办公软件

随着云计算技术的迅速发展，越来越多的人开始从传统的桌面系统转移到便携设备，让工作变得更有效率。微软 Office 365 和谷歌 Docs 就是其中的代表者。网络会议节省人们时间和金钱在各地穿梭，网络和手机应用让人们能够超越大洋的阻隔，共同完成某个相同的页面。人们不用像从前那样在本地安装应用程序、升级或管理。

Office 365 是微软公司 2012 年发布的云计算产品（如图 5.25 所示）。Office 365 基于 Web 并且与 Microsoft Office 完全兼容，拥有最新最全的 Office 组件，包括：Word、Excel、PowerPoint、OneNote、Outlook、

Publisher 和 Access，可以安装在多达 5 台设备上，包括 Windows 平板计算机、PC 甚至苹果计算操作系统上。

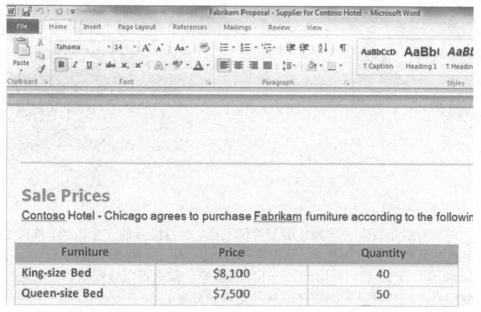

图 5.25　Office 365 的 Word 界面

Google Docs 是谷歌公司开发的云计算产品，与 Microsoft Office 编辑界面的相近，有一套简单易用的文档权限管理，而且会记录下所有用户对文档所做的修改。Google Docs 的功能令它非常适用于网上共享与协作编辑文档。Google Docs 甚至可以用于监控责任清晰、目标明确的项目进度。当前，Google Docs 已经推出了文档编辑、电子表格、幻灯片演示、日程管理等多个功能的编辑模块。通过这种云计算方式形成的应用程序非常适合于多个用户进行共享以及协同编辑，为一个小组的人员进行共同创作带来很大的方便性。

2．云存储

严格来讲，云存储不是存储，而是一种服务。使用者可以在任何时间、任何地方，透过任何可联网的装置连接到云上，方便地存取数据。使用者使用云存储，并不是使用某一个存储设备，而是使用整个云存储系统带来的一种数据访问服务。所以

目前，腾讯、百度、华为、360、联想等多家公司提供云存储服务。腾讯微云是一款腾讯公司打造的云存储产品（如图 5.26 所示），支持 PC 客户端、Web 端、苹果系统和安卓系统，并内嵌于 QQ、QQ 信箱和微信中。微云网盘是一个集合了文件同步、备份和分享功能的云存储应用，手机与计算机可以自动同步文件，实现无线、无缝连接。

图 5.26　腾讯微云

百度网盘是百度公司推出的云存储服务，是百度云的一个服务，首次注册即有机会获得 15GB 的空间，目前有 Web 版、Windows PC 版、Android 版、iPhone 版、iPad 版、Windows Phone 版等，用户可以轻松把自己的文件上传到网盘上，并可以跨终端随时随地查看和分享。

3. 云主机

云主机是云计算服务的重要组成部分，是利用虚拟化技术，面向各类互联网用户提供综合业务能力的服务平台。平台整合了传统意义上的互联网应用三大核心要素：计算、存储、网络，面向用户提供公用化的互联网基础设施服务。云主机管理方式比物理主机更简单高效。云主机帮助用户快速构建更稳定、安全的应用，降低开发运维的难度和整体 IT 成本。

国内提供云主机服务的云计算服务商有阿里云、百度云、腾讯腾云、华为云、天翼云、盛大云等众多云计算平台。

思考题

1. 简述计算机网络的定义、分类和主要功能。
2. 简述局域网中不同网络连接设备的特征。
3. 连接互联网的主要方式有哪些？
4. IP 地址有哪些类型？每类的特点是什么？
5. 解释为何发送电子邮件时对方的计算机并没有打开，而之后他却仍然能够收到这封邮件。
6. 什么是域名解析？简述其基本过程。
7. 某 IP 地址是 140.252.20.68，子网掩码是 FFFFFFE0H，判断该 IP 地址是哪类地址，然后计算出它的子网地址和主机地址。

8. 分别指出以下英文缩写的中文含义：HTTP，LAN，TCP，DNS，SMTP，FTP，TELNET，ADSL。

9. 网络信息安全面临哪些挑战？

10. 网络信息安全防护有哪些主要技术？

11. 简述你身边的云计算应用。

12. 物联网与互联网有何区别和联系。

第六讲

计算思维之
问题求解思想

　　随着社会的发展与科技的进步，出于对问题计算时间和复杂度等多方面因素的考量，现实世界中的很多问题需要借助计算机帮我们计算。可是，我们知道，现代计算机的工作原理是存储程序和程序控制，也就是说，现代计算机只能对可计算性问题进行计算，但是具体怎么计算，计算机不知道，这需要人来告诉计算机。

　　在本书的第一讲，我们对计算机、计算、可计算性、计算机的极限性以及计算思维有了初步的认识和了解，为了不将计算思维仅仅停留在概念的层面上，本讲来具体讨论运用计算思维理念进行实际问题求解的思想、过程和方法。

之所以将本讲安排在所有内容的最后，是因为计算思维是一种建立在计算机科学基础概念之上的思维活动，也是受限于计算机的计算能力和极限制约下的一种问题思考方式和思想过程，整个过程由人和计算机协同配合完成。所以，必须首先对计算机的方方面面有更全面、更具体和更深刻的理解之后，才能真正领会计算思维的内涵和意义。

人与计算机的对话沟通方式就是通过程序控制指令。可是，程序指令应该怎么写才能让计算机"心领神会"并"游刃有余"地完成预期的计算呢？这其中涉及程序指令的语法和算法。简单地说，语法是具体书写程序指令的格式约束规则；算法是解决问题的具体方法步骤，而算法又是建构在问题求解的数学模型和数据结构等诸多知识之上。数学模型是指经过分析抽象的建模过程将具体问题转化为形式化、符号化和公式化的数学语言描述；数据结构是指计算机对数据进行存储、组织和操作运算的方式。

那么，运用计算思维理念去求解问题与我们日常求解问题的过程有什么不同？运用计算思维进行问题求解过程都涉及哪些环节和因素？

计算思维=数学建模？计算思维=算法？计算思维=数据结构？计算思维=编程序？

事实上，单一的划等号都不能全面精确地定位计算机思维。如果一定要用一个公式表述计算思维，那么可以说：

$$计算思维 \approx 人的思维 + 数学建模 + 数据结构 + 算法 + 编程序$$

在本讲中，我们既不讨论语法规则，也不讨论程序代码的编写过程，我们的关注重点是算法。更确切地说，我们关注的是从一个在看似平常或看似纷繁的事物或事件中能够洞析和发现问题，并提出问题到抽象归纳出解决问题的算法直至最终解决问题的整个思想过程。这个过程正是计算思维的问题求解思想的全过程。只是在这个过程中涉及数学建模、数据结构、算法描述和程序设计结构等诸多必须考量的因素。在本讲中，我们既不讨论语法规则，也不讨论程序代码的编写过程，我们的关注重点是算法。更确切地说，我们关注的是从一个在看似平常或看似纷繁的事物或事件中能够洞析和发现问题，并提出问题到抽象归纳出解决问题的算法直至最终解决问题。

主题一　探讨问题求解过程

首先，让我们从一个具体的问题出发，了解和认识运用计算思维理念去求解问题相比我们常规下求解问题的思考过程有什么不同？以及运用计算思维进行问题求解过程都涉及哪些环节和因素？

一、问题求解案例

汉诺塔问题是源于印度一个古老传说的益智玩具，如图 6.1 所示。汉诺塔问题在数学界有着很高的研究价值，而且至今依然是数学家们所关注和探寻的问题。

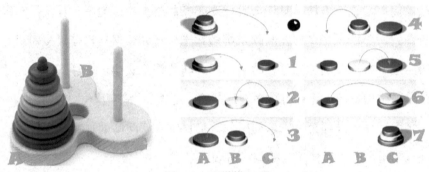

图 6.1　汉诺塔问题

1．案例描述

有 3 根相邻的柱子，假设标号分别为 A、B、C，其中 A 柱子从下到上按金字塔状依次叠放了 N 个不同大小的圆盘。现要把 A 柱子上的所有圆盘一次一个地移动到 C 柱子上，移动的过程中可以借助 B 柱子做中转，并且每根柱子上的圆盘必须始终保持上小下大的叠放顺序。请问至少需要多少次移动步骤才能够全部完成？并描述每一次圆盘的移动轨迹。

2．案例分析

先来考虑一下 N 个圆盘由一根柱子移动到另一根柱子上并重新摆好需要移动多少次，然后考虑每只圆盘的移动轨迹。

（1）汉诺塔移动次数计算

按照汉诺塔的移动约束规则，只有 1 个圆盘的时候，移动 1 次，2 个圆盘的时候是移动 3 次，3 个圆盘的时候就用了 7 次，如图 6.1 所示。那么，4 个圆盘的时候用了几次呢？哎！总是用这种边搬圆盘边计算的方法好笨拙呀！即使计算出了 4 个圆盘的移动次数，还有 5 个、6 个、…、N 个圆盘呢！这实在是太累了！那让我们抽丝剥茧地逻辑性思考一下吧！

其实，柱子 A 上有 4 个圆盘的时候，相当于一个大圆盘上面叠放了一组圆盘（三个圆盘），只要把这一组圆盘先挪到中转柱子 B 上，这样最大的圆盘就可以移动到目标柱子 C 上，然后把中转柱子 B 上的一组圆盘移动到目标柱子 C 上，整个移动过程就结束了，如图 6.2 所示。

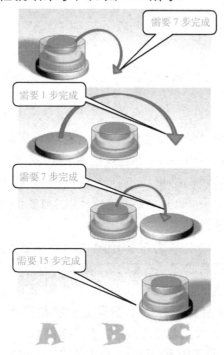

需要 7 步完成

需要 1 步完成

需要 7 步完成

需要 15 步完成

图 6.2　4 个盘子的移动情况

好吧，现在就可以计算 4 个圆盘的移动次数了。一组圆盘是 3 个，需要 7 步移动到中转柱子 B 上，最大的圆盘需要 1 步移动到目标柱子 C 上，圆盘还需要从中转柱子 B 上再移动到目标柱子 C 上，这样，3 个圆盘又需要 7 步。所以，4 个圆盘的移动次数为 7+ 1+ 7=15 步。

按此思路继续抽象。计算 N 个圆盘的移动次数。为了方便描述和推理，现在将分析的过程符号化处理，假设 N 个圆盘的移动次数为 $H(N)$。

如果是 N 个圆盘的情况，就相当是一个大圆盘上面叠放了一组圆盘（$N-1$ 个圆盘），只要把这一组圆盘先移动到中转柱子 B 上，这样最大的圆盘就可以移动到目标柱子上 C 了，然后把中转柱子 B 上的一组圆盘移动到目标柱子 C 上。

这样可以写出计算 N 个圆盘的移动次数 $H(N)$的计算公式。一组圆盘是 $N-1$ 个，需要 $H(N-1)$步移动到中转柱子 B 上，最大的圆盘需要 1 步移动到目标柱子 C 上，一组圆盘还需要从中转柱子 B 上再移动到目标柱子 C 上，这样一组 $N-1$ 个圆盘又需要 $H(N-1)$步。所以，N 个圆盘的移动步骤次数为：

$$H(N)=H(N-1)+1+H(N-1)=2*H(N-1)+1$$

现在我们得出：1 个圆盘的时候用了 1 次，2 个圆盘的时候用了 3 次，3 个圆盘的时候用了 7 次，4 个圆盘的时候用了 15 次。只要把 N（$N>0$）的值代入上面的算式，就能递推出对应 N 的具体次数：

$$H(1)=1=2^1-1$$
$$H(2)=2 \times H(1)+1=3=2^2-1$$
$$H(3)=2 \times H(2)+1=7=2^3-1$$
$$H(4)=2 \times H(3)+1=15=2^4-1$$
$$H(5)=2 \times H(4)+1=31=2^5-1$$
$$\vdots$$
$$H(N)=2 \times H(N-1)+1=2^N-1$$

并且这种方法的确是最少次数的，证明也非常简单，可以尝试从 2 个圆盘的移动开始验证。如果确认 2 个圆盘的移动步骤 3 次为最少次数，那么根据前面的公式就能证明我们推算出的所有移动步骤次数都是最少次数，因为 N 个圆盘的移动次数来源于 $N-1$ 个圆盘的移动次数的递推算法关系。

（2）汉诺塔移动轨迹计算

如果说计算圆盘移动次数的过程还是比较简单的，那么计算圆盘移动轨迹的过程就没有那么轻而易举了。在前面计算圆盘移动次数的过程中，我们已经掌握了汉诺塔的移动规律，即只要会移动 1 个和 2 个圆盘，就应该会移动 N 个圆盘。因为 N 个圆盘相当于一个大圆盘上面叠放了一组圆盘（$N-1$ 个圆盘），$N-1$ 个圆盘相当于一个大圆盘上面叠放了一组圆盘（$N-2$ 个圆盘）……以此类推，直到剩下 3 个圆盘就相当于一个大圆盘上面叠放了一组圆盘（2 个圆盘）。这样就回归到处理 2 个圆盘的问题，最后就是 1 个圆盘的问题。整个移动过程都在重复着这样的操作过程。

可是，虽说移动规律简单，但是当圆盘数量递增时，移动起来依然是件很头疼的事情。

后来一位美国学者发现一种出人意料的简单方法，只要轮流进行两步操作就可以了。首先，把三根柱子按顺序排成品字形，把所有的圆盘按从大到小的顺序放在柱子 A 上，根据圆盘的数量确定柱子的排放顺序：若 N 为偶数，按逆时针方向依次摆放 A、B、C；若 N 为奇数，则按顺时针方向依次摆放 A、C、B。

① 按逆时针方向把圆盘 1 从现在的柱子移动到下一根柱子，即当 N 为偶数时，若圆盘 1 在柱子 A，则把它移动到 B；若圆盘 1 在柱子 B，则把它移动到 C；若圆盘 1 在柱子 C，则把它移动到 A。

② 把另外两根柱子上可以移动的圆盘移动到新的柱子上，即：把非空柱子上的圆盘移动到空柱子上，当两根柱子都非空时，移动较小的圆盘。这一步没有明确规定移动哪个圆盘，你可能以为会有多种可能性，其实不然，可实施的行动是唯一的。

③ 反复进行①和②操作，最后就能按规定完成汉诺塔的移动。

所以，只要按照移动规则向一个方向移动圆盘即可。如图 6.3 所示，3 个圆盘的汉诺塔的移动轨迹为：A→C，A→B，C→B，A→C，B→A，B→C，A→C。

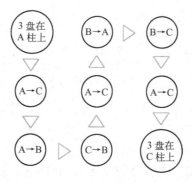

图 6.3　汉诺塔 3 个盘子的移动轨迹

现在的问题是，虽然已经掌握了移动的规律，但是每只圆盘的移动轨迹到底应该怎么标记出来呢？难道必须移动一个圆盘，记录一次移动轨迹？虽然移动过程简单，但是当圆盘数量递增时，标记的数量确是巨大的。

如果 $N=64$，圆盘移动次数是：$2^{64}-1=18\,446\,744\,073\,709\,551\,616$，这真是个天文数字呀！显然，这时还依然固执地采用手工标记，那绝对就是一项不可能完成的任务了。

能不能求助于计算机来帮忙计算一下呢？能与不能，这需要进一步的分析和评估，同时需要考虑怎样才能把这个问题转换成计算机可计算的描述。在不了解运用计算思维进行问题求解框架的情况下，确实不知道从何下手！

二、问题求解框架

既然问题已经提出来，那么我们就朝着问题得到解决的目标方向一步步推进吧。

先从问题的求解框架开始，来对比人们常规情况下求解问题和运用计算思维求解问题的思维过程，看看彼此存在的差异在哪里。图 6.4 可以让我们大致了解一二！

通过计算机解决一个具体问题时，大致需要经过下列几个步骤：先要从具体问题中抽象出一个适当的数学模型，然后选择并确定数据结构并设计一个解此数学模型的算法，最后编出程序、进行测试、调整，直至问题得到最终解答。

寻求数学模型的实质是分析问题，从中抽象提取操作的对象，并找出这些操作对象之间蕴含的关系，然后用数学的语言加以描述。

计算机算法与数据结构密切相关，算法无不依附于具体的数据结构，数据结构直接关系到算法的选择和效率。

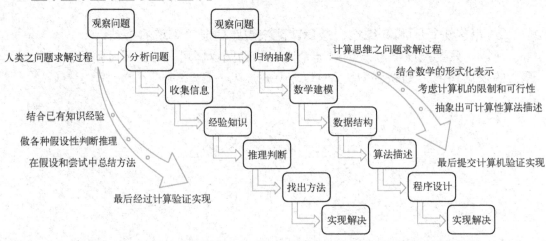

图 6.4　运用计算思维理念去求解问题和我们常规求解问题的过程对照

运算由计算机来完成，这就要设计相应的插入、删除和修改的算法。也就是说，数据结构还需要给出每种结构类型所定义的各种运算的算法。

如果将汉诺塔问题转换为用计算机可处理的方法描述，首先必须建立数学模型，就是将操作过程符号化和公式化，符号和公式的表示必须符合计算机的数据结构规范。另外，操作的过程会涉及选择判断和循环重复，则又会涉及计算机的程序设计控制结构等。虽然我们在这里并不打算牵扯编程，但是操作步骤的表述需要了解这些结构和控制的可行性，以确定每种处理方法都是在计算机的能力和极限范围之内的。最后，将所有问题求解的操作步骤用规范的算法表示形式描述出来。

主题二　相关知识的认识与了解

前面简单叙述了一个具体问题的求解过程，提出了问题并搭建了问题求解框架。但是，在具体着手解决问题之前，需要先对数学建模、数据结构、程序控制结构及算法等问题求解过程中所涉及的相关概念和知识有初步的认识和了解。

一、数学建模

"如果你还觉得某样事物很难、很烦、很难记住，那说明你依然还沉迷于细节，没有抓住事物的实质。一旦抓住了事物的实质，那么一切也都变得简单了。"这是前苏联数学家、概率之父 Kolmogorov 的名言。

现代社会，要真正解决一个实际问题几乎都离不开计算机，计算机解决的问题又离不开数学。在实际工作中遇到的问题，完全纯粹的只用现成的数学知识就能解决的问题几乎是没有的。我们大多遇到的都是数学和其他东西混杂在一起的问题，也就是说，不是"纯粹的"数学，而是"混杂的"数学。所以，在实际问题中的数学奥妙不是明摆在那里等着我们去解决,而是暗藏在深处等着我们去发现。我们要对"混杂的"的问题进行分析、抽象、归纳和推理,从中发现可以用数学语言来描述的关系或规律,然后把这个实际问题化成一个数学问题,这就称为数学模型,而建立数学模型的整个过程就称为数学建模。

1. 数学模型的定义

数学模型(Mathematical Model)是一种模拟,是用数学符号、数学式子、程序、图形等对实际问题本质属性的抽象而又简洁的刻画,或能解释某些客观现象,或能预测未来的发展规律,或能为控制某一现象的发展提供某种意义下的最优策略或较好策略。

数学模型一般并非现实问题的直接翻版,它的建立常常既需要人们对现实问题深入细致的观察和分析,需要人们灵活巧妙地利用各种数学知识。这种应用知识从实际问题中抽象、提炼出数学模型的过程就称为数学建模(Mathematical Modeling)。

数学建模是一种数学的思考方法,是运用数学的语言和方法,通过抽象、简化建立能近似刻画并"解决"实际问题的一种强有力的数学手段。

数学建模和计算机技术的相互辅佐和融合在知识经济时代的作用可谓是如虎添翼。

2. 建立数学模型的方法和步骤

(1)模型准备(问题的提出与分析)

首先要了解问题的实际背景,明确建模目的,搜集必须的各种信息,尽量弄清对象的特征,以数学思想来包容问题的精髓,用数学思路贯穿问题的全过程,进而用数学语言来描述问题。分析的全过程要求符合数学理论,符合数学习惯,表述清晰准确。

(2)模型假设与符号说明

根据对象的特征和建模目的,对问题进行必要的、合理的简化,用精确的语言做出假设,是建模至关重要的一步。如果对问题的所有因素一概考虑,无疑是一种有勇气但方法欠佳的行为,所以高超的建模者能充分发挥想象力、洞察力和判断力,善于辨别主次,而且为了使处理方法简单,应尽量使问题线性化和均匀化。

(3)模型的建立与求解

通过对问题的分析和模型假设后建立数学模型(模型运用数学符号和数学语言来描述),并通过设计算法、运用计算机实现等途径(根据模型的特征和要求确定)求解模型。此过程是整个数模过程的最重要部分,需慎重对待!

在假设的基础上,利用适当的数学工具来刻画各变量常量之间的数学关系,建立相应的数学结构(尽量用简单的数学工具)。利用获取的数据资料,对模型的所有参数做出计算（或近似计算）。

（4）模型的分析与检验

对所要建立模型的思路进行阐述，对所得的结果进行数学上的分析。

通过问题所提供的数据或相对于实际生活中的情况对模型的合理性、准确性等进行判别模型的优劣，可通过计算机模拟等手段来完成。

将模型分析结果与实际情形进行比较，以此来验证模型的准确性、合理性和适用性。如果模型与实际较吻合，则要对计算结果给出其实际含义，并进行解释。如果模型与实际吻合较差，则应该修改假设，再次重复建模过程。

（5）模型的完善与推广

此步骤可根据建模时具体情况而定，应用方式因问题的性质和建模的目的而异。模型推广就是在现有模型的基础上，对模型有一个更全面、考虑更符合现实情况、更通用的模型。

关于建模的步骤并不一定必须按照以上几步进行，还需要具体问题具体分析。数学建模需要诸如数理统计、最优化、图论、微分方程、计算方法、神经网络、层次分析法、模糊数学以及数学软件包的使用等相关知识，建模过程中一定要使用计算机及相应的软件，如 SPSS、Lingo、Maple、Mathematica、MATLAB、排版软件甚至程序设计语言。

二、数据结构

计算机科学是一门研究用计算机进行信息表示和处理的科学。这涉及两个问题：信息的表示和信息的处理。信息的表示和组织又直接关系到处理信息的算法和程序效率。

随着计算机的普及、信息量的增加和信息范围的拓延，使许多问题求解的算法和程序的规模很大，结构又相当复杂。因此，为了归纳和编写出一个"好"的算法和程序，必须分析待处理的对象的特征及各对象之间存在的关系，这就是数据结构学科所要研究的问题。

众所周知，计算机的算法和程序是对信息进行加工处理。在大多数情况下，这些信息并不是没有组织，信息（数据）之间往往具有重要的结构关系，这就是数据结构的内容。数据的结构直接影响问题求解算法的策略选择和程序的执行效率。

1. 数据结构的定义

数据结构（Data Structure）是计算机存储、组织数据的方式。数据结构是指相互之间存在一种或多种特定关系的数据元素的集合。通常情况下，精心选择的数据结构可以给算法和程序带来更高的运行或者存储效率。数据结构往往同高效的检索算法和索引技术有关。

一般认为，一个数据结构是由数据元素依据某种逻辑联系组织起来的。数据结构主要包括三个组成成分：数据的逻辑结构，数据的物理（存储）结构和数据的运算。

（1）数据的逻辑结构

数据的逻辑结构是指反映数据元素之间的逻辑关系的数据结构。其中的逻辑关系是指数据元素之间的前后件关系，与它们在计算机中的存储位置无关。

逻辑结构有 4 种基本类型：集合结构、线性结构、树状结构和网络（图形）结构。表和树是最常用的两种高效数据结构，许多高效的算法可以用这两种数据结构来设计实现。表是线性结构的（全序关系），树（偏序或层次关系）和图（局部有序）是非线性结构。

（2）数据的物理结构

数据的物理（存储）结构指数据的逻辑结构在计算机存储空间的存放形式，是数据在计算机中的表示（又称为映像）。数据的物理结构研究的是数据结构在计算机中的实现方法，包括数据结构中元素的表示及元素间关系的表示。

数据的存储结构通常采用顺序存储或链式存储的方法。

顺序存储方法是把逻辑上相邻的元素存储在物理位置相邻的存储单元中，由此得到的存储表示称为顺序存储结构。顺序存储结构是一种最基本的存储表示方法，通常借助于程序设计语言中的数组来实现。

链式存储方法是对逻辑上相邻的元素不要求其物理位置相邻，元素间的逻辑关系通过附设的指针字段来表示，由此得到的存储表示称为链式存储结构。链式存储结构通常借助于程序设计语言中的指针类型来实现。

此外，常见的存储结构除了有顺序存储和链式存储，还有索引存储和散列存储。

如逻辑结构中的线性结构，既要存储数据元素 A、B、C、D，又要存储它们之间的关系，那么，是用一片连续的内存单元来存放这些记录（如用数组表示），还是随机存放各结点数据再用指针进行链接呢？这就是物理结构的问题。该结构是线性关系，故采用数组来存储。一个逻辑数据结构可以有多种存储结构，且各种存储结构将直接影响数据处理的效率。

（3）数据结构的运算

讨论一个数据结构必须同时讨论在该类数据上执行的运算才有意义。

数据的运算是数据结构的一个重要方面，讨论任一种数据结构时都离不开对该结构上的数据运算及其实现算法的讨论。

不同数据结构有其相应的若干运算。数据的运算是在数据结构上定义的操作算法，如检索、插入、删除、更新和排序等。

2．数据结构的选择意义

在计算机科学中，数据结构是一门研究非数值计算的程序设计算法问题中计算机的操作对象（数据元素）以及它们之间的关系和运算等的学科，而且确保经过这些运算后所得到的新结构仍然是原来的结构类型。

在许多类型的程序设计算法中,数据结构的选择是一个基本的设计考虑因素。许多大型系统的构造经验表明,系统实现的困难程度和系统构造的质量都严重的依赖于是否选择了最优的数据结构。许多时候,确定了数据结构后,算法就容易得到了。

当然,有时候事情也会反过来,我们根据特定的算法来选择数据结构与之适应。不论哪种情况,选择合适的数据结构都是非常重要的。选择了数据结构,算法也随之确定,是数据而不是算法是系统构造的关键因素。这种洞见导致了许多种软件设计方法和程序设计语言的出现,面向对象的程序设计语言就是其中之一。

算法的设计取决于数据的逻辑结构,而算法的实现依赖于数据采用的物理存储结构。数据的物理(存储)结构实质上是它的逻辑结构在计算机存储器中的实现,为了全面地反映一个数据的逻辑结构,它在存储器中的映像包括两方面内容,即数据元素信息和数据元素之间的关系。

数据结构是算法实现的基础,算法总是要依赖于某种数据结构来实现的。往往是在发展一种算法的时候构建了适合于这种算法的数据结构。一种数据结构如果脱离了算法,也就没有存在的价值了。

3. 常用数据结构

(1) 数组 (Array)

在程序设计算法中,为了处理方便,把具有相同类型的若干变量按有序的形式组织起来。这些按序排列的同类数据元素的集合称为数组。一个数组可以分解为多个数组元素,这些数组元素可以是基本数据类型或是构造类型。

在 C 语言中,数组属于构造数据类型。因此按数组元素的类型不同,数组又可分为数值数组、字符数组、指针数组、结构数组等。

(2) 栈 (Stack)

栈是只能在某一端插入和删除数据的特殊线性表。栈按照先进后出的原则存储数据,先进入的数据被压入栈底,最后的数据在栈顶,需要读数据的时候从栈顶开始弹出数据(最后一个数据被第一个读出来)。

(3) 队列 (Queue)

队列是一种特殊的线性表,只允许在表的前端 (Front) 进行删除操作,而在表的后端 (Rear) 进行插入操作。进行插入操作的端称为队尾,进行删除操作的端称为队头。队列按照"先进先出"或"后进后出"的原则组织数据。队列中没有元素时称为空队列。

(4) 链表 (Linked list)

链表是一种物理存储单元上非连续、非顺序的存储结构,既可以表示线性结构,也可以用于表示非线性结构。数据元素的逻辑顺序是通过链表中的指针链接次序实现的。链表由一系列结点（链表中每一个元素称为结点）组成，结点可以在运行时动态生成。每个结点包括两部分：一是存储数据元素的数据域，二是存储下个结点地址的指针域。

（5）树（Tree）

树是包含 N（$N>0$）个结点的有穷集合 K，且在 K 中定义了一个关系 N，N 满足以下条件：

❖ 有且仅有一个结点 K_0。对于关系 N 来说，K_0 没有前驱，被称为树的根结点，简称为根（Root）。

❖ 除 K_0 外，K 中的每个结点，对于关系 N 来说，有且仅有一个前驱。

❖ K 中各结点，对关系 N 来说，可以有 M 个后继（$M \geqslant 0$）。

（6）图（Graph）

图是由结点的有穷集合 V 和边的集合 E 组成。其中，为了与树结构区别，图结构中常常将结点称为顶点，边是顶点的有序偶对，若两个顶点之间存在一条边，就表示这两个顶点具有相邻关系。

（7）堆（Heap）

堆是一种特殊的树形数据结构，每个结点都有一个值。通常我们所说的堆的数据结构是指二叉堆。堆的特点是根结点的值最小（或最大），且根结点的两个子树也是一个堆。

（8）散列表（Hash）

散列表是根据关键码值（Key value）而直接进行访问的数据结构。也就是说，散列表通过把关键码值映射到表中一个位置来访问记录，以加快查找的速度。这个映射函数叫做散列函数，存放记录的数组叫做散列表。由此，不需比较便可直接取得所查记录。

三、程序设计

在运用计算思维理念求解问题时，虽然需要经历分析抽象出数学模型、选择合适的数据结构以及整理归纳出解题算法等一系列阶段过程，但最终都要将算法转换成计算机可计算执行的计算机程序，经过程序的编辑和运行并进行测试、调整，直至问题得到最终解答。

1. 计算机程序

计算机程序（Computer Program）就是按照实际解决问题的算法步骤而事先编制好的、具有特殊功能的指令序列。序列由一串 CPU 能够识别并执行的基本指令组成，每条指令规定了计算机应该进行什么操作（如加、减、乘、除、判断等）及操作需要的有关数据。

计算机程序（如图 6.5 所示）主要涉及两部分内容，即数据的描述和数据的处理。数据的描述是指各种变量的定义，也称为数据结构描述；数据的处理是指对变量的操作，这些操作按解决问题的步骤要求有一定的先后顺序和规则，也称为求解算法。

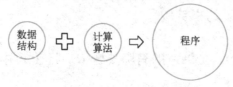

图 6.5　计算机程序

算法是程序的核心，在程序编制、软件开发及整个计算机科学中占据重要地位。

数据结构是算法加工的对象，一个程序要进行计算或处理总是以某些数据为对象的，要设计一个好的程序就需要将这些数据按要求组成合适并高效的数据结构。

所以，可以说：

数据结构+计算算法=程序

2．计算机程序设计

计算机程序设计（Computer Programming）是指设计、编制、调试程序的方法和过程。由于程序是软件的本体，软件的质量主要通过程序的质量来体现，在软件研究中，程序设计的工作非常重要，内容涉及有关的基本概念、工具、方法及方法学等。

程序设计通常分为 5 个阶段：问题建模，算法设计，编写代码，编译调试，整理并写出文档资料。程序设计过程就是通过分析问题、确定算法、编程求解等步骤来解决问题的过程。其中，算法具有重要的作用，能够提供一种思考问题的方向和方法。在计算机中，把解决具体问题的过程准确完整地描述出来就形成解决该问题的算法。

在程序设计中，我们要考虑数据的结构和类型、变量的定义，要用到算法语句，要考虑使用顺序结构、选择结构和循环结构来控制程序等，最终将一个具体的实际问题用程序设计语言表示出来并由计算机去执行完成。

在整个程序设计过程中，我们所使用的是计算机处理问题的方法和思想。运用计算机解决问题的方法思想与我们日常解决问题的传统习惯及想法是不一样的，这就要求我们在进行具体的程序设计时，去贴近、去思考计算机的能力和制约，逐步适应计算机的编程思想，即所谓的计算思维。

3．程序设计语言

程序设计语言（Programming Language）是用来编写计算机程序的语言，是用户与计算机交流信息的工具。

程序设计语言的发展过程是伴随整个计算机技术的发展而进行，从最初的机器语言到汇编语言，再到各种结构化的高级语言，最后到支持面向对象技术的面向对象语言。这个发展过程，使程序设计者更容易学习掌握语言，能以更接近问题本质的方式去思考和描述问题。

面向过程语言是以过程或函数为基础的，用计算机能够理解的逻辑来描述需要解决的问题、具体的实现方法和步骤。用面向过程的语言编写的程序需要详细描述解题的过程和细节，具有很强的逻辑思路和编程思想。

面向对象语言将客观事物看成具有属性和行为的对象，通过抽象，找出同一类对象的共同属性和行为并形成类。面向对象语言能更直接地描述客观世界中存在的事物（即对象）以及它们之间的关系，提高了程序的重复使用能力，简化了编写的复杂性和提高了程序开发的效率。面向对象语言中，对象、属性、方法，类和继承等基本概念是学习的关键。

4. 程序构成元素

虽然各种高级程序设计语言的应用领域不同，功能和风格也存在差异，但是一门语言所包含的主要内容却是类似的，程序设计语言的程序代码组成元素一般包括：数据类型、语言元素、控制结构和程序模块等，如图 6.6 所示。

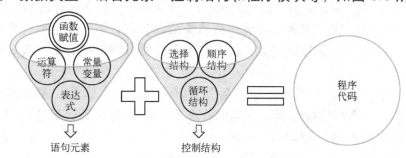

图 6.6　程序代码构成元素

（1）数据类型

数据类型是一个值的集合和定义在这个值集上的一组操作的总称。数据类型可分为两类：原子类型和结构类型。

在计算机中，数据就是各种数字、字符及所有能输入到计算机中，并能被计算机识别和处理的符号的集合。为了有效地保存、识别和处理这些数据，各种程序设计语言都会提供若干种数据类型供用户在程序设计中选择和使用。

常用的数据类型一般有整数类型、浮点数类型、字符类型、逻辑类型、指针类型、数组类型、记录类型、枚举类型、集合类型和文件等。

一方面，在程序设计语言中，每个数据都属于某种数据类型。类型明显或隐含地规定了数据的取值范围、存储方式以及允许进行的运算。可以认为，数据类型是在程序设计中已经实现了的数据结构。

另一方面，在程序设计过程中，当需要引入某种新的数据结构时，总是借助编程语言所提供的数据类型来描述数据的存储结构。

计算机使用数据类型的目的如下：

❖ 决定了该类型数据在计算机中的存储与表示方式。

❖ 决定了该类型数据的取值范围。

❖ 决定了该类型数据所能执行的操作。

❖ 不同程序设计语言所提供的数据类型的种类是不尽相同的。提供的数据类型越多，解决处理实际问题时就方便容易，但这也增加了学习编程的难度。

(2) 语言元素

高级程序设计语言使用我们的日常文字、数学符号和表达式来书写程序，内容包括字母符号、数字符号、变量、常量、表达式、运算符、特殊字符和标准函数等。这些用来表示书写程序的符号就是程序设计语言中的语言元素，不同的程序设计语言所使用的语言元素不尽相同，但基本一致。掌握和理解程序设计语言中的语言元素是正确书写程序的基础。

① 变量。变量实际上是内存中的一个临时存储区域的编号或别名，用于存放程序中的数据和结果，是程序的基本操作对象。程序设计时根据实际要求必须先定义好所需的变量，明确变量的类型和名称，程序运行时，语言处理程序根据定义好的变量数据类型，会在内存分配相应的存储空间，用于存放该变量的值。

② 运算符。计算机可以进行各种运算，包括算术运算、逻辑运算、关系运算、字符运算和特殊运算。不同的程序设计语言提供的运算符种类不同，表示形式也可能不同，例如：

❖ 算术运算加、减、乘、除、整除和求余等。

❖ 字符运算合并字符串、取子字符串等。

❖ 关系运算大于、大于等于、小于、小于等于、等于、不等于等。

❖ 逻辑运算与、或、非等。

③ 标准函数。一般高级程序设计语言都提供许多常用的标准函数，供用户在程序中直接使用。这些标准函数实际上就是为完成某一特定任务而专门设计的一段程序。

标准函数一般分为数学函数、字符串函数、类型转换函数、随机数函数、日期和时间函数和文件函数等。

(3) 控制结构

通常，结构化的程序设计都包括顺序结构、选择结构和循环结构三类（如图 6.7 所示），它们构成了程序的主体。只是不同的程序设计语言，具体表示的语句命令形式有所不同。

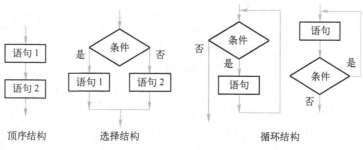

图 6.7　高级语言的控制结构流程图

① 顺序结构。顺序结构是指程序的执行按语句的排列顺序从上到下依次执行，每条语句均被执行一次，直至结束。顺序结构是最常用、最简单、最基本的控制结构。

② 选择结构。选择结构是指程序中的某些语句的执行会受到某一条件的制约，当条件成立时，执行一部分语句，否则执行另外一些语句，也就是说，有些语句可能被跨过未被执行。选择结构又可以分为二路分支结构和多路分支结构。

③ 循环结构。循环结构是指程序中的某些语句在某一条件成立时，需要重复执行，直到条件不成立，才结束重复执行。

> 在重复执行语句过程中，循环结构要有控制条件的语句，以避免出现死循环现象。

在实际的应用程序开发中，顺序结构、选择结构和循环结构往往是综合在一起的使用的，从总体看，一个应用程序可能很庞大很复杂，如果从局部看，都是由这三种基本结构的嵌套和组合而成。

（4）程序过程模块

从软件开发的角度，一个功能丰富繁多、规模庞大复杂的项目通常需要团队的合作，才能最大限度的缩短软件开发研制的周期。同时，为了使整个程序结构清晰明了，避免代码冗余率，便于程序的调试维护和代码重复使用，通常会根据应用程序的规模和功能，将问题总体模块划分为若干个相对独立的子模块，使其中每个部分解决一个相对简单的功能。

简单说，这种程序设计思想就是"自顶向下、化整为零、逐步细化"的设计方法，即把一个庞大复杂的程序划分成若干个功能相对简单的子模块，这些子模块之间尽可能彼此独立，再通过过程调用语句把这些子模块联系起来，最终形成一个完整的程序，如图 6.8 所示。

一个子程序即为一个程序模块。一个程序模块可以借助调用的方法与其他程序模块来建立彼此的联系，进而完成整个程序功能。这种程序设计的方法称为模块化的程序设计。

图 6.8　程序设计的过程调用

高级程序设计语言都提供设计子程序模块的功能，一般将子程序模块称为过程或函数。过程与函数的主要区别是过程没有返回值，函数可带回返回值。过程和函数都需要先定义设计好后，才能被主程序调用。

5．程序设计方法

（1）结构化程序设计

结构化程序设计（Structured Programming）是一种程序设计的原则和方法，用几种标准的控制结构（顺序、分支和循环）通过重复和嵌套来表示。

结构化程序设计思想采用"自顶向下、逐步求精"的方法。按结构化程序设计的要求设计出的高级程序设计语言称为结构化程序设计语言。

利用结构化程序设计语言，或者说按结构化程序设计思想编写出来的程序称为结构化程序。结构化程序具有结构清晰、容易理解、容易修改、容易验证等特点。起缺点就是代码的可重用性差、可维护性差、稳定性差、难以实现。

（2）面向对象程序设计

面向对象程序设计（Object Oriented Programming，OOP）是一种计算机编程架构。面向对象程序设计的基本原则是计算机程序是由单个能够起到子程序作用的单元或对象组合而成。面向对象程序设计达到了软件工程的三个主要目标：重用性、灵活性和扩展性。为了实现整体运算，每个对象都能够接收信息、处理数据和向其他对象发送信息。

面向对象程序设计中的概念主要包括：对象、类、数据抽象、继承、动态绑定、数据封装、多态性、消息传递。通过这些概念，面向对象的思想得到了具体的体现。

面向对象程序设计的主要特点如下。

❖ 识认性：系统中的基本构件可识认为一组可识别的离散对象。

❖ 类别性：系统具有相同数据结构与行为的所有对象可组成一类。

❖ 多态性：对象具有唯一的静态类型和多个可能的动态类型。

❖ 继承性：在基本层次关系的不同类中共享数据和操作。

（3）程序设计开发过程

计算机程序设计就是根据一定的算法思路，用计算机语言编写一个序列代码（指令）来告诉计算机完成特定的任务。也就是说，用计算机能理解的语言告诉计算机如何工作。

一般而言，程序设计过程包括问题描述、算法分析、代码编写、调试运行等。整个设计过程还需要编制相应的文档，以便管理和应用，如图 6.9 所示。

图 6.9 程序设计的实现过程

所以，开发应用程序的过程通常有下列若干步骤：

① 选定一种高级程序设计语言（如 Visual Basic、C++、Java 等）。

② 安装好选定语言的运行环境（语言处理程序）。

③ 启动并进入程序编制状态（工具平台环境）。

④ 问题的定义（确定输入、处理和输出）。

⑤ 分析问题并确定算法描述（对问题处理过程的进一步细化。但它不是计算机可以直接执行的，只是对处理思路的一种描述）。

⑥ 编制程序产生源程序文件（用真正的计算机语言表达）。

⑦ 编译源程序文件产生目标代码文件（经过语言处理程序翻译）。

⑧ 调试、连接、运行、检测程序（找出语法错误和逻辑错误）。

⑨ 生成可执行文件（.Exe）即应用程序。

⑩ 编写程序文档（文档记录程序设计的算法、实现以及修改的过程，还有程序的使用说明，保证程序的可持续性和可维护性）。

主题三 关于算法的理解

本讲中一再强调我们所关注的重点是算法，是运用计算思维理念来分析、思考问题并发现算法、归纳算法、描述算法、评估算法到最后实现算法的全过程。那么，什么是算法？如何发现算法？怎样描述和表示算法？

一、什么是算法

1. 算法的定义

算法（Algorithm）是指解题方案的准确而完整的描述，是一系列解决问题的方法步骤或清晰指令的陈述。算法代表着用系统的方法描述解决问题的策略机制，也就是说，能够对一定规范的输入，在有限时间内获得所要求的输出。

算法中的指令描述的是一个计算，当其运行时，能从一个初始状态和（可能为空的）初始输入开始，经过一系列有限而清晰定义的状态，最终产生输出并停止于一个终态。实际上，算法能够完成的就是图灵对可计算性定义的范畴。

2. 算法的要素

算法是由基本操作与控制结构两个要素组成。基本操作是指计算机能进行的最基本的操作，如算术运算、关系运算、逻辑运算和数据传送等。控制结构是指各操作之间的执行顺序。

（1）数据对象的运算和操作

计算机可以执行的基本操作是以指令的形式描述的。一个计算机系统能执行的所有指令的集合，成为该计算机系统的指令系统。

计算机系统的基本运算和操作主要包括以下 4 类。

❖ 算术运算：加、减、乘、除、取整和求余等运算。
❖ 逻辑运算：与、或、非和异或等运算。
❖ 关系运算：大于、小于、等于、大于等于、小于等于和不等于等运算。
❖ 数据传输：输入、输出和赋值等运算。

（2）算法的控制结构

算法的功能结构不仅取决于所选用的操作，还与各操作之间的执行顺序有关。

算法的控制结构主要包括：顺序结构、选择结构和循环结构。

（3）算法的性质特征

算法的性质特征一般归纳为下列 5 点。

① 输入（Input）。一个算法通常要求有 0 个或若干个信息输入，以刻画运算对象的初始情况，所谓 0 个输入，是指算法本身定出了初始条件。

② 有穷性（Finiteness）。算法的有穷性是指算法必须能在执行有限个步骤之后终止。

③ 可行性（Effectiveness）。算法中执行的任何计算步骤都是可以被分解为基本的可执行的操作步骤，即每个计算步骤都可以在一个合理的范围内进行并在有限的时间内完成（也称为有效性）。

④ 确定性（Definiteness）。算法的每个计算步骤必须是精确地定义并无二义性。

⑤ 输出（Output）。一个算法一定有一个或多个输出，以反映对输入数据加工后的结果。没有输出的算法是毫无意义的。

二、如何发现算法

计算思维是运用计算机科学的基础概念进行问题求解、系统设计以及人类行为理解等涵盖计算机科学之广度的一系列思维活动。计算思维建立在计算过程的能力和限制之上，由人和机器协同执行。

在当代，善于运用计算思维方式去发现问题、分析问题、抽象问题，并归纳整理出问题的解决方案，是每个人都应该具备的普适技能。计算思维能力的培养不仅局限于计算机科学领域，而是在任何领域都需要永久具备的思维能力。

用计算机实现一个问题的求解，通常包括两个步骤：一是发现潜在的算法，二是以程序的方法表示并实现算法。理解算法是如何发现的就是要理解问题的求解过程。

算法发现的过程与一般问题的求解过程之间存在着紧密的联系，因此在计算机科学领域，人们把问题求解，简化为一种算法，但不是所有的问题都一定都能找到解决问题的算法。

算法的发现起源于公元前 3000 年至公元前 1500 年的巴比伦。当时巴比伦人求解"算法"的过程为：先用解代数方法，再计算实际数目，最后写上一句短句"这就是一个过程"。

算法的发现是一门富有挑战性的艺术，大致包括 4 个阶段。

第一阶段：分析、理解、抽象和归纳问题。

第二阶段：寻找一个可能解决问题的算法过程的思路。

第三阶段：用数学语言符号将其表达出来。

第四阶段：阐明算法并且选用合适的数据结构并用程序将其编写出来。

第五阶段：从准确度及是否有潜力作为一个解决其他问题的工具来评估这个算法。

但这些阶段不是一定要遵循的步骤，也不必一定按顺序完成。

三、怎样描述算法

经过一系列的分析、抽象和归纳的过程，形成的问题求解算法应该如何描述和表示，才能更方便地转换为计算机的程序设计实现？

> 根据分析问题所处的阶段，描述算法的步骤可粗可细，可以粗到只有一个大的解题框架，也可以细到接近程序设计语言的每条语句。

常用的描述算法的方法有 4 种：自然语言、流程图、伪代码和计算机语言。

为了方便理解，先设定一个简单的问题：如何将一个十进制正整数转换为二进制？在本书的第二讲，我们学习了进制之间的转换关系，先分析这个问题，找出求解算法。

① 一个十进制正整数转换为二进制的方法就是用十进制整数除 2 求余数，得到的余数非 0 即 1，第一个得到的余数是二进制的最低位（最右边的数码）。

② 将十进制整数除 2 取整，得到的商继续除 2 求余数，得到的余数是二进制的次低位。

③ 依此重复进行，直到十进制整数商除 2 取整得到的商为 0。这时得到的余数，也就是最后得到的余数，是二进制的最高位（最左边的数码）。

④ 与此同时，将每次得到的余数按反序组合成为一个二进制串（不同的高级语言选用的数据结构也许存在差异，但总体思想是一致的）。

下面用 4 种方法来描述算法，说明每种方法的特点。

1. 用自然语言描述算法

用自然语言描述算法，就是把算法的各个步骤，依次用人们所熟悉的自然语言文字或符号表述出来。图 6.10 是将一个十进制正整数转换为二进制的算法的自然语言描述。

步骤 1. 声明存放数据的变量 D，B，P。

步骤 2. 从键盘输入十进制整数存放在变量 D 中。

步骤 3. 如果变量 D 不为 0，做下列步骤，否则直接跳到步骤 8。

步骤 4. 将变量 D 除 2 求得的余数存放在变量 P 中；

步骤 5. 将变量 P 作为字符与 B 反序粘合存放在变量 B 中。

步骤 6. 将变量 D 整除 2 求得的商存放在变量 D 中。

步骤 7. 重复步骤 3。

步骤 8. 输出转换后的二进制结果 B。

图 6.10   自然语言表述

自然语言描述算法的特点是通俗易懂，简单易学，但缺乏直观性和简洁性，且易产生语义上的歧义。使用自然语言描述算法，描述时一定要尽可能精确和详尽。

2. 用流程图描述算法

流程图（Flow Chart）是用一些图框、线条及文字说明来形象地、直观地描述算法。使用图形表示算法的思路是一种极好的方法，因为千言万语不如一张图直白。

流程图描述算法的优点是：形象直观，各种操作一目了然，不会产生"歧义性"，便于理解，算法出错时容易发现，并可以直接转化为程序。

其缺点是：所占篇幅较大，由于允许使用流程线，过于灵活，不受约束，使用者可使流程任意转向，从而造成程序阅读和修改上的困难，不利于结构化程序的设计。

图 6.11 是常用流程图的符号图形框。图 6.12 是将一个十进制正整数转换为二进制的算法的流程图描述。

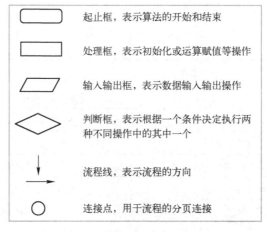

图 6.11　流程图的符号图示

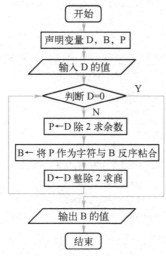

图 6.12　流程图描述算法

3. 用伪代码描述算法

伪代码（Pseudo code）是一种在算法开发过程中非正式地表达思想的符号系统，也是一种算法描述语言，通过使用一些介于自然语言与高级语言之间的符号语言来描述算法。使用伪代码的目的是为了使被描述的算法可以容易地用任何一种编程语言（Visual Basic、C 或 Java）来实现。

伪代码介于自然语言与编程语言之间，用来描述算法时结构清晰、代码简单、不拘于具体实现，可读性好。常用的伪代码符号如表 6.1 所示。

图 6.13 是用伪代码描述的十进制正整数转换二进制的问题求解算法的示例。

表 6.1　常用的伪代码符号

运算符号说明	符号表示	示　　例
赋值符号	←或=	A←5，B=6
算术运算符号	+、-、×、/、Mod（整除取余）	A+B，A-B，A×B，A/B，A Mod B
关系运算符号	>、≥、<、≤、=、≠	A>B，A≠B
逻辑运算符	And（与）、Or（或）、Not（非）	Not（A≥B And A+B≤A*B Or A>0）
输入和输出	Input、Print	Input A，Print B
选择结构	如果 P 成立，则 A，否则 B：If P Then A Else B	If A=B Then Print A Else B

循环结构	当型循环结构：While P Do A
	直到型循环结构：Repeat A…Until P
	或 Do A…While P
		Count←1;
		While(Count<7)　Do
		{　Print Count;
		　　Count←Count+1;
		}

程序过程	无参数 Procedure Name 有参数 Procedure Name(参数列表)	Procedure Printing Procedure Fac(N)

```
PROCEDURE  10TO2
    声明变量 D，B，P
    INPUT   D
    DO
      P←D 除 2 求余数
      B←将 P 作为字符与 B 反序粘合
      D←D 整除 2 求商
    LOOP   UNTIL  D=0
    PRINT   B
END PROCEDURE
```

图 6.13　十进制正整数转换二进制的伪代码描述

4．用计算机语言描述算法

计算机无法识别和执行自然语言、流程图和伪代码描述的算法，这些方法只是为了帮助人们描述和梳理算法。要用计算机解决问题，最终必须用计算机程序设计语言来描述算法，涉及语言代码元素、数据结构、语法规则和语言环境工具等知识。

图 6.14 是用分别用 Visual Basic 语言、C 语言和 Java 语言编写的算法描述。

四、如何评价算法

算法无处不在！在我们的工作和生活中处处可见，很多日常问题的处理也都会用到算法。如果一个算法有缺陷，或不适合某个问题，那么执行这个算法将不会解决这个问题。评估分析算法的目的在于选择合适的算法和改进算法。

```
Private Sub Form_Click()
    Dim D As Long, P As Byte
    Dim B As String
    D=Val(InputBox("D="))
    Print D; "转换为: ";
    Do
        P=D Mod 2
        B=P&B
        D=D\2
    Loop Until D=0
    Print B
End Sub
```

(a) 用 Visual Basic 语言描述算法

```
#include "stdlib.h"
void main()
{
    int n, x=0,a[100];
    printf("请输入转换的数: \n");
    scanf("%d", &n);
    while(n)
    {
        a[x++]=n%2;
        n/=2;
    }
    --x;
    While(x>=0)
        printf("%d", a[x--]);
}
```

(b) 用 C 语言描述算法

```
package work;
import java.util.*;
public class jinzhi{
    public static void main(String[] args) {
        Scanner input=Scanner(System.in);
        int n;
        int[] tnum=new int[10];
        n=input.nextInt();
        int x=0;
        while(n>=1) {
            tnum[x]=n%2;
            n=n/2;
            x++;
        }
        x--;
        for(int i=x; i>=0; i--) {
            System.out.print(tnum[i]);
        }
    }
}
```

(c) 用 Java 语言描述算法

图 6.14　用高级语言编写的十进制转换二进制的程序代码示例

　　分析算法可以预测这一算法适合在什么样的环境中有效地运行,对解决同一问题的不同算法的有效性做出比较。算法分析通常包括最优情况分析、最差情况分析和平均情况分析。算法的有效性是算法设计中关注的一个主要问题。在效率不同的两种算法中选择,会产生对于解决问题的实用方法和不实用方法两种解。

　　不同的算法可能耗用系统不同的时间、空间或效率来完成同样的任务。同一个问题也可以用不同的算法解决,而一个算法的质量优劣将直接影响到算法乃至程序的效率。

　　算法的复杂度体现在运行该算法时的计算机所需资源的多少上,计算机资源最重要的是时间和空间资源。一个算法的优劣可以用空间复杂度与时间复杂度来衡量。

解决方案的优劣，即评价算法的标准，基本包括：算法的时间复杂度，算法的空间复杂度，算法的正确性、可读性和健壮性。

1．时间复杂度（Time Complexity）

算法的时间复杂度是指执行算法所需要的计算工作量。在计算机科学中，算法的时间复杂度是一个函数，定量描述了该算法的运行时间。

一般情况下，算法的基本操作重复执行的次数是模块 n 的某一个函数 $f(n)$，因此算法的时间复杂度记为 $T(n)=O(f(n))$。

随着问题规模 n 的不断增大，上述时间复杂度会不断增大，算法的执行效率就越低。算法执行的时间的增长率与 $f(n)$ 的增长率成正比，所以 $f(n)$ 越小，算法的时间复杂度越低，算法的效率越高。整个算法的执行时间与基本操作重复执行的次数成正比。

比较容易理解的计算方法是：查看算法有几重循环，只有一重循环则时间复杂度为 $O(n)$，二重循环则为 $O(n^2)$，以此类推。如果有二分算法（如快速幂、二分查找等），则为 $O(\log n)$；如果一个循环套一个二分算法，那么时间复杂度为 $O(n\log n)$。

算法中的语句执行次数称为语句频度或时间频度。算法转换为程序后，每条语句执行一次所需的时间取决于机器的指令性能、速度以及编译所产生的代码质量等难以确定的因素。若要独立于机器的软件、硬件系统来分析算法的时间耗费，则设每条语句执行一次所需的时间均是单位时间，一个算法的时间耗费就是该算法中所有语句的频度之和。

一个算法所耗费的时间=算法中每条语句的执行时间之和

每条语句的执行时间=语句的执行次数（即频度）×语句执行一次所需时间

一个算法执行所耗费的时间从理论上是不能算出来的，必须上机运行测试才能知道。但我们不可能也没有必要对每个算法都上机测试，只需知道哪个算法花费的时间多，哪个算法花费的时间少就可以了。并且，一个算法花费的时间与算法中语句的执行次数成正比例，哪个算法中语句执行次数多，则花费时间就多。

2．空间复杂度（Space Complexity）

算法的空间复杂度是指算法需要消耗的内存空间。其计算和表示方法与时间复杂度类似，一般都用复杂度的渐近性来表示。同时间复杂度相比，空间复杂度的分析要简单得多。

类似于时间复杂度的讨论，一个算法的空间复杂度 $S(n)$ 定义为该算法所耗费的存储空间，它也是问题规模 n 的函数。一个算法所需的存储空间用 $f(n)$ 表示，记为 $S(n)=O(f(n))$。

空间复杂度是对一个算法在运行过程中临时占用存储空间大小的量度。一个算法在计算机存储器上所占用的存储空间包括 3 方面：存储算法本身所占用的存储空间，算法的输入输出数据所占用的存储空间，算法在运行过程中临时占用的存储空间。

算法的输入、输出数据所占用的存储空间是由要解决的问题决定的，是通过参数表由调用函数传递而来的，不随本算法的不同而改变。

存储算法本身所占用的存储空间与算法书写的长短成正比，要压缩这方面的存储空间，就必须编写出较短的算法。

算法在运行过程中临时占用的存储空间随算法的不同而异，有的算法只需要占用少量的临时工作单元，而且不随问题规模的大小而改变；有的算法需要占用的临时工作单元数与解决问题的规模 n 有关，随着 n 的增大而增大，当 n 较大时，将占用较多的存储单元。

利用程序算法的空间复杂度，可以对程序算法的运行所需要的内存有个预先估计。一个程序算法执行时，除了需要存储空间和存储本身所使用的指令、常数、变量和输入数据外，还需要一些对数据进行操作的工作单元和存储一些为现实计算所需信息的辅助空间。程序算法执行时所需存储空间包括固定部分和可变空间两部分。

固定部分空间的大小与输入、输出的数据的个数多少、数值无关，主要包括指令空间（即代码空间）、数据空间（常量、简单变量）等所占的空间。这部分属于静态空间。

可变空间主要包括动态分配的空间、递归栈所需的空间等，其大小与算法有关。

分析一个算法所占用的存储空间要从各方面综合考虑。如对于递归算法来说，一般程序代码都比较简短，算法本身所占用的存储空间较少，但运行时需要一个附加堆栈，从而占用较多的临时工作单元；若写成非递归算法，一般可能程序代码比较长，算法本身占用的存储空间较多，但运行时将可能需要较少的存储单元。

一个算法的空间复杂度只考虑在运行过程中为局部变量分配的存储空间的大小，包括两部分：为参数表中形参变量分配的存储空间，为在函数体中定义的局部变量分配的存储空间。

若一个算法为递归算法，其空间复杂度为递归所使用的堆栈空间的大小，等于一次调用所分配的临时存储空间的大小乘以被调用的次数，即递归调用的次数加 1。这个 1 表示开始进行的一次非递归调用。

算法的空间复杂度一般也以数量级的形式给出。如当一个算法的空间复杂度为一个常量，即不随被处理数据量 n 的大小而改变时，可表示为 $O(1)$；当一个算法的空间复杂度与以 2 为底的 n 的对数成正比时，可表示为 $O(\log_2 n)$；

当一个算法的空间复杂度与 n 成线性比例关系时，可表示为 $O(n)$。若形参为数组，则只需要为它分配一个存储由实参传送来的一个地址指针的空间，即一个机器字长空间；若形参为引用方式，则也只需要为其分配存储一个地址的空间，用它来存储对应实参变量的地址以便由系统自动引用实参变量。

3．时间复杂度与空间复杂度比较

对于一个算法，其时间复杂度和空间复杂度往往是相互影响的。当追求一个较好的时间复杂度时，可能会使空间复杂度的性能变差，即可能导致占用较多的存储空间；反之，当追求一个较好的空间复杂度时，可能会使时间复杂度的性能变差，即可能导致占用较长的运行时间。

算法的所有性能之间都存在着或多或少的相互影响。因此，设计一个算法（特别是大型算法）时，要综合考虑算法的各项性能，如算法的使用频率、算法处理的数据量的大小、算法描述语言的特性、算法运行的机器系统环境等因素，才能够设计出比较好的算法。

4．算法的正确性、可读性和健壮性

算法的正确性是评价一个算法优劣的最重要的标准。

算法的可读性是指一个算法可供人们阅读的容易程度。

算法的健壮性是指一个算法对不合理数据输入的反应能力和处理能力，也称为容错性。

主题四　算法策略大搜罗

算法策略（Algorithm Policy）就是在问题空间中搜索所有可能的解决问题的方法，直至选择一种有效的方法解决问题。策略是面向问题的，算法是面向实现的。

问题空间（Problem Space）是问题解决者对一个问题所达到的全部认识状态，是由问题解决者利用问题所包含的信息和已存储的信息主动构成的。

一个问题一般有如下三方面来定义。

❖ 初始状态：开始时的不完全的信息或令人不满意的状况；

❖ 目标状态：最终希望获得的信息或状态；

❖ 操作：为了从初始状态迈向目标状态，可能采取的步骤。

这三部分加在一起就定义了问题空间。问题解决者对问题客观陈述的理解，通常由问题的给定条件、目标和允许的认知操作来构成。

问题空间会随着问题解决的进程而逐渐得到丰富和扩展。而且，在解决某一特定问题时，不同个体的问题空间可能有差别。一个问题解决者对问题的解决过程就是穿越其问题空间搜索一条通往问题目标状态的路径。事实上，大多

数问题可以通过多条路径来达到问题的解决。

经典的算法策略主要包括枚举算法、递推算法、递归算法、迭代算法、分治算法、贪心算法和回溯算法等。

一、枚举算法

1．算法定义

枚举算法（Exhaust Algorithm），又名穷举法，也称为暴力破解法，是一种针对于要解决的问题，列举出它的所有可能的情况，逐个判断哪些是符合问题所要求的约束条件，从而得到问题的解。

2．算法特点

根据枚举算法的定义，可以发现该算法有如下特点：

❖ 问题的答案是一个有穷的集合，即答案可以被一一列举出来。

❖ 问题存在给定的约束条件，根据条件，可以判断哪些答案符合要求，哪些答案不符合要求。

❖ 算法存在循环运算，通常用循环结构遍历所有的有穷集合，从而实现问题的求解。

枚举算法的优点是思路简单，无论是程序编写还是调试都很方便。如果问题规模不是很大，在规定的时间与空间限制内能够求出解，那么枚举法是最直接简单的选择。

枚举算法的缺点是运算量比较大，解题效率不高。如果枚举范围太大（一般以不超过 200 万次为限），效率低的问题会在时间上难以承受。

3．算法思路

枚举算法一般用于决策类最优化问题，适合那些很难找到大、小规模之间的关系，也不易对问题进行分解的问题。算法思路就是对问题所有的解逐一尝试，从而找出问题的真正解。

枚举算法一般按照如下三个步骤进行。

① 确定解题范围，枚举出所有可能的题解。

② 判断题解是否符合正解的条件。

③ 使可能解的范围降至最小，以便提高解题效率。

4．算法案例

虽然枚举算法效率并不算高，但是适合于一些没有明显规律可循或者缺失足够数据依据的问题。比较典型的运用枚举算法求解的问题是百钱买百鸡。

【百钱买百鸡】 今有鸡翁一，值钱伍；鸡母一，值钱三；鸡雏三，值钱一。凡百钱买鸡百只，问鸡翁、母、雏各几何？

我们使用不定方程求解"百钱买百鸡"的问题。设公鸡 X 只，母鸡 Y 只，

小鸡 Z 只，则：

$$X+Y+Z=100$$
$$5 \times X+3 \times Y+Z \div 3=100$$

由于鸡和钱的总数都是 100，可以确定 X、Y、Z 的取值范围。X 的取值范围为 $0 \sim 20$（$100 \div 5=20$），Y 的取值范围为 $0 \sim 33$（$100 \div 3 \approx 33$），$Z=100-X-Y$。

使用枚举算法解决这样的问题，只需通过两重循环遍历 X、Y 的所有可能组合值，并将每组 X、Y、Z 的值代入两个限制约束条件的方程中，如果满足条件即得到问题的解（可能存在多个符合约束条件的解）。

枚举算法也常用于密码的破译，即将密码进行逐个推算直到找出真正密码为止。

【破译密码】 一个已知是 4 位并且全部由数字组成的密码，其可能共有 10000 种组合，因此最多尝试 10000 次就能找到正确的密码。理论上，利用这种方法可以破解任何一种密码，问题只在于如何缩短试误时间。因此，有些人运用计算机来增加效率，有些人辅以字典来缩小密码组合的范围。

当然，如果破译一个有 8 位而且有可能拥有大小写字母、数字、符号的密码用普通的家用计算机可能会用掉几个月甚至更多的时间去计算，其组合方法可能有几千万亿种组合。这样长的时间显然是不能接受的。其解决办法就是运用字典。所谓"字典"，就是给密码锁定某个范围，如英文单词、生日的数字组合等，所有的英文单词 10 万个左右。这样可以大大缩小密码范围，从很大程度上缩短了破译时间。

在一些领域，为了提高密码的破译效率而专门为其制造的超级计算机也不在少数，如 IBM 公司为美国军方制造的"飓风"就是很有代表性的一个特例。

二、递推算法

1. 算法定义

递推算法（Recurrence Algorithm）是一种简单的算法，即通过已知条件，利用特定关系得出中间推论，直至得到结果的算法。递推算法分为顺推和逆推两种。

所谓顺推法，是从已知条件出发，逐步推算出要解决的问题的方法叫顺推。

所谓逆推法，是从已知问题的结果出发，用迭代表达式逐步推算出问题的开始的条件，即顺推法的逆过程，称为逆推。

2. 算法特点

根据递推算法的定义，可以发现该算法有如下特点：

❖ 由当前问题的逐步解决从而得到整个问题的解。

❖ 问题的求解依赖于信息间本身的递推关系，每步不需要决策参与到算法中，使用"步步为营"的方法，不断利用已有的数据信息推导出新的数据信息。

❖ 问题以初始起点值为基础，用相同的运算规律，逐次重复运算，直至运算结束。

❖ 这种从"起点"重复相同的方法直至到达一定"边界"，犹如单向运动，用循环可以实现。

递推算法的优点是思路简单，无论是程序编写还是调试都很方便，且运行效率不低。

递推算法的缺点是运算的过程值（如果选择数组结构的话）比较多，耗用空间量比较大。如果选用简单变量通过迭代的方法处理数据之间的关系，可以节省对空间的耗用。

3．算法思路

递推的本质是按规律逐次推出（计算）下一步的结果，所以更多用于计算。递推是计算序列的一种常用算法，其思想是把一个复杂的庞大的计算过程转化为简单过程的多次重复，该算法利用了计算机速度快和不知疲倦的机器特点。

递推算法一般按照如下三个步骤进行。

① 确定问题的数据信息之间存在着特定的递推关系，并用数学公式描述出来。例如，给定一个序列 H_0，H_1，$\cdots$，H_n，若存在整数 N_0，当 $N > N_0$ 时，可以用等号（或大于号、小于号）将 H_n 与其前面的某些项 H_i $(0 < i < N)$ 联系起来，这样的式子就叫做递推关系。

② 确定由已知的基础数据可以递推出后面的数据。

③ 尽量使用简单变量，使计算的过程值暂用空间量少，以便提高解题耗能。

4．算法案例

递推算法通常用于计算性的问题求解，算法简单易懂，执行算法的时间与空间复杂度基本固定在 $O(n)$，执行效率普遍可以被接受。比较典型的运用递推算法求解的问题是斐波那契数列（Fibonacci）问题。

【**斐波那契数列**】 对于斐波那契数列 1，1，2，3，5，8，13，21，34，55，89，144，……求此数列第 n 项的值。

设斐波那契数列的函数为 $F(n)$，已知：$F(1)=1$，$F(2)=1$，那么

$$F(n)=F(n-1)+F(n-2) \qquad （n \geqslant 3，n \in N）$$

通过顺推可以知道：

$$F(3)=F(1)+F(2)=2$$
$$F(4)=F(2)+F(3)=3$$
$$\cdots\cdots$$

直至我们要求的结果为止。只要配合循环控制序列项编号，就很容易得到想要的项值。

杨辉三角形也属于递推算法问题。

【杨辉三角形】　杨辉三角形如图 6.15 所示。我们分别通过顺推（选用二维数组结构）和逆推（选用一维数组结构）两种方法，配合循环控制序列项编号，就能够得到想要的项值。

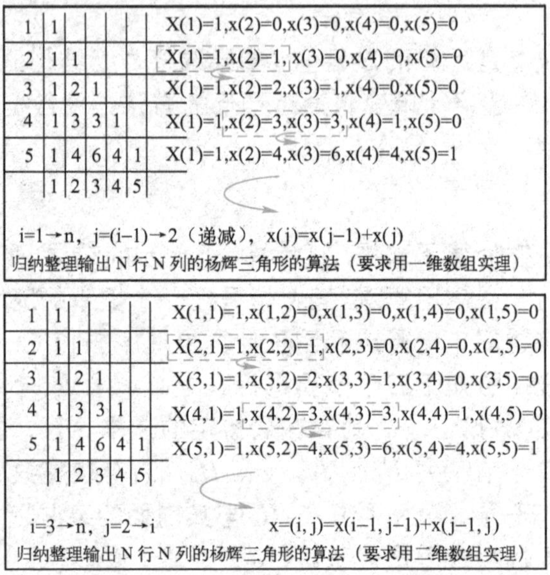

1	1					X(1)=1,x(2)=0,x(3)=0,x(4)=0,x(5)=0
2	1	1				X(1)=1,x(2)=1,x(3)=0,x(4)=0,x(5)=0
3	1	2	1			X(1)=1,x(2)=2,x(3)=1,x(4)=0,x(5)=0
4	1	3	3	1		X(1)=1,x(2)=3,x(3)=3,x(4)=1,x(5)=0
5	1	4	6	4	1	X(1)=1,x(2)=4,x(3)=6,x(4)=4,x(5)=1
	1	2	3	4	5	

i=1→n，j=(i−1)→2（递减），x(j)=x(j−1)+x(j)
归纳整理输出 N 行 N 列的杨辉三角形的算法（要求用一维数组实理）

1	1					X(1,1)=1,x(1,2)=0,x(1,3)=0,x(1,4)=0,x(1,5)=0
2	1	1				X(2,1)=1,x(2,2)=1,x(2,3)=0,x(2,4)=0,x(2,5)=0
3	1	2	1			X(3,1)=1,x(3,2)=2,x(3,3)=1,x(3,4)=0,x(3,5)=0
4	1	3	3	1		X(4,1)=1,x(4,2)=3,x(4,3)=3,x(4,4)=1,x(4,5)=0
5	1	4	6	4	1	X(5,1)=1,x(5,2)=4,x(5,3)=6,x(5,4)=4,x(5,5)=1
	1	2	3	4	5	

i=3→n，j=2→i　　x(i,j)=x(i−1,j−1)+x(j−1,j)
归纳整理输出 N 行 N 列的杨辉三角形的算法（要求用二维数组实理）

图 6.15　分别选用一维数组和二维数组数据结构来算杨辉三角形值的递推算法

三、递归算法

1．算法定义

递归算法（Recursion Algorithm）是把问题转化为规模缩小了的同类问题的子问题。然后通过递归调用函数（或过程）来表示问题的解。一个程序过程（或函数）直接或间接调用自己本身，这种过程（或函数）称为递归过程（或函数）。

递归调用分为两种情况：直接递归和间接递归。直接递归是指在过程中调用方法本身。间接递归指即间接地调用一个过程。

递归是计算机科学的一个重要概念。递归策略只需少量的程序就可描述出解题过程所需要的多次重复计算，大大地减少了程序的代码量。递归的能力在于用有限的语句来定义对象的无限集合。一般来说，递归需要有边界条件、递归前进段和递归返回段。当边界条件不满足时，递归前进；当边界条件满足时，递归返回。

（1）递归程序的执行过程

递归程序在执行过程中，一般具有如下模式：

① 将调用程序的返回地址、相应的调用前变量保存在栈中。

② 执行被调用的程序或函数。

③ 若满足退出递归的条件，则退出递归，并从栈顶上弹回返回地址、返回变量的值，继续沿着返回地址，向下执行程序。

④ 否则继续递归调用，只是递归调用的参数发生变化：增加一个量或减少一个量，重复执行直到递归调用结束。

（2）递归算法所体现的"重复"要求

递归算法所体现的"重复"一般有 3 个要求：

① 每次调用在规模上都有所缩小（通常是减半）。

② 相邻两次重复之间有紧密的联系，前一次要为后一次做准备（通常前一次的输出作为后一次的输入）。

③ 在问题的规模极小时必须用直接给出解答而不再进行递归调用，所以每次递归调用都是有条件的（以规模未达到直接解答的大小为条件），无条件递归调用将会成为死循环而不能正常结束。

（3）递归与递推算法的比较

递推与递归是两种不同的算法，它们的称谓相似，所以容易混淆。从选用数据结构的层面，递推通常采用数组，递归需要采用堆栈。相对于递归算法，递推算法免除了数据进、出栈的过程，即不需要函数不断地向边界值靠拢，而直接从边界出发，直到求出函数值。

比如，阶乘函数 $F(n)=n \times F(n-1)$，在 $F(3)$ 的运算过程中，递归的数据流动过程如下：

$$F(3)\{F(i)=F(i-1) \times i\} \rightarrow F(2) \rightarrow F(1) \rightarrow F(0)\{F(0)=1\}$$
$$\rightarrow F(1) \rightarrow F(2) \rightarrow F(3)\{F(3)=6\}$$

而递推如下：

$$F(0) \rightarrow F(1) \rightarrow F(2) \rightarrow F(3)$$

由此可见，递推的效率要高一些，在可能的情况下应尽量使用递推。但是递归作为比较基础的算法，它的作用不能忽视。所以在把握两种算法的时候应该特别注意区分和选择。

2．算法特点

根据递归算法的定义，可以发现该算法有如下特点：

❖ 递归过程一般通过函数或子过程来实现。

❖ 在函数或子过程的内部，直接或者间接地调用自身。

❖ 常用于一些数学计算并有明显的递推性质的问题。

❖ 在使用递归策略时，必须有一个明确的递归结束条件，称为递归出口。

❖ 在递归调用的过程当中，系统为每一层的返回点、局部量等开辟了栈来存储。

递归法的优点是程序代码简洁清晰，可读性好。

递归算法的缺点是递归形式比非递归形式运行速度要慢一些。如果递归层次太深，会导致堆栈溢出。虽然算法代码通常显得很简洁，但递归算法解题的运行效率较低。所以，如果有其他算法可行可选，一般不提倡用递归算法设计程序。

3. 算法思路

递归算法一般按照如下三个步骤进行。

① 确定递归公式。需要求解的问题可以化为子问题求解，其子问题的求解方法与原问题相同，只是数量的增加或减少；

② 确定边界（终了）条件。递归调用的次数必须是有限的，必须有递归结束的条件；

③ 构架可以调用自身的子过程（函数）。

为求解规模为 n 的问题，设法将它分解成规模较小的问题，然后从这些小问题的解方便地构造出大问题的解；并且，这些规模较小的问题也能采用同样的分解和综合方法，分解成更小的问题，并从这些更小的问题的解构造出规模较大问题的解。特别地，当规模 $n=1$ 时，能直接得解。

递归算法常常是把解决原问题按顺序逐次调用同一"子程序"（过程）去处理，最后一次调用得到已知数据，执行完该次调用过程的处理，将结果带回，按"先进后出"原则，依次计算返回。

简单地说，递归算法的本质就是自己调用自己，用调用自己的方法去处理问题，可使解决问题的算法变得简洁明了。按正常情况有几次调用，就有几次返回。

4. 算法案例

递归算法是一种直接或者间接地调用自身的算法。在计算机的程序算法中，递归算法对解决一大类问题是十分有效的，往往使算法的描述简洁而且易于理解。

【阶乘 $n!$】 阶乘（factorial）是指从 1 到 n 之间所有自然数相乘的结果，即

$$n!=n×(n-1)×(n-2)×\cdots×2×1$$

而对于 $(n-1)!$，则有如下表达式：

$$(n-1)!=(n-1)×(n-2)×\cdots×2×1$$

从上面这两个表达式可以看到，阶乘具有明显的递推的性质，即符合如下递推公式：

$$n!=n×(n-1)!$$

因此，我们可以采用递归的思路来计算阶乘。核心伪代码描述如图 6.16 所示。

```
Procedure factorial(n)
{
    if(n≤1)
        Return 1;
    else
        Return n* factorial(n-1)          /*调用自己*/
}
```

图 6.16　n!运算的递归过程算法伪代码描述

比较经典的运用递归算法求解的问题是汉诺塔问题。

【汉诺塔】　汉诺塔问题的描述在本讲开篇介绍过，在本讲主题五将具体分析和介绍算法的实现过程，这里只给出归纳的数学模型和过程调用。

在汉诺塔问题中，把 N 个圆盘从 A 柱子移到 C 柱子需要三个步骤来完成。

①　将上面的 $N-1$ 个圆盘从 A 柱子借助 C 柱子移到 B 柱子上。

②　把最下面的 1 个大圆盘从 A 柱子移到 C 柱子上。

③　把 $N-1$ 个圆盘从 B 柱子借助 A 柱子移到 C 柱子上。

所以，设 HN(N, A, B, C)表示把 N 个圆盘从 A 柱子移到 C 柱子上，中间借助 B 柱子做中转。把 $N-1$ 个圆盘从 A 柱子移到 B 柱子，中间借助 C 柱子做中转明显是 HN($N-1$, A, C, B)，然后把 1 个圆盘从 A 柱子移到 C 柱子明显是 HN(1, A, B, C)；那么把 $N-1$ 个圆盘从 B 柱子移到 C 柱子，中间借助 A 柱子做中转明显是 HN($N-1$, B, A, C)。所以就得到：

$$HN(N, A, B, C) = (HN(N-1, A, C, B), HN(1, A, B, C), HN(N-1, B, A, C))$$

因此，可以运用递归的思路来解决汉诺塔的移动轨迹，核心伪代码描述如图 6.17 所示。

```
主调函数 main()
{
    int num;
    scanf("%d", &num);
    hn(num, 'A', 'B', 'C');      /*调用过程*/
    return 0;
}
```

```
子过程函数 Procedure hn(n, a, b, c)
{
    if(n==1)
        输出 print a,a;
    else
    {
        hn(n-1, a,c, b);      /*调用自己*/
        输出 print a, c;
        hn(n-1, b,a, c);      /*调用自己*/
    };
    return 0;
}
```

图 6.17　汉诺塔问题的递归过程算法伪代码描述

四、迭代算法

1. 算法定义

迭代算法（Iterative Algorithm），也称为辗转法，是数值分析中通过从一个初始估计出发寻找一系列近似解来解决问题（一般是解方程或者方程组）的过程，是一种不断用变量的旧值递推新值的过程。

迭代法又分为精确迭代和近似迭代。"二分法"和"牛顿迭代法"属于近似迭代法。

迭代法是用于求方程或方程组近似根的一种常用的算法设计方法。设方程为 $f(x)=0$，用某种数学方法导出等价的形式 $x=g(x)$，然后按以下步骤执行：

① 选一个方程的近似根，赋给变量 x_0。

② 将 x_0 的值保存于变量 x_1，然后计算 $g(x_1)$，并将结果存于变量 x_0。

③ 当 x_0 与 x_1 的差的绝对值小于指定的精度要求时，重复上一步的计算。

若方程有根，并且用上述方法计算出来的近似根序列收敛，则按上述方法求得的 x_0 就认为是方程的根。

最常见的迭代法是牛顿法，还包括最速下降法、共轭迭代法、变尺度迭代法、最小二乘法、线性规划、非线性规划、单纯型法、惩罚函数法、斜率投影法、遗传算法、模拟退火等。

2. 算法特点

❖ 根据迭代算法的定义，可以发现该算法有如下特点：

❖ 迭代算法利用计算机运算速度快、适合做重复性操作的特点，让计算机对一组指令（或一定步骤）进行重复执行，在每次执行这组指令（或这些步骤）时，都从变量的原值推出它的一个新值。

❖ 如果方程无解，算法求出的近似根序列就不会收敛，迭代过程会变成死循环，所以在使用迭代算法前应先调查方程能否有解，并在程序中对迭代的次数给予限制。

❖ 如果方程虽然有解，但迭代公式选择不当，或迭代的初始近似根选择不合理，也会导致迭代失败。

3. 算法思路

利用迭代算法解决问题，一般按照如下三个步骤进行。

① 确定迭代变量。在可以用迭代算法解决的问题中，至少存在一个直接或间接地不断由旧值递推出新值的变量，这个变量就是迭代变量。

② 建立迭代关系式。所谓迭代关系式，是指如何从变量的前一个值推出其下一个值的公式。迭代关系式的建立是解决迭代问题的关键，通常可以按顺

推或倒推的方法来完成。

③ 对迭代过程进行控制。在什么时候结束迭代过程，这是编写迭代程序必须考虑的问题。不能让迭代过程无休止地重复执行下去。迭代过程的控制通常可分为两种情况：一种是所需的迭代次数是个确定的值，可以计算出来；另一种是所需的迭代次数无法确定。对于前一种情况，可以构建一个固定次数的循环来实现对迭代过程的控制；对于后一种情况，需要进一步分析出用来结束迭代过程的条件。

4．算法案例

最经典的迭代算法是欧几里得的辗转相除算法，用于计算两个整数 x、y 的最大公约数。

【最大公约数问题】　所谓"辗转相除法"，是指对于任意两个自然数 x、y，当 $x>y$ 时，肯定存在着 $x=q \times y + r$ 的关系。其中：q 是 x 除以 y 之后得到的商的整数部分，r 是 x 除以 y 之后得到的余数。

求 x 和 y 最大公约数 $g(x, y)$ 的步骤如下：

用 y 除 x，得 q 余 r_1 （$0 \leqslant r_1$）。

若 $r_1=0$，则 $g(x, y)=y$；若 $r_1 \neq 0$，则再用 r_1 除 y，得 q 余 r_2 （$0 \leqslant r_2$）。

若 $r_2=0$，则 $g(x, y)=r_1$，若 $r_2 \neq 0$，则继续用 r_2 除 r_1

……

如此下去，直到能整除为止。其最后一个非零除数即为 x 和 y 的最大公约数 $g(x, y)$。

辗转相除法是一个反复迭代执行，直到余数等于 0 停止的步骤，这实际上是一个循环结构。图 6.18 为用伪代码描述的辗转相除法迭代算法。

```
BEGIN
    input X, Y;                      /*输入正整数 X 和 Y*/
    R←X mod Y;                       /*求 X 被 Y 的余数*/
    while(R≠0) do
    {
        X←Y;      Y←R;
        R←X mod Y;
    }
    print Y;                         /*输出最大公约数*/
END
```

图 6.18　用伪代码描述的辗转相除法

还有一个很典型的例子就是斐波那契（Fibonacci）数列。

【斐波那契数列】　对于斐波那契数列 1，1，2，3，5，8，13，21，34，55，89，144，……即 $F(1)=1$，$F(2)=1$，$F(n)=F(n-1)+F(n-2)$ （$n>2$ 时）。

在 $n>2$ 时，$F(n)$ 总可以由 $F(n-1)$ 和 $F(n-2)$ 得到，由旧值递推出新值，这是一个典型的迭代关系，所以可以考虑迭代算法。

图 6.19 为流程图描述的计算第 100 项斐波那契数列的迭代算法。

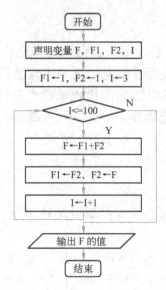

图 6.19　用流程图描述的斐波那契数列算法

五、分治算法

1. 算法定义

分治算法（Divide And Conquer Algorithm）是将一个规模为 n 的问题分解为 k 个规模较小的子问题，这些子问题相互独立且与原问题性质相同，再把子问题分成更小的子问题……直到最后子问题可以简单的直接求解，原问题的解即为子问题的解的合并。

任何一个可以用计算机求解的问题所需的计算时间都与其规模有关。问题的规模越小，越容易直接求解，解题所需的计算时间也越少。例如，对于 n 个元素的排序问题，$n=1$ 时，不需任何计算；$n=2$ 时，只要做一次比较即可排好序；$n=3$ 时，只要做 3 次比较即可……而 n 较大时，问题就不那么容易处理了。要想直接解决一个规模较大的问题，有时是相当困难的。

"分而治之"技巧是很多高效算法的基础，如排序算法（快速排序、归并排序）、傅里叶变换/快速傅里叶变换等。由分治法产生的子问题往往是原问题的较小模式，这就为使用递归技术提供了方便。在这种情况下，反复应用分治手段可以使子问题与原问题类型一致而其规模却不断缩小，最终使子问题缩小到很容易直接求出其解。这自然导致递归过程的产生。分治和递归像一对孪生兄弟，经常同时应用在算法设计之中，并由此产生许多高效算法。

2. 算法特点

根据分治算法的定义，可以发现该算法有如下特点：

❖ 当问题的规模缩小到一定的程度可以容易地解决.

❖ 问题可以分解为若干个规模较小的相同问题，即该问题具有最优子结构性质。

❖ 利用问题分解出的子问题的解可以合并为问题的最终解。

❖ 问题所分解出的各子问题是相互独立的，即子问题之间不包含公共的子子问题。

利用分治策略求解时，所需时间取决于分解后子问题的个数、子问题的规模大小等因素，而二分法由于其划分的简单和均匀的特点，是经常采用的一种有效的方法，如二分法检索。

3. 算法思路

分治一般用于较复杂的问题，但是这个问题必须可以逐步被分解为容易解决的独立的子问题，这些子问题解决后，进而将它们的解"合成"，就得到较大问题的解，最终合成为总问题的解。

分治算法一般按照如下三个步骤进行。

① 分解：将要解决的问题划分成若干规模较小的同类问题。

② 求解：当子问题划分得足够小时，用较简单的方法解决。

③ 合并：按原问题的要求，将子问题的解逐层合并构成原问题的解。

求解某些问题时，由于这些问题要处理的数据相当多，或求解过程相当复杂，使得直接求解法在时间上相当长，或者根本无法直接求出。对于这类问题，我们往往先把它分解成几个子问题，找到求出这几个子问题的解法后，再找到合适的方法，把它们组合成求整个问题的解法。如果这些子问题还较大，难以解决，可以再把它们分成几个更小的子问题，以此类推，直至可以直接求出解为止。这就是分治策略的基本思想。

4. 算法案例

【排查伪币】 给你一个装有 n 枚硬币的袋子。n 枚硬币中有一个是伪造的，并且那枚伪造的硬币比真的硬币要轻一些。你的任务是找出这枚伪造的硬币。为了帮助你完成这一任务，将提供一台可用来比较两组硬币重量的仪器，利用这台仪器，可以知道两组硬币的重量是否相同。

对于这个问题比较直接的方法就是顺序查找法，两个一对进行比较，如果重量不同，轻者即为伪币；如果重量相同，则继续两个一对进行比较，这样可以最多通过 $n/2$ 次比较来判断伪币的存在并找出这枚伪币。

另外一种方法是利用分而治之方法。

假如把 n 枚硬币的问题看成一个大的问题。第一步，把这一问题分成两个小问题。随机选择 $n/2$ 枚硬币作为第一组称为 A 组，剩下的 $n/2$ 枚硬币作为第二组称为 B 组。这样把 n 枚硬币的问题分成两个 $n/2$ 硬币的问题来解决。

第二步，判断 A 和 B 组中是否有伪币。可以利用仪器来比较 A 组硬币和 B 组硬币的重量。假如两组硬币重量相等，则可以判断伪币不存在。假如两组硬币重量不相等，则存在伪币，并且可以判断它位于较轻的那一组硬币中。

第三步，用第二步的结果得出原先 n 枚硬币问题的答案。若仅仅判断伪造硬币是否存在，则第三步非常简单。无论 A 组还是 B 组中有伪币，都可以推断这 n 枚硬币中存在伪币。因此，仅仅通过一次重量的比较就可以判断伪币是否存在。

现在假设需要识别出这枚伪币。首先设定把 2 枚或 3 枚硬币的情况作为不可再分的小问题。注意如果只有 1 枚硬币，不能判断出它是否就是伪币。在一个小问题中，通过将 1 枚硬币分别与其他 2 枚硬币比较，最多比较 2 次就可以找到伪币。

这样，n 枚硬币的问题就被分为 2 个 $n/2$ 枚硬币（A 组和 B 组）的问题。通过比较这两组硬币的重量，可以判断伪币是否存在。如果没有伪币，则算法终止，否则继续划分这两组硬币来寻找伪币。

假设 B 是轻的那一组，则再把它分成两组，每组有 $n/4$ 枚硬币。称其中一组为 B1，另一组为 B2。比较这两组，肯定有一组轻一些。如果 B1 轻，则伪币在 B1 中，再将 B1 又分成两组，每组有两枚硬币，称其中一组为 B1a，另一组为 B1b。比较这两组，可以得到一个较轻的组。由于这个组只有两枚硬币，因此不必再细分。比较组中两枚硬币的重量，可以立即知道哪一枚硬币轻一些。较轻的硬币就是所要找的伪币。（假设 n 始终处理为偶数）

六、贪心算法

1. 算法定义

贪心算法（Greedy Algorithm），是指在对问题求解时，总是做出在当前看来是最好的选择。也就是说，不从整体最优上加以考虑，贪心算法所做出的仅是在某种意义上的局部最优解。

贪心算法不是对所有问题都能得到整体最优解，但对范围相当广泛的许多问题它能产生整体最优解或者是整体最优解的近似解。

贪心策略一方面是求解过程比较简单的算法，另一方面又是对能适用问题的条件要求最严格（即适用范围很小）的算法。

贪心策略解决问题是按一定顺序，在只考虑当前局部信息的情况下，就做出一定的决策，最终得出问题的解。即通过局部最优决策能得到全局最优决策。

2. 算法特点

根据贪心算法的定义，可以发现该算法有如下特点：

❖ 有一个以最优方式来解决的问题。为了构造问题的解决方案，有一个候选的对象的集合，如不同面值的硬币。

❖ 随着算法的进行，将积累起其他两个集合，一个包含已经被考虑过并被选出的候选对象，另一个包含已经被考虑过但被丢弃的候选对象。

❖ 有一个函数来检查一个候选对象的集合是否提供了问题的解答。该函数不考虑此时的解决方法是否最优。

❖ 还有一个函数检查是否一个候选对象的集合是可行的，即是否可能往该集合上添加更多的候选对象以获得一个解。与上一个函数一样，此时不考虑解决方法的最优性。

❖ 选择函数可以指出哪一个剩余的候选对象最有希望构成问题的解。

❖ 最后，目标函数给出解的值。

为了解决问题，需要寻找一个构成解的候选对象集合，贪心算法可以优化目标函数，一步一步地进行。起初，贪心算法选出的候选对象的集合为空。接下来的每一步中，根据选择函数，贪心算法从剩余候选对象中选出最有希望构成解的对象。如果集合中加上该对象后不可行，那么该对象就被丢弃并不再考虑，否则就加到集合中。每次都扩充集合，并检查该集合是否构成解。如果贪心算法正确工作，那么找到的第一个解通常是最优的。

3. 算法思路

① 建立数学模型来描述问题。

② 把求解的问题分成若干个子问题。

③ 对每个子问题求解，得到子问题的局部最优解。

④ 把子问题的解局部最优解合成原来解问题的一个解。

贪心算法是一种对某些求最优解问题的更简单、更迅速的设计技术。用贪心法设计算法的特点是一步一步地进行，常以当前情况为基础根据某个优化测度作最优选择，而不考虑各种可能的整体情况，省去了为找最优解要穷尽所有可能而必须耗费的大量时间。贪心算法采用自顶向下，以迭代的方法做出相继的贪心选择，每做一次贪心选择，就将所求问题简化为一个规模更小的子问题，通过每一步贪心选择，可得到问题的一个最优解。虽然每一步上都要保证能获得局部最优解，但由此产生的全局解有时不一定是最优的，所以贪心法不要回溯。

贪心算法是一种改进了的分级处理方法，就是能够得到某种量度意义下最优解的分级处理方法。贪心算法的核心是根据题意选取一种量度标准，然后将这多个输入排成这种量度标准所要求的顺序，按这种顺序一次输入一个量。如果这个输入与当前已构成在这种量度意义下的部分最佳解加在一起不能产生一个可行解，则不把此输入加到这部分解中。

对于一个给定的问题，往往可能有好几种量度标准。初看起来，这些量度标准似乎都是可取的，但实际上，用其中的大多数量度标准作为贪心处理所得到该量度意义下的最优解并不是问题的最优解，而是次优解。因此，选择能产生问题最优解的最优量度标准是使用贪心算法的核心。一般情况下，要选出最优量度标准并不是一件容易的事，但对某问题能选择出最优量度标准后，用贪心算法求解则特别有效。

　　最优解可通过一系列局部最优的选择即贪心选择来达到，根据当前状态做出在当前看来是最好的选择，即局部最优解选择，再去解做出这个选择后产生的相应的子问题。每做一次贪心选择，就将所求问题简化为一个规模更小的子问题，最终可得到问题的一个整体最优解。

4. 算法案例

　　【背包问题】　假定有 n 个物体和一个背包，物体 i 的质量为 w_i，价值为 p_i，而背包的载荷能力为 m；当 $\sum p_i$ 最大时，装入的物品总重量不超过背包容量，即 $\sum w_i \leq m$。这个问题称为背包问题（Knapsack Problem）。

　　分析问题：

　　若将物体 i 的一部分 x_i（$1 \leq i \leq n$，$0 \leq x_i \leq 1$）装入背包中，则有价值 $p_i \times x_i$。在约束条件 $w_1 \times x_1 + w_2 \times x_2 + \cdots + w_n \times x_n \leq m$ 下，使目标

$$p_1 \times x_1 + p_2 \times x_2 + \cdots + p_n \times x_n$$

达到极大。此处 $0 \leq x_i <= 1$，$p_i > 0$，$1 \leq i \leq n$。

　　能直接得到最优解的算法就是枚举算法，但是现在运用贪心算法来实现这个问题的一个近似最优解。根据贪心策略：

❖ 每次挑选价值最大的物品装入背包，得到的结果是否最优？

❖ 每次挑选所占空间最小的物品装入是否能得到最优解？

❖ 每次选取单位容量价值最大的物品，成为解本题的策略。

　　选择能产生问题最优解的最优度量标准是使用贪心法的核心问题。要想得到最优解，就要在效益增长和背包容量消耗两者之间寻找平衡，也就是说，总应该把那些单位效益最高的物体先放入背包。

　　首先挑选 p_i / w_i 最大但又符合约束条件 $\sum w_i \leq m$ 的物品，并记录 i，如果不满足约束条件，就选下一个……直到所有物品都被遍历。将所有记录的 i 值输出，就是被选中可以装入背包中的物品序号。贪心算法的核心伪代码描述如图6.20 所示。

七、回溯算法

1. 算法定义

　　回溯法（Back-Track Algorithm）是一个既带有系统性又带有跳跃性的搜索算法。回溯法是在包含问题的所有解空间（Solution Space）树中，按照深度优先的策略，从根结点出发搜索解空间树。回溯法搜索至解空间树的任一结点时，总是先判断该结点是否肯定不包含问题的解。如果肯定不包含，则跳过对以该结点为根的子树的系统搜索，逐层向其祖先结点回溯。否则，进入该子树，继续按深度优先的策略进行搜索。

```
void Knapsack(int n, float m, float w[], float x[])
{
    Sort(n, v,w);
    int i;
    for(i=1; i<=n; i++)
    {
        x[i]=0;
        float c=m;
        for(i=1; i<=n; i++)
        {
            if(w[i]>c)  break;
            x[i]=1;
            c-=w[i];
        }
        if(i<=n)
            x[i]=c/w[i];
    }
}
```

图 6.20　背包问题的贪心算法伪代码描述

　　回溯法在用来求问题的所有解时，要回溯到根，且根结点的所有子树都已被搜索遍才结束。回溯法是以深度优先的方式系统地搜索问题的解的算法，在用来求问题的任一解时，只要搜索到问题的一个解就可以结束。回溯法适用于解一些组合数较大的问题。类似于枚举，通过尝试遍历问题各个可能解的通路，当发现此路不通时，回溯到上一步继续尝试别的通路。

2. 算法特点

根据回溯法的定义，可以发现该算法有如下特点：

❖ 回溯法的一个有趣的特性是在搜索执行的同时产生解空间。在搜索期间的任何时刻，仅保留从开始节点到当前节点的路径。

❖ 回溯法的空间需求为 O(从开始节点起最长路径的长度)。因为解空间的大小通常是最长路径长度的指数或阶乘，所以如果要存储全部解空间的话，再多空间也不够用。

❖ 问题的解空间通常是在搜索问题解的过程中动态产生。

❖ 回溯法从一条路往前走，能进则进，不能进则退回来，换一条路再试。回溯在迷宫搜索中使用很常见，就是这条路走不通，然后返回前一个路口，继续下一条路。

❖ 回溯法其实是一种枚举算法。不过回溯算法使用剪枝函数，剪去一些不可能到达最终状态（即答案状态）的节点，从而减少状态空间树节点的生成。

3. 算法思路

用回溯法解决问题的一般步骤如下。

① 针对所给问题，定义问题的解空间，至少包含问题的一个（最优）解。

② 确定易于搜索的解空间结构，使得能用回溯法方便地搜索整个解空间。

③ 以深度优先的方式搜索解空间，并且在搜索过程中用剪枝函数避免无效搜索。

其基本思想是：确定了解空间的组织结构后，回溯法就从开始结点（根结点）出发，以深度优先的方式搜索整个解空间。

这个开始结点就成为一个活结点，也成为当前的扩展结点。在当前的扩展结点处，搜索向纵深方向移至一个新结点。这个新结点就成为一个新的活结点，并成为当前扩展结点。如果在当前的扩展结点处不能再向纵深方向移动，则当前扩展结点就成为死结点。换句话说，这个结点不再是一个活结点。此时应往回移动（回溯）至最近的一个活结点处，并使这个活结点成为当前的扩展结点。

回溯法以这种工作方式递归地在解空间中搜索，直至找到所要求的解或解空间中已没有活结点时为止。

4．算法案例

典型的回溯法解决问题是迷宫问题（图）或 N 皇后问题（树）。

【迷宫问题】　在迷宫中求从入口到出口的一条简单路径。迷宫可用如图 6.21 所示的方块来表示，每个方块或者是通道（用空白方块表示）或者是墙（用带阴影的方块表示）。

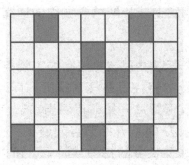

图 6.21　迷宫问题

计算机解迷宫时，通常用的是"试探和回溯"的方法，即从入口出发，顺某一方向向前探索，若能走通，则继续往前走；否则沿原路退回，换一个方向再继续探索；直至所有可能的通路都探索到为止。如果所有可能的通路都试探过，还是不能走到终点，那说明该迷宫不存在从起点到终点的通道。

① 从入口进入迷宫之后，不管在迷宫的哪一个位置上，都是先往东走，如果走得通就继续往东走。如果在某个位置上往东走不通，就依次试探往南、往西和往北方向，从一个走得通的方向继续往前，直到出口为止。

② 如果在某个位置上四个方向都走不通，就退回到前一个位置，换一个方向再试，如果这个位置已经没有方向可试了，就再退一步。

③ 如果所有已经走过的位置的四个方向都试探过了，一直退到起始点都没有走通，那说明这个迷宫根本不通。所谓"走不通"，不单是指遇到"墙挡

路"，还包括"已经走过的路不能重复走第二次"，以及"曾经走过而没有走通的路"。

显然，为了保证在任何位置上都能沿原路退回，需要用一个"后进先出"的数据结构，即栈，来保存从入口到当前位置的路径。并且在走出出口之后，栈中保存的正是一条从入口到出口的路径。

由此，求迷宫中一条路径的算法的基本思想如下。

① 若当前位置"可通"，则纳入"当前路径"，并继续朝"下一位置"探索。

② 若当前位置"不可通"，则应顺着"来的方向"退回到"前一通道块"，然后朝着除"来向"之外的其他方向继续探索。

③ 若该通道块的四周四个方块均"不可通"，则应从"当前路径"上删除该通道块。

回溯法的核心算法伪代码描述如图 6.22 所示。

```
设定当前位置的初值为入口位置；
do {
    若当前位置可通
    则 {
        将当然位置插入栈顶；                        // 纳入路径
        若该位置是出口位置，则  算法结束；
        //此时栈中存放的是一条从入口位置到出口位置的路径
        否则切换当前位置的东邻方块为新的当前位置；
    }
    否则 {
        若栈不空，且栈顶位置尚有未被探索
        则  设定新的当前位置为：沿顺时针方向旋转找到的栈顶位置的下一相邻块；
        若栈不空，但栈顶位置的四周均不可通
        则 {
            删除栈顶位置；                          //从路径中删除该通道块
            若栈不空，则  重新测试新的栈顶位置；
            直至找到一个可通的相邻块或出栈至栈空；
        }
    }
} while (栈不空)
```

图 6.22 迷宫问题回溯算法伪代码描述

【*N* 皇后】 在一个 *N*×*N* 的棋盘上放置 *N* 个皇后，且使得每两个之间不能互相攻击，也就是使得每两个不在同一行，同一列和同一斜角线上。

分析：对于 $N=1$，问题的解很简单；对于 $N=2$ 和 $N=3$ 来说，这个问题是无解的。所以，我们考虑 $N=4$ 的皇后问题并用回溯法对它求解。因为每个皇后都必须分别占据一行，我们需要做的是为如图 6.23 所示的棋盘上的每个皇后分配一列。

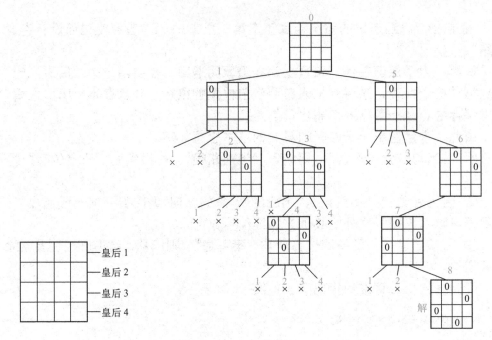

图 6.23 *N* 皇后问题

① 从空棋盘开始,把皇后 1 放到它所在行的第一个可能位置上,即第一行第一列。

② 对于皇后 2,在经过第一列和第二列的失败尝试之后,我们把它放在第一个可能的位置$(2,3)$,即位于第二行第三列的格子。但被证明是一个死胡同,因为皇后 3 将没有位置可放。

③ 该算法进行回溯,把皇后 2 放在下一个可能位置$(2,4)$上,然后皇后 3 可以放在$(3,2)$,这被证明是另一个死胡同。

④ 该算法回溯到底,把皇后 1 移到$(1,2)$。

⑤ 把皇后 2 放到$(2,4)$,皇后 3 放到$(3,1)$,把皇后 4 放到$(4,3)$,这就是该问题的一个解,如图 6.23 所示。

主题五 几个经典案例的算法实现

著名的瑞士计算机科学家尼克劳斯·沃斯(Niklause Wirth)提出"算法+数据结构=程序"。其中,算法在整个程序设计过程中具有重要的作用,能够提供一种思考问题的思路和问题求解的方法。算法的实现需要通过程序设计过程来验证算法的可行性和正确性。

通过计算思维可以归纳出问题的算法思路,借助高级程序设计语言作为程序设计的工具,结合相应的数据结构,可以验证算法的可行性并实现问题的最终求解。

要想有效地利用计算机来实现问题的处理和求解,必须具备计算思维能力和程序设计开发技能。问题的发现、分析、归纳、建模和整理算法(粗框架)的过程属于计算思维范畴;具体的实现算法(细化)、数据描述、控制结构、特定计算机高级语言软件环境的工具运用、编码、调试和实现的过程属于程序设计范畴。

下面选取几个案例,来解析算法的形成过程并给出最终的算法实现描述。

一、背包问题

背包问题(Knapsack Problem)是一种组合优化的 NP(Non-Deterministic Polynomial,非确定多项式)完全问题。问题可以描述为:给定一组物品,每种物品都有自己的重量和价格,在限定的总重量内,我们如何选择才能使得物品的总价格最高,如图 6.24 所示。

图 6.24 背包问题

问题的名称来源于如何选择最合适的物品放置于给定的背包中。相似问题经常出现在商业、组合数学,计算复杂性理论、密码学和应用数学等领域中。也可以将背包问题描述为决定性问题,即在总重量不超过 W 的前提下,总价值是否能达到 V?背包问题是在 1978 年由 Merkel 和 Hellman 提出的。

1. 案例描述

背包的容量总重量为 C,现有不同价值、不同重量的物品 N 件,问题要求从这 N 件物品中选取一部分物品放入背包的选择方案:使得选中物品的总重量不超过指定的限制重量 C,但选中物品的价值之和要最大。

2. 案例分析

(1)问题抽象

为了便于理解,先从具体的物品件数开始分析,假设 $N=3$,每件物品的重量记做 W_1、W_2、W_3,每件物品的价值记做 V_1、V_2、V_3,物品的选择方案记做 X_1、X_2、X_3,其中某项值为 0 表示未选取,值为 1 表示已选取。

某种选择方案的总重量记为 T_W,某种选择方案的总价值记为 T_V,价值最大值记为 T_{Vmax}。背包总容量重量记为 C,那么:

$$T_W = W_1 \times X_1 + W_2 \times X_2 + W_3 \times X_3$$
$$T_V = V_1 \times X_1 + V_2 \times X_2 + V_3 \times X_3$$

若 $T_W \leqslant C$，且 $T_V \geqslant T_{V\max}$，则 $T_{V\max} = T_V$，并记录 X_1、X_2、X_3 的当前组合方案或序号，如表 6.2 所示。不难发现，序号与组合方案之间刚好是一种十进制与二进制的关系，可供选择的方案总数为 2^3-1。

表 6.2　三件物品的背包问题分析

方案序号	选取方案			总重量计算	总价值计算	最大价值
	X_1	X_2	X_3	T_W	T_V	$T_{V\max}=0$（初值）
1	0	0	1	$W_1 \times 0 + W_2 \times 0 + W_3 \times 1$	$V_1 \times 0 + V_2 \times 0 + V_3 \times 1$	若 $T_W \leqslant C$，且 $T_V \geqslant T_{V\max}$
2	0	1	0	$W_1 \times 0 + W_2 \times 1 + W_3 \times 0$	$V_1 \times 0 + V_2 \times 1 + V_3 \times 0$	则 $T_{V\max} = T_V$
3	0	1	1	$W_1 \times 0 + W_2 \times 1 + W_3 \times 1$	$V_1 \times 0 + V_2 \times 1 + V_3 \times 1$	并记录 X_1、X_2、X_3 的当前组合方案或序号
4	1	0	0	$W_1 \times 1 + W_2 \times 0 + W_3 \times 0$	$V_1 \times 1 + V_2 \times 0 + V_3 \times 0$	
5	1	0	1	$W_1 \times 1 + W_2 \times 0 + W_3 \times 1$	$V_1 \times 1 + V_2 \times 0 + V_3 \times 1$	序号与选取方案系列数是十进
6	1	1	0	$W_1 \times 1 + W_2 \times 1 + W_3 \times 0$	$V_1 \times 1 + V_2 \times 1 + V_3 \times 0$	制和二进制的关系
7	1	1	1	$W_1 \times 1 + W_2 \times 1 + W_3 \times 1$	$V_1 \times 1 + V_2 \times 1 + V_3 \times 1$	

由此，我们可以把问题扩展到 N 件物品的情况，每件物品的重量记为 W_1、W_2、W_3、$\cdots$、W_N，每件物品的价值记为 V_1、V_2、V_3、$\cdots$、V_N，物品的选择方案记为 X_1、X_2、X_3、$\cdots$、X_N，其中某项值为 0 表示未选取，值为 1 表示已选取。某种选择方案的总重量记为 T_W，某种选择方案的总价值记为 T_V，价值最大值记为 $T_{V\max}$。背包总容量重量记为 C。这样，可供选择的方案总数就为 2^N-1。

那么，问题就变简单了，对于 N 件物品的情况，我们只要按照 2^N-1 种方案序号逐个转换为二进制数码，代入总重量和总价值计算公式中计算，并与背包总容量限制重量比较，如果不超过限制重量，保留价值最大的那个序号的二进制数码组合，就是一种最佳选择方案了。

（2）数据结构

对于上述分析，需要将具体的公式和符号转换为计算机可识别并方便操作的数据结构类型。在这里可以选用数组类型来存储重量、价值和物品选择标记系列。

每件物品的重量分别记为 $W[1]$、$W[2]$、$\cdots$、$W[N]$，价格分别记为 $V[1]$、$V[2]$、$\cdots$、$V[N]$，物品的选择标记方案记做 $X[1]$、$X[2]$、$\cdots$、$X[N]$，其中某项值为 0 表示未选取，值为 1 表示已选取。显然，这个 X 的 N 元组等价于一个选择方案。

（3）数学建模

采用数学语言描述问题：

$$T_W = W[1]*X[1] + W[2]*X[2] + \cdots + W[N]*X[N]$$
$$T_V = V[1]*X[1] + V[2]*X[2] + \cdots + V[N]*X[N]$$

在 $T_W \leqslant C$ 的前提条件下，求 T_V 的最大值 $T_{V\text{MAX}}$。

显然，每个物品的选取方案的取值标记为 0 或 1 的 N 元组的个数共为 2^N-1 个。而每个 N 元组其实对应了一个长度为 N 的二进制数，且这些二进制数的取值范围为 $1 \sim 2^N-1$。因此，如果把 $1 \sim 2^N-1$ 分别转化为相应的二进制数，则可以得到我们所需要的 2^N-1 个 N 元组。

3．算法描述

背包问题是一个非常具有代表性的案例，解决这个问题可以使用大多数通用的算法，如枚举法、贪心法和回溯法等。

这里选用枚举法来解决背包问题，根据前面的问题分析和整理，只要枚举所有（2^N 种）的选取方案，就可以最终得到问题的解。

在算法中，具体实现枚举的方法是通过循环控制结构遍历所有的可能方案。在对每种方案进行约束性条件判断，即通过选择控制结构判断在物品的总重量不超标的情况下，是否物品的总价值最大，用变量记录物品的总价值最大的方案序号，最后将十进制的方案序号转换为二进制数码。在二进制数码中，凡值为 1 的那位就是对应选中的物品顺序号。

如输出结果为"10101"，说明共有 5 种物品，其中排在 1、3、5 顺序号的物品符合条件要求，就被选中装入了背包。图 6.25 是用流程图描述的背包问题的枚举法算法。

4．案例实现

图 6.26 和图 6.27 是用 Visual Basic 程序设计语言的代码描述以及运行效果验证。

5．案例小结

通常，枚举算法的思路是列举出所有可能的情况，逐个判断有哪些是符合问题所要求的条件，从而得到问题的解答。枚举算法一般选用循环结构来实现所有情况的遍历。在循环体中，根据所求解的具体条件，选用选择结构来实施判断筛选，求得所要求的解。

应用枚举算法设计问题求解，通常分以下几个步骤：

① 根据问题的具体情况确定枚举量（简单变量或数组）。

② 根据确定的范围设置枚举循环。

③ 根据问题的具体要求确定筛选约束条件。

④ 设计枚举程序并运行、调试，对运行结果进行分析与讨论。

枚举算法的特点是算法简单，但运算量大，当问题的规模变大，循环的阶数越大，执行的速度越慢。如果枚举范围太大（一般以不超过 200 万次为限），在时间上就难以承受。此案例采用枚举算法的空间复杂度为 $O(10^n)$，而时间复杂度为 $O(n \times 2^n)$，所以随着 n 值的递增，算法的耗能较大，效率不高。但枚举算法是一种简单而直接地解决问题的方法，也是比较通用的算法，通常在找不到最佳的算法时，采用此算法。为此，应用枚举求解时，应根据问题的具体情况分析归纳，寻找简化规律，精简枚举循环，优化枚举策略。

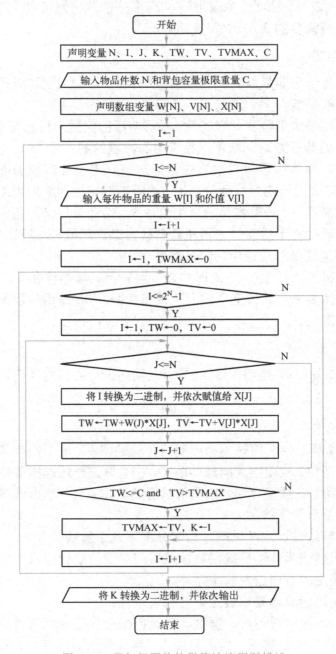

图 6.25　背包问题的枚举算法流程图描述

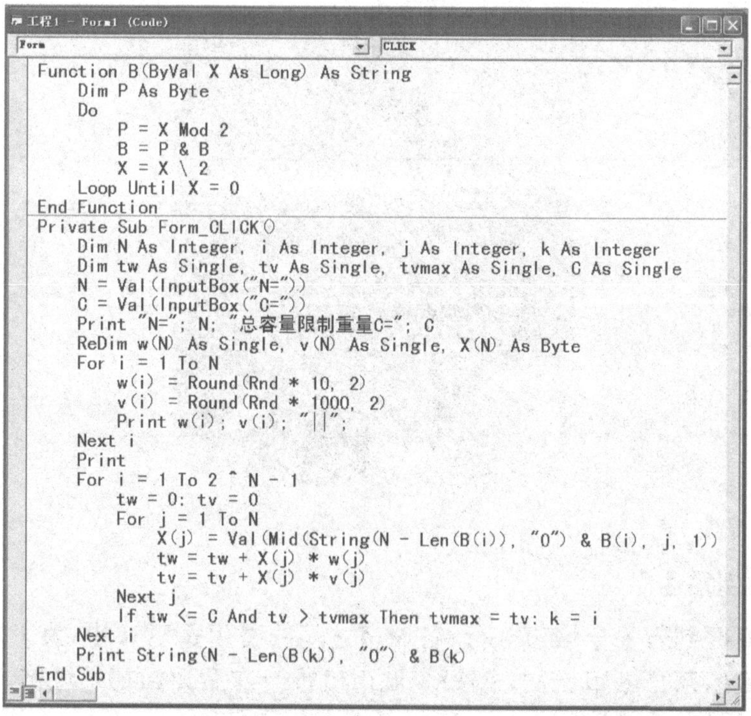


```
Function B(ByVal X As Long) As String
    Dim P As Byte
    Do
        P = X Mod 2
        B = P & B
        X = X \ 2
    Loop Until X = 0
End Function
Private Sub Form_CLICK()
    Dim N As Integer, i As Integer, j As Integer, k As Integer
    Dim tw As Single, tv As Single, tvmax As Single, C As Single
    N = Val(InputBox("N="))
    C = Val(InputBox("C="))
    Print "N="; N; "总容量限制重量C="; C
    ReDim w(N) As Single, v(N) As Single, X(N) As Byte
    For i = 1 To N
        w(i) = Round(Rnd * 10, 2)
        v(i) = Round(Rnd * 1000, 2)
        Print w(i); v(i); "||";
    Next i
    Print
    For i = 1 To 2 ^ N - 1
        tw = 0: tv = 0
        For j = 1 To N
            X(j) = Val(Mid(String(N - Len(B(i)), "0") & B(i), j, 1))
            tw = tw + X(j) * w(j)
            tv = tv + X(j) * v(j)
        Next j
        If tw <= C And tv > tvmax Then tvmax = tv: k = i
    Next i
    Print String(N - Len(B(k)), "0") & B(k)
End Sub
```

图 6.26　背包问题的枚举算法 Visual Basic 语言描述

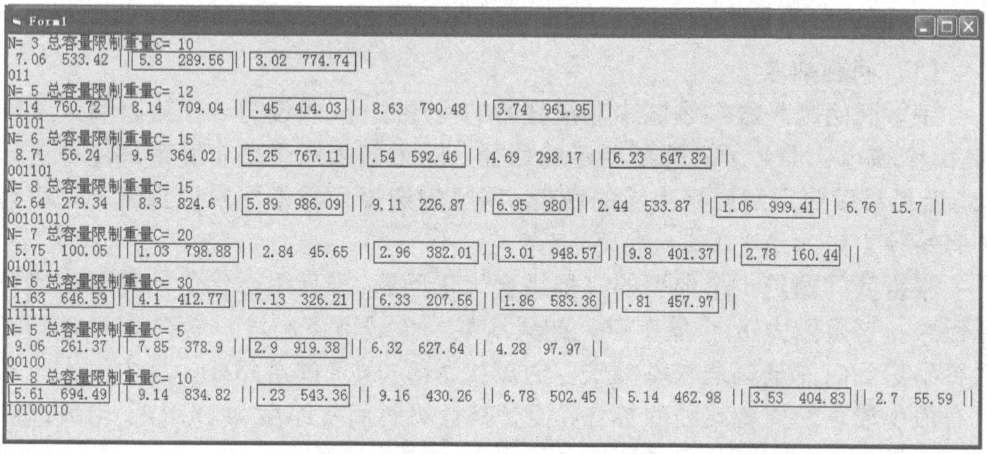


```
N= 3 总容量限制重量C= 10
 7.06  533.42 || 5.8  289.56 || 3.02  774.74 ||
011
N= 5 总容量限制重量C= 12
 .14  760.72 || 8.14  709.04 || .45  414.03 || 8.63  790.48 || 3.74  961.95 ||
10101
N= 6 总容量限制重量C= 15
 8.71  56.24 || 9.5  364.02 || 5.25  767.11 || .54  592.46 || 4.69  298.17 || 6.23  647.82 ||
001101
N= 8 总容量限制重量C= 15
 2.64  279.34 || 8.3  824.6 || 5.89  986.09 || 9.11  226.87 || 6.95  980 || 2.44  533.87 || 1.06  999.41 || 6.76  15.7 ||
00101010
N= 7 总容量限制重量C= 20
 5.75  100.05 || 1.03  798.88 || 2.84  45.65 || 2.96  382.01 || 3.01  948.57 || 9.8  401.37 || 2.78  160.44 ||
0101111
N= 6 总容量限制重量C= 30
 1.63  646.59 || 4.1  412.77 || 7.13  326.21 || 6.33  207.56 || 1.86  583.36 || .81  457.97 ||
111111
N= 5 总容量限制重量C= 5
 9.06  261.37 || 7.85  378.9 || 2.9  919.38 || 6.32  627.64 || 4.28  97.97 ||
00100
N= 8 总容量限制重量C= 10
 5.61  694.49 || 9.14  834.82 || .23  543.36 || 9.16  430.26 || 6.78  502.45 || 5.14  462.98 || 3.53  404.83 || 2.7  55.59 ||
10100010
```

图 6.27　背包问题的程序实现运行效果（二进制串表示一种选择方案）

二、旅行商问题

旅行商问题（Traveling Salesman Problem，TSP）又译为旅行推销员问题、货郎担问题，是最基本的路线问题，如图 6.28 所示。该问题是在寻求单一旅行者由起点出发，通过所有给定的需求点之后，最后再回到原点的最小路径成本。最早的旅行商问题的数学规划是由 Dantzig（1959）等人提出的。

图 6.28　旅行商问题

1．案例描述

旅行商要到若干个城市旅行,各城市之间的费用是已知的,为了节省费用,旅行商决定从某个城市出发,到每个城市旅行一次后返回初始城市,问他应选择什么样的路线才能使所走的总路径最短费用最低?

2．案例分析

(1) 问题抽象

旅行商问题是数学领域中非常著名的问题之一。假设有一个旅行商人要拜访 n 个城市, 他必须选择所要走的路径, 路径的限制是每个城市只能拜访一次, 而且最后要回到原来出发的城市。路径的选择目标是要求得到路径路程为所有路径之中的最小值。

旅行商问题是一个典型的排列组合优化问题。排列组合优化问题通常运算量巨大, 这是因为 n 个城市点, 如果从某一个城市点出发, 就有 n!种排列。最容易想到的算法就是枚举算法, 通过枚举(n-1)!条周游路线, 从中找出一条具有最小成本的周游路线的算法, 但是其计算时间复杂度为 $O(n!)$! 。当城市点数 n 逐渐递增时, 这几乎就变成了不可能完成的任务!

旅行商问题可以被证明具有 NP (Non-Deterministic Polynomial, 非确定多项式) 问题计算复杂性。因此, 任何能使该问题的求解得以简化的方法都将受到高度的评价和关注。迄今为止, 这个问题依然没有找到一个有效的算法。倾向于接受 NP 完全问题 (NP-Complete, NPC) 和 NP 难题 (NP-Hard, NPH) 不存在有效算法这一猜想, 认为这类问题的大型实例不能用精确算法求解, 必须寻求这类问题的有效的近似算法。

所以我们采用迂回战术, 抛开枚举算法, 选用贪心算法来考虑这个问题的近似解。

贪心算法是一种改进了的分级处理方法。首先对旅行商进行问题描述，选取一种度量标准，然后按这种度量标准对 n 个城市进行排序，并按序一次确定一个城市。如果这个城市与当前已构成在这种量度意义下的部分最优解加在一起不能产生一个可行解，则不把这个城市加入到这部分解中。

获得最优路径的贪心算法应一条边一条边地构造这条路径。根据某种量度来选择将要计入的下一条边。最简单的量度标准是选择使得迄今为止计入的那些边的成本的和有最小增量的那条边。

为了方便表述 n 个城市之间的关系，我们把所有城市之间的费用权重值放在了一个方阵数列中，方阵中的每个格子代表两个城市间的费用权重值。

现在先从 5 个城市开始分析，如图 6.29 所示，5×5 方阵数列每个格子代表任意两个城市之间的费用权重值，第 1 行代表编号为 1 的城市分别与其他 4 个城市的关系，第 2 行代表编号为 2 的城市分别与其他 4 个城市的关系……第 5 行代表编号为 5 的城市分别与其他 4 个城市的关系。其中，方阵正对角线上的数字 0 代表的是某个城市自己，这个城市可以作为起点。

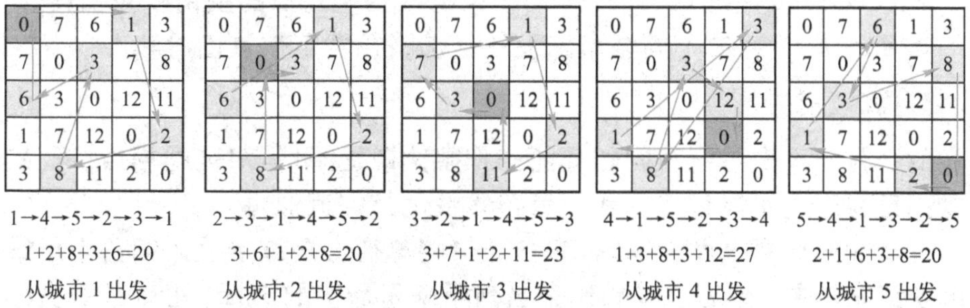
0 7 6 1 3
7 0 3 7 8
6 3 0 12 11
1 7 12 0 2
3 8 11 2 0
1→4→5→2→3→1
1+2+8+3+6=20
从城市 1 出发
2→3→1→4→5→2
3+6+1+2+8=20
从城市 2 出发
3→2→1→4→5→3
3+7+1+2+11=23
从城市 3 出发
4→1→5→2→3→4
1+3+8+3+12=27
从城市 4 出发
5→4→1→3→2→5
2+1+6+3+8=20
从城市 5 出发

图 6.29 5 个城市的旅行商问题的贪心算法分析

我们的问题求解目标是分析从每个城市出发的最优路径，再横向比较从各城市出发的最优路径里的最短路径。运用贪心算法思想，每次都去寻找距离当前城市点最近的那个城市点作为下一个落脚点。

从图 6.29 不难发现，分别从 5 个城市做起点出发经过不同的城市，最后回归到出发的城市的行走路径是不完全相同的。5 条路径中有 3 条比较优的路径。这种贪心算法并不一定能获得最短路径。

（2）数据结构

对于这个问题，我们需要选择合适的数据结构来存放和表示多个城市的节点信息和各城市之间的费用权重值，还需要考虑存放和记录通过贪心算法分步构造这条路径的每一步在路径中加入的城市节点信息。

在这里主要选择二维数组和一位数组结构类型来存储所需信息。

图 6.29 所示的 5 个城市的情况相当于 m=5 的情况，上述数组分别代表：

```
A(5,5) 包含了：0，7，6，1，3
              7，0，3，7，8
              6，3，0，12，11
              1，7，12，0，2
              3，8，11，2，0
B(5,5) 包含了：1，4，5，2，3，1        C(5,6) 包含了：0，1，2，8，3，6
              2，3，1，4，5，2                      0，3，6，1，2，8
              3，2，1，4，5，3                      0，3，7，1，2，11
              4，1，5，2，3，4                      0，1，3，8，3，12
              5，4，1，3，2，5                      0，2，1，6，3，8
SUM(5) 包含了 C(5，6)中每行的各项费用权重值的和值：20，20，23，27，20
```

（3）数学建模

我们用数学符号语言表示算法分析过程中的量值。

❖ $A(m, m)$：表示 m 个城市节点 $m×m$ 的方阵，用来存储城市间的费用权重值信息。

❖ $B(m, m+1)$：记录和存放构造优选路径的城市节点，即可以从 $1\sim m$ 中任何一个城市出发，经过每个城市再返回到出发城市的节点数为 $m+1$。

❖ $C(m, m+1)$：配合 $B(m, m+1)$记录每条路径对应的费用权重值。

❖ Sum(m)：存放不同城市出发的优选路径费用权重值总和。

3．算法描述

贪心算法不是对所有问题都能得到整体最优解，但对范围相当广泛的许多问题，它能产生整体最优解或者是整体最优解的近似解。

在众多的计算机解题策略中，贪心策略算得上是最接近人们日常思维的一种解题策略。贪心策略总是做出在当前看来是最优的选择，也就是说贪心策略并不是从整体上加以考虑，它所做出的选择只是在某种意义上的局部最优解，而许多问题自身的特性决定了该题运用贪心策略可以得到最优解或较优解。

我们的算法思路是依次从城市 1 到城市 m 分别作为出发的起点，在 $A(m, m)$中对应的城市所在行中寻找费用值最小的矩阵项，并记录该城市节点序号及路径费用值和生成路径的费用总和值，同时必须确保每个城市只能出现一次（判断时绕开已经途经的城市节点，$A(m, m)$中正对角线上的城市节点只能够作为起始点，不能作为途经点）。

图 6.30 为用流程图描述的旅行商问题的贪心算法。

4．案例实现

图 6.31 和图 6.32 分别为用 Visual Basic 语言编写的实现代码和运行结果。

由于这个问题的算法实现是考虑了从不同的城市节点出发，前面只是比较出一条相对最优的旅行路线，现在我们把之前的程序稍作修改，就可以输出分

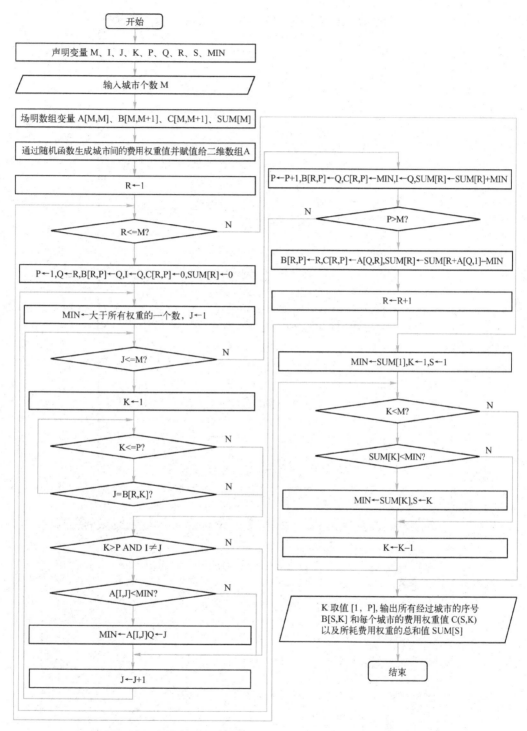

图 6.30　m 个城市的旅行商问题的贪心算法流程图描述

别从不同城市出发的旅行路线的对比效果。修改的部分代码和运行结果如图
6.33 和图 6.34 所示。

```
工程1 - Form1 (Code)                                    _ □ ×
Form                          ▼  Click                      ▼
Private Sub Form_Click()
Dim m As Integer, min As Integer, k As Integer
Dim s As Integer, r As Integer, q As Integer
Dim i As Integer, j As Integer, p As Integer
m = Val(InputBox("m="))
ReDim a(m, m) As Integer, b(m, m + 1) As Integer
ReDim C(m, m + 1) As Integer, sum(m) As Integer
For i = 1 To m
    For j = 1 To m
        If i = 1 Or i < j Then
            a(i, j) = Int(Rnd * 20) + 1
        Else
            a(i, j) = a(j, i)
        End If
        If i = j Then a(i, j) = 0
        Print Space(5 - Len(CStr(a(i, j)))) + CStr(a(i, j));
    Next j
    Print
Next i
Print String(150, "=")
For r = 1 To m
    p = 1: q = r: b(r, p) = q: i = q: C(r, p) = 0: sum(r) = 0
    Do
        min = 1000
        For j = 1 To m
            For k = 1 To p
                If j = b(r, k) Then Exit For
            Next k
            If k > p And i <> j Then
                If a(i, j) < min Then
                    min = a(i, j): q = j
                End If
            End If
        Next j
        p = p + 1
        b(r, p) = q
        C(r, p) = min
        sum(r) = sum(r) + C(r, p)
        i = q
    Loop Until p > m
    b(r, p) = r
    C(r, p) = a(q, r)
    sum(r) = sum(r) + C(r, p) - min
Next r
min = sum(k): s = 1
For k = 1 To m
    If sum(k) < min Then min = sum(k): s = k
Next k
For k = 1 To p
    Print b(s, k); "("; C(s, k); ")"; "→";
    If k Mod 15 = 0 Then Print
Next k
Print
Print "sum="; sum(s)
Print String(150, "=")
End Sub
```

图 6.31　　m 个城市的旅行商问题的 Visual Basic 语言代码描述

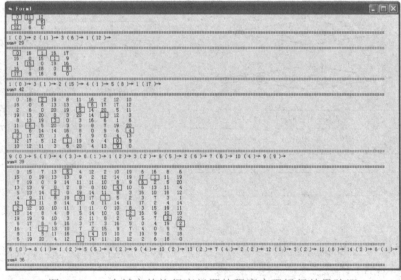

图 6.32　　m 个城市的旅行商问题的程序实现运行效果验证

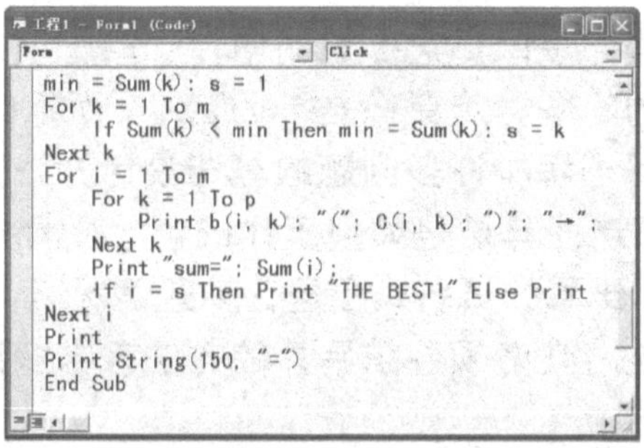

图 6.33　m 个城市的旅行商问题的程序设计语言代码描述（多个城市出发对比）

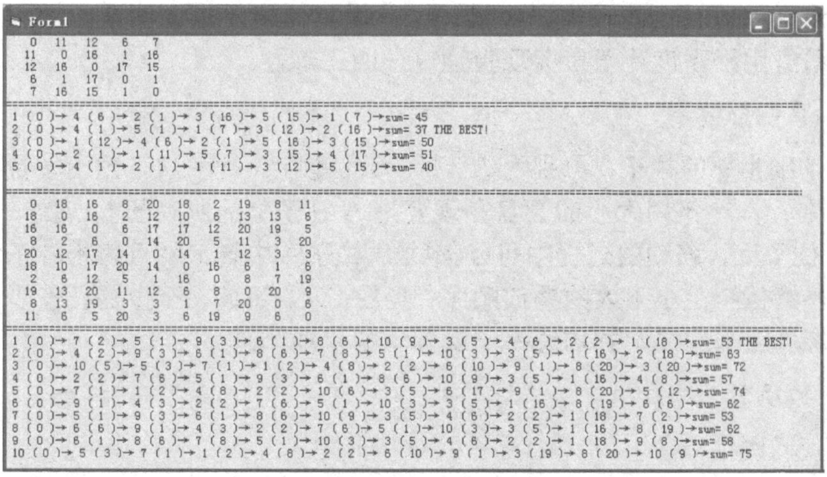

图 6.34　m 个城市的旅行商问题的程序实现运行效果验证（多个城市出发对比）

5. 案例小结

对于旅行商问题的最明显的算法就是枚举法，即寻找一切组合并取其最短。但是这种算法的排列组合数为 $m!$（m 为节点个数）。而本算法选用的贪心算法实现的程序时间复杂性是 $O(m^3)$。虽说未必能求的最优路径，但在算法效率上明显有优势。

对于任何一条最短路径，算法必须至少对每条边检查一次，因为任何一条边都有可能在最短路径中，由于选用了数组结构来存放城市节点和费用信息，所以程序的空间复杂度是 $O(8m^2+18)$。虽然本问题的算法效率不算太高，要比 $O(m!)$ 快得多。

贪心算法在解决问题的策略上目光短浅，只根据当前已有的信息就做出选择，而且一旦做出了选择，不管将来有什么结果，这个选择都不会改变。换言之，贪心法并不是从整体最优考虑，所做出的选择只是在某种意义上的局部最优。贪心算法对于大部分的优化问题都能产生最优解，但不能总获得整体最优解，通常可以获得近似最优解。

贪心算法是很常见的算法之一,这是由于它简单易行,构造贪心策略简单,但是需要证明后才能真正运用到题目的算法中。一般来说，贪心算法的证明围绕着整个问题的最优解一定由在贪心策略中存在的子问题的最优解得来的。

虽然设计一个好的求解算法更像是一门艺术，而不像是技术，但仍然存在一些行之有效的能够用于解决许多问题的算法设计方法，我们可以使用这些方法来设计算法，并观察这些算法是如何工作的。一般情况下，为了获得较好的性能，必须对算法进行细致的调整。但是在某些情况下，算法经过调整之后性能仍无法达到要求，这时就必须寻求另外的方法来求解该问题。

三、汉诺塔问题

汉诺塔问题在主题一中已经描述，下面具体将汉诺塔问题归纳出算法描述，并最终用程序设计语言实现验证算法的正确性。

1．案例描述

有 3 根相邻的柱子，分别为 A、B、C，其中 A 柱子从下到上按金字塔状依次叠放了 N 个不同大小的圆盘，现要把 A 柱子上的所有圆盘一次一个地移动到 C 柱子上，移动的过程中可以借助 B 柱子做中转，并且每根柱子上的圆盘必须始终保持上小下大的叠放顺序，见图 6.1。请问，至少需要多少次移动步骤才能够全部完成？并描述每一次圆盘的移动轨迹。

2．案例分析

（1）问题抽象

在本讲开篇已经分析过汉诺塔问题，所以在这里主要以描述算法和实现算法为主。

汉诺塔移动盘子的过程是个重复的过程，如果是 N 个圆盘，相当于一个大圆盘上面叠放了一组圆盘（$N-1$ 个圆盘），只要把这一组圆盘先移动到中转柱子 B 上，这样最大的圆盘就可以移动到目标柱子上 C 了；再把那中转柱子 B 上的一组圆盘移动到目标柱子 C 上。而 $N-1$ 个圆盘的情况相当于一个大圆盘上面叠放了一组圆盘（$N-2$ 个圆盘），只要把这一组圆盘先移动到中转柱子上，这样最大的圆盘就可以移动到目标柱子上 C 了；再把那中转柱子上的一组圆盘移动到目标柱子 C 上……如此重复进行，直到剩下最上面的一个盘子，直接移动到目标柱子 C 上，即完成了所有的移动操作。

图 6.35 为汉诺塔 4 个盘子的移动情况。

（2）数据结构

汉诺塔的移动过程是一种标准的把一个大问题化成一个相对小的问题处理，而相对小的问题化成更小的问题处理，直至到化成容易解决的最小问题为止，再逐项往返回归之前的问题。大问题和小问题的处理过程是完全相似的操作过程，同时操作过程有个往返的过程，需要记录所有的移动轨迹，这样的问题属于非常典型的递归算法范畴。

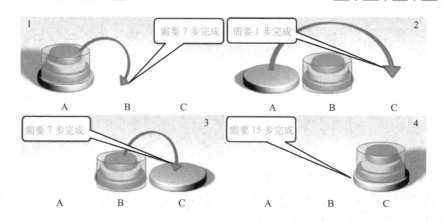

图 6.35 汉诺塔 4 个盘子的移动情况

递归就是过程内部自己调用自己,同时一定有一个终止点。在数据结构方面使用堆栈很适合处理这类问题。使用堆栈记录过程调用的每个步骤,就是从主调程序开始调用过程进行不停的压栈和出栈操作。过程的调入就是将过程压入栈中,过程的结束就是过程出栈的过程,这样保证了过程调用的顺序流。如果跟踪递归的调用情况会发现也是如此,到最后一定是这个过程最后从栈中弹出回到主调程序,并且结束。

堆栈结构的特点是先进后出。比如,一个过程 A 自己调用自己,我们用编号区分进栈过程为 A→A(1)→A(2)→A(3),在 A(3)时满足某种条件得以退出,先回到 A(2),而 A(2)结束回到 A(1),最后回到 A,出栈过程为 A(3)→A(2)→A(1)→A。

对于递归还有一个形象的理解:如果有一个柜子,柜子两端都是镜子,把头伸进柜子看一面镜子,会看到镜子里还有镜子,然后镜子里还有镜子。与递归的特点不同的是,这镜子的反射是没有尽头的,只要眼睛一直能看到底。

了解完递归后,再回头来看如何用递归的方式解决汉诺塔的问题。

(3)数学建模

① 汉诺塔移动次数计算

为了方便描述和推理,现在将分析的过程符号化处理一下,计算 N 个圆盘的移动次数。假设 N 个圆盘的移动次数为 $H(N)$。这样就可以写出计算 N 个圆盘的移动次数 $H(N)$ 的公式。

一组圆盘是 $N-1$ 个,需要 $H(N-1)$ 步移动到中转柱子 B 上,最大的圆盘需要 1 步移动到目标柱子 C 上,一组圆盘还需要从中转柱子 B 上再移动到目标柱子 C 上,这样一组 $N-1$ 个圆盘又需要 $H(N-1)$ 步。所以,N 个圆盘的移动步骤次数为

$$H(N)=H(N-1)+1+H(N-1)=2\times H(N-1)+1$$

现在我们得出:1 个圆盘的时候用了 1 次,2 个圆盘的时候用了 3 次,3 个圆盘的时候用了 7 次,4 个圆盘的时候用了 15 次。

只要把 N（$N>0$）的值代入上面的算式，就能递推出对应 N 的具体次数：

$$H(1)=1=2^1-1$$
$$H(2)=2×H(1)+1=3=2^2-1$$
$$H(3)=2×H(2)+1=7=2^3-1$$
$$H(4)=2×H(3)+1=15=2^4-1$$
$$H(5)=2×H(4)+1=31=2^5-1$$
$$\vdots$$
$$H(N)=2×H(N-1)+1=2^N-1$$

这个过程就是一个典型的递推计算过程。N个圆盘的移动次数来源于 N-1 个圆盘的移动次数的递推算法。

② 汉诺塔移动轨迹计算

在前面计算圆盘移动次数的过程中，我们已经掌握了汉诺塔的移动规律，现在抽象出数学符号和公式来表示。

在这个问题中，把 N 个圆盘从 A 柱子移到 C 柱子需要三个步骤来完成：先将上面的 N-1 个圆盘从 A 柱子移到 B 柱子上；再把最下面的 1 个大圆盘从 A 柱子移到 C 柱子上；最后把 N-1 个圆盘从 B 柱子移到 C 柱子上。

已知 N-1 个圆盘从 A 柱子移到 B 柱子是可行的，为什么呢？因为移 1 个圆盘是可行，那么移 2 个圆盘也是可行，移 3 个圆盘是以移 2 个盘为条件的，所以移 3 个圆盘也是可行的，所以移 N 个圆盘就是可行的。

所以，根据已知条件，接下里的解决思路如下。

设 HN(N, A, B, C)表示把 N 个圆盘从 A 柱子移到 C 柱子上，中间借助 B 柱子做中转，那么，把 N-1 个圆盘从 A 柱子移到 B 柱子中间借助 C 柱子做中转怎样表示呢？明显是 HN(N-1, A, C, B)。

那么，把 1 个圆盘从 A 柱子移到 C 柱子怎样表示呢？明显是 HN(1, A, B, C)。把 N-1 个圆盘从 B 柱子移到 C 柱子中间借助 A 柱子做中转可以表示为 HN(N-1, B, A, C)。

所以就得到了：

$$\text{HN}(N, A, B, C)=(\text{HN}(N-1, A, C, B), \text{HN}(1, A, B, C), \text{HN}(N-1, B, A, C))$$

整个移动过程都在重复着这样的处理过程，这是一个典型的递归过程，即已知前一个步骤就可以求得后一个步骤的结果的情况，并且前一个步骤和后一个步骤是有规律过度的。图 6.36 为 3 个圆盘的汉诺塔移动过程的算法解读。

3. 算法描述

图 6.37 是用流程图的方法描述汉诺塔问题的算法描述。

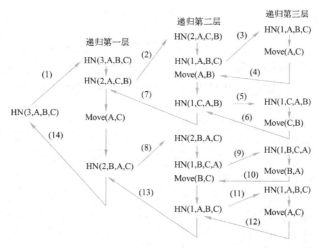

图 6.36 3个盘子的汉诺塔移动过程的算法解读

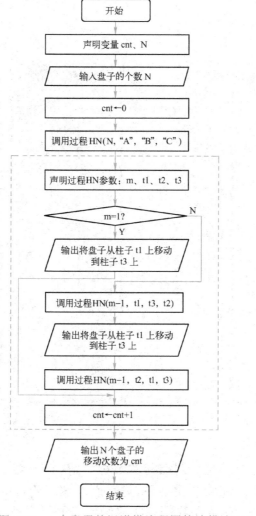

图 6.37 n个盘子的汉诺塔流程图算法描述

4．案例实现

图 6.38 是用 Visual Basic 语言编写的汉诺塔问题的算法代码实现。

图 6.39 是用 Visual Basic 语言编写的汉诺塔问题的算法代码实现效果。

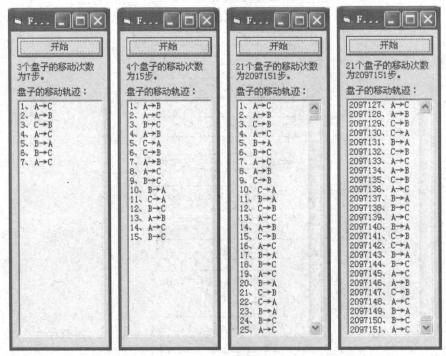

```
Dim cnt As Long, n As Byte
Sub hn(m As Byte, t1 As String, t2 As String, t3 As String)
    If m = 1 Then
        cnt = cnt + 1
        List1.AddItem cnt & "、" & t1 & "→" & t3
    Else
        Call hn(m - 1, t1, t3, t2)
        cnt = cnt + 1
        List1.AddItem cnt & "、" & t1 & "→" & t3
        Call hn(m - 1, t2, t1, t3)
    End If
End Sub
Private Sub Command1_Click()
    List1.Clear
    cnt = 0
    n = Val(InputBox("输入盘子个数n="))
    Call hn(n, "A", "B", "C")
    Label2 = n & "个盘子的移动次数为" & cnt & "步。"
    Print p
End Sub
```

图 6.38　n 个盘子的汉诺塔 Visual Basic 语言代码实现

图 6.39　n 个盘子的汉诺塔的实现效果验证

5．案例小结

这个算法中包含了两个对自身的过程调用。乍一看，过程似乎永远不会终止。当过程调用时，它将调用自身，第 2 次调用还将调用自身，以此类推，似乎永远调用下去。这也是我们在刚接触递归时最想不明白的事情。但是，事实上并不会出现这种情况。

这个算法的递归实现了某种类型的螺旋状 while 循环。while 循环在循环体每次执行时必须取得某种进展，逐步逼近循环终止条件。递归过程也是如此，它在每次递归调用后必须越来越接近某种限制条件。当递归过程符合这个限制条件时，它便不再调用自身。

在算法中，递归过程的限制条件就是盘子数目为 1。在每次递归调用之前，我们都把盘子数目减 1，所以每递归调用一次，它的值就越来越接近零。当它最终变成 1 时，递归便告终止。

递归算法的实现代码虽然很简短，由于使用了堆栈结构，所以是比较耗用内存空间的，而其时间复杂度为 2^N-1，所以递归算法的时间和空间复杂度都是比较差的算法。

思考题

说明：分析下列问题，搜索和选择合适的算法策略，并用流程图、伪代码或者自然语言的方法描述算法（可以同时选择不同的算法策略求解同一个问题）。

1.【抓硬币问题】 现有面值为 1 元、2 元和 5 元的钞票（假设每种钞票的数量都足够多），从这些钞票中取出 30 张使其总面值为 100 元。问有多少种取法？输出每种取法中各种面额钞票的张数。

2.【玫瑰花数问题】 如果一个 4 位数等于它的各位数字的 4 次方和，则这个 4 位数称为"玫瑰花"数，如 1634 就是一个玫瑰花数。试编程序求出所有玫瑰花数。

3.【猴子分桃子问题】 五只猴子采得一堆桃子，猴子彼此约定隔天早起后再分食。不过，就在半夜里，一只猴子偷偷起来，把桃子均分成五堆后，发现还多一个，它吃掉这桃子，并拿走了其中一堆。第二只猴子醒来，又把桃子均分成五堆后，还是多了一个，它也吃掉这个桃子，并拿走了其中一堆。第三只，第四只，第五只猴子都依次如此分食桃子。那么，桃子数最少应该有几个呢？

4.【圆分割平面问题】 平面上有 10 个圆，最多能把平面分成几部分？

5.【硬币找零问题】 一个小孩买了价值少于 1 美元的糖，并将 1 美元的钱交给售货员。售货员希望用数目最少的硬币找给小孩。假设提供了数目不限的面值为 25 美分、10 美分、5 美分及 1 美分的硬币。

6.【走大权值格子问题】 在一个 $N×M$ 的方格阵中，每个格子赋予一个数（即为权）。规定每次移动时只能向上或向右。现试找出一条路径，使其从左下角至右上角所经过的权之和最大。

7.【均分纸牌问题】 有 N 堆纸牌，编号分别为 1，2，…，n。每堆上有若干张，但纸牌总数必为 n 的倍数。可以在任一堆上取若干张纸牌，然后移动。移牌的规则为：在编号为 1 上取的纸牌，只能移到编号为 2 的堆上；在编号为 n 的堆上取的纸牌，只能移到编号为 n-1 的堆上；其他堆上取的纸牌，可以移到相邻左边或右边的堆上。现在要求找出一种移动方法，用最少的移动次数使每堆上纸牌数都一样多。例如，n=4，4堆纸牌分别为：①9 ②8 ③17 ④6，移动三次可以达到目的：从③取4张牌放到④，再从③取3张放到②，然后从②取1张放到①。

8.【最大整数问题】 设有 n 个正整数，将它们连接成一排，组成一个最大的多位整数。问如何排列？

例如，n=3 时，3个整数13、312、343，连成的最大整数为34331213。

又如，n=4 时，4个整数7、13、4、246，连成的最大整数为7424613。

9.【装载货物问题】 有一艘大船准备用来装载货物。所有待装货物都装在货箱中且所有货箱的大小都一样，但货箱的重量都各不相同。设第 i 个货箱的重量为 w_i（$1 \leqslant i \leqslant n$），而货船的最大载重量为 c，我们的目的是在货船上装入最多的货物。

10.【查找值问题】 现有一组有序数（升序或降序均可），要在其中查找指定的一个数（此数可以为任何数值，即可以是有序数中的之一，也可以不在这个有序数中），问如何快速查找此数并确定此数在有序数中的位置或者说明此数不存在？

如有序数为：2，5，8，11，15，28，56，67，89，96，103；如果需要查找56的具体位置，其结果应该是7。如果需要查找100的具体位置，那么其结果应该是：不存在！

11.【分配座位问题】 随机分配座位，共50个学生，使学号相邻的同学座位不能相邻。

12.【组合邮票面值问题】 有4种面值的邮票很多枚，这4种邮票面值分别1，4，12，21，现从多张中最多任取5张进行组合，求取出这些邮票的最大连续组合值。

13.【最优工作分配问题】 四个工人，四个任务，每个人做不同的任务需要的时间不同，求任务分配的最优方案。

14.【组合数字问题】 有1、2、3、4个数字，能组成多少个互不相同且无重复数字的三位数？分别都是多少？

15.【多人过桥问题】 现在小明一家过一座桥，过桥的时候是黑夜，所以必须有灯。现在小明过桥要1分钟，小明的弟弟要3分钟，小明的爸爸要6分钟，小明的妈妈要8分钟，小明的爷爷要12分钟。每次此桥最多可过两人，而过桥的速度依过桥最慢者而定，而且灯在点燃后30分钟就会熄灭。问小明一家如何过桥时间最短？

16.【哥德巴赫猜想问题】 任何一个大于4的偶数都可以分解为两个素数之和。

17.【排序问题】 将一组无序数快速排序。

18.【数字叠加问题】 求 s=a+aa+aaa+aaaa+aa…a 的值，其中 a 是一个数字。例如，2+22+222+2222+22222（此时共有5个数相加）。

19.【自由落体问题】 一球从100米高度自由落下，每次落地后反跳回原高度的一半；再落下。求它在第10次落地时共经过多少米？第10次反弹多高？

20.【计算日期问题】 输入某年某月某日，判断这一天是这一年的第几天。